RERC 교재개발 시리즈 8

Electromagnetic Compatability

Countermeasures & Measuring Techniques

전자파 장해 대책 및 측정기술

김 동 일 저

홍릉과학출판사

머리말

우리가 생활하고 있는 공간에는 낙뢰와 같은 자연현상으로 발생하는 전자파도 있으며, 방송국이나 개인 휴대용 전화기의 안테나로부터 복사되는 전자파도 있다. 이 외에도 전기, 전자, 정보처리 장치에서 비의도적으로 방출되는 불필요한 전자파도 존재하고 있다. 그러나 한편으로는 우리 인간을 포함한 전기, 전자, 정보처리 장치도 이와 같은 전자파환경에 놓여져 있으므로 불필요하고 유해한 영향을 받을 수 있나. 또한 정보화 사회의 진전과 함께 전기, 전자, 정보처리 장치는 더욱 더 고기능화와 함께 소형화, 저전력화, 디지털화 되어 가고 있으며, 동시에 이러한 기기류의 보급도 급속하게 증가하고 있다. 이로 인하여 불필요한 전자파 방출이 증가하고 불요전자파의 영향을 받을 확률의 증대를 초래하고 있다.

이러한 영향을 피하기 위해서는 전기, 전자, 정보처리 장치에서 방출되는 불필요한 전자파의 방사를 억제하여 전자파환경을 개선하여야 한다. 또한 전자파환경에 대한 전기, 전자, 정보처리 장치류의 내성을 향상시켜 오동작하지 않도록 하여야 하며, 전자파가 인체에 미치는 영향에 대한 대책을 수립하여야 한다. 따라서, 이들 상호간의 조화가 취해진 전자파환경 확립을 위한 연구가 무엇보다도 중요하다. 위와 같은 전자파환경에 대한 대책으로 케이블링, 접지, 밸런싱과 필터링, 차폐 등의 방법들이 있으며, 전자파 양립성에 대한 여러가지 시험이 시행되고 있다. 전자파환경에 대한 연구의 필요성은 여러 분야에서 인식되고 있으며, 이 문제의 해결이 없이는 첨단기술의 발전은 있을 수 없다는 것을 항상 염두에 두어야 한다. 따라서 앞으로 더욱 더 전자파환경에 대한 연구의 중요성은 증대될 것이다.

본서에서는 전자파환경을 개선하기 위한 대책법과 전자파 양립성 측정기기 및 설비의 구성과 특성평가에 이르는 폭넓은 내용을 다루고 있다. 본서는 위의 내용을 다루기 위하여 전부 7장으로 구성하여 집필하였으며, 그 내용은 제1장 전자파환경과 EMC, 제2장 EMC 시험법, 제3장 EMC 측정기기 및 설비, 제4장 PCB 기판상의 노이즈 대책, 제5장 노이즈 저감기법, 제6장 전파흡수체의 기초, 제7장 전자파장해 규제 규격으로 이루어져 있다.

마지막으로 이 책의 집필을 도와준 한국해양대학교 마이크로파연구실의 대학원생들에게 깊은 감사의 뜻을 표한다. 또한 이 책이 나오기 까기 수고를 아끼지 않으신 홍릉과학출판사의 관계자 여러분과, 교재를 출간할 수 있도록 기회를 제공해 주신 전파교육연구센터의 이혁재 박사님을 비롯한 관계자 여러분들께 심심한 감사를 표한다. 모쪼록 본 저서가 전파관련분야의 전문대학, 대학 학부생들은 물론 대학원생 및 현장의 기술자들에게 조금이라도 도움이 되면 더 없는 기쁨으로 생각한다.

2008년 3월
저자 김동일

차 례

Chapter 03 EMC 측정기기 및 설비

Chapter 04 PCB 기판상의 노이즈 대책

전자파환경과 EMC

Chapter 01

첨단 디지털 기술과 반도체 기술을 기반으로 한 산업이 빠르게 성장하면서 통신, 계산, 자동화 등 다양한 목적으로 사용되는 전기·전자기기는 저전력화, 소형화, 고속화가 불가피하게 되었다. 근접한 상태에서 작동하는 회로들은 종종 서로에게 악영향을 끼치는데, 회로의 집적화에 따라, 제어가 어려운 미세한 전자파에도 민감하게 반응하여 오동작이나 손상이 유발되기도 한다. 이렇듯 전기·전자장치가 각 분야에 걸쳐 보급되면서 전자파 사용의 빈도도 증가하여 전자시스템의 주변 환경에 큰 영향을 주고 있다.

오늘날의 전자 장비 설계자들은 단지 실험실에서 이상적인 조건하에 시스템이 동작하도록 만드는 것 이상의 노력이 필요하게 되었다. 이러한 일 이외에도 설계자들은 바로 옆에 있는 실제 환경에서 정상적으로 동작할 수 있는 장비를 만들어야 한다. 이것은 장비가 외부의 잡음원에 영향을 받지 않아야 하며 그 자체도 잡음원이 되지 않아야 한다는 것을 의미한다.

그런데 이러한 환경에 설치된 기기가 원래의 목적대로 동작하지 않아서 전자시스템의 정상적인 사용을 방해하거나 화재, 환경오염 유발 등 전자파장해에 대한 피해 사례들이 증가함으로써 사회적 문제가 되고 있다. 특히 전자파장해가 인체에 해롭다는 의견들이 지속적으로 나오고 있어 각 나라에서는 이러한 전자파장해를 방지하기 위해 전자파장해 방지규정 및 보호규정을 제정하고 정보기기 등이 시장에 유통되기 전에 기준에 적합한지 여부를 확인하는 전자파 적합등록 제도를 운용하고 있다.

전자파 적합등록 대상기기는 모두 7종으로서 고주파 이용 기기류, 자동차 및 엔진구동 기기류, 방송수신 기기류, 가정용 전기 및 전동 기기류, 형광등 및 조명 기기류,

고전압설비, 정보 기기류 등이 해당된다. 시스템 설계자들은 시스템 설계 뿐만 아니라 전자파 양립성(Electromagnetic Compatibility, EMC) 설계의 중요성을 간과해서는 아니 될 것이다.

1.1 전자파환경

디지털 기술과 반도체 기술 등의 급속한 발달에 힘입어 전자산업 및 컴퓨터 기술은 눈부시게 발전하고 있다. 그로 인해 전기 · 전자장비의 경량화, 소형화, 고속화와 광대역화가 가능하게 되었고 이들을 저전력으로 구동할 수 있게 되었다. 이러한 저전력화와 회로의 소형화 · 집적화는 인위적인 제어가 어려운 자연 현상이 원인인 미소한 전자파장해에도 민감하게 반응하여 오동작을 일으킬 가능성을 크게 한다. 많은 전기 · 전자장치가 사회 각 분야에 보급됨에 따라 전자파 사용 밀집도가 증가하여 원래의 목적대로 기기들이 동작하지 못하거나, 인체 장해의 가능성이 제기되고 있는 등 많은 문제점들이 나타나고 있다.

전자파환경이란 이러한 기기들의 정상적인 동작에 영향을 미치는 전자기적인 주위 상황을 지칭하며, 자연현상에 기인한 전자기장에 의한 자연 전자파환경과 인위적으로 만들어진 인공시스템에 의해 생기는 전자기장에 의한 인위적 전자파환경으로 구분할 수 있다. 전자파환경은 자연현상이나 인공시스템은 물론 그 외에 인간이나 생체에까지도 영향을 미친다. 자연현상과 인공시스템은 전자파환경을 형성하는 근원임과 동시에 그 영향을 받는 입장도 된다. 인공시스템에서의 전자기 에너지 방출은 인위적으로 제어가 가능하며, 또한 전자파환경의 영향을 쉽게 받지 않게 할 수도 있다. 앞으로 더욱 다양한 전기, 전자기기가 출현할 것이란 점을 예상하면, 인공시스템이 전자파환경을 통하여 다른 시스템, 자연현상 및 생체에 대하여 영향을 주는 것을 적극적으로 억제하고 동시에 전자파환경의 영향에 대한 내성(immunity)을 향상시켜 감응성(susceptibility)을 저감시키는 것은 더욱 중요하게 될 것이다. 이와 같은 전자파환경과 인공시스템 간의 양립성을 전자파 양립성(EMC)이라고 한다.

1.1.1 자연 전자파환경

자연 전자파환경에 의한 전자파잡음은 주로 대류권의 전자기현상, 지구과학적 전자기현상, 그리고 지구 밖에서 오는 전자파 등에 의해서 형성된다. 즉, 자연 전자파환경에 의한 잡음은 대략 다음과 같이 분류할 수 있다.

(1) 대기전기장 잡음

구름 등이 전혀 없는 기상학적으로 정온한 날이라도 지표면 가까이에서는 평균 100 ~ 150 V/m 정도의 전기장이 관측된다. 전기력선은 지표면에 수직이며, 전위는 상공일수록 높다. 이 전기장을 대기전기장이라고 부른다. 전기장의 강도는 장소에 따라, 또한 하루 중에도 시간에 따라서 변화한다. 중위도 지역에서 전기장은 가장 약하며, 양극 및 적도로 향할수록 감소한다. 또한 대기 중에는 뇌운 중에서 분리된 전하 외에, 우주선, 기타 방사선 및 태양활동 등에 의해 생긴 이온이 존재한다. 이들 이온은 대기 전기장에 의하여 가속되어 수직 방향으로 이동하므로, 항상 상공에서 지표를 향하여 2 ~ 20 pA/m^2의 전류가 흐르고 있다.

(2) 뇌운에 의한 지표전기장 잡음

뇌운 중 빗방울의 정전유도에 의해 전하가 분리되며, 구름 중의 강한 상승기류에 의해서 구름의 상층부에 양(+), 중간층에 음(−), 하층부에 양(+)의 전하가 집결한다. 뇌운 중의 전하 분리는 싸라기눈과 얼음 결정의 충돌에 의해서도 일어나는데, 기온이 −10°C 이하이기 때문에 싸라기눈은 음으로 대전하고 낙하속도가 크므로 하강하며, 양으로 대전한 얼음 결정은 상층에 남는다. 기온이 −10 °C 이상인 하층에서는 싸라기눈은 양으로, 얼음 결정은 음으로 대전하고, 얼음 결정은 상승기류를 따라 위쪽으로 올라가게 되어 −10°C 층에 양전하가 축적된다.

(3) 뇌방전에 의한 전자기장 잡음

뇌방전은 그 절반 이상이 하나의 구름 속에 있어서의 운내방전(intracloud discharge)이고, 30 ~ 40%가 대지방전(cloud-to-ground lightning) 소위 낙뢰이며, 이들 중 가장 깊이 연구되어 있는 것은 대지방전이다. 그 이유는 대지방전이 인체에의 감전사고, 항공기에의 낙뢰에 의한 추락사고, 건물, 시설, 삼림에 대한 낙뢰화재, 전력 시스템이나 통신 시스템에의 낙뢰에 의한 기기의 파손이나 시스템의 교란 등 우리의 사회생활에 미치는 영향이 크기 때문이다. 또한 대지방전의 방전로가 구름보다 아래 공간에 있으므로 사진 등의 광학적 방법에 의해서 쉽게 관측할 수 있기 때문이다. 그 밖에 구름과 구름 사이에서 생기는 운간방전(cloud-to-air discharge)도 있으나 이러한 현상은 아주 드물게 발생한다.

(4) 대전미립자의 방전에서 생기는 전자기장

대기 중의 물방울, 눈가루, 황사, 화산의 연기분출 등 대전된 미립자의 방전에 의해 생기는 전자기장을 의미하며, 이를 침적잡음(precipitation noise)이라고 한다.

(5) 우주전파에 의한 잡음

대기권 밖에서 오는 전자파 중, 발생원이 태양계 이외의 것을 총칭하여 우주전파(cosmic radio emission) 또는 우주잡음(cosmic noise)이라고 한다.

(6) 태양전파에 의한 잡음

VHF대 이상이고, 예리한 지향성을 가진 안테나를 태양 방향으로 향했을 때에만 수신되는 잡음 전자파이며, 태양전파(solar radio emission) 또는 태양잡음(solar noise)이라고 한다. 지구상에서 관측되는 태양전파는 파장이 수 mm ~ 수십 m이다. 정온시의 태양 전파는 태양 대기 내의 열전자가 방사하는 열잡음이다. 그 강도를 등가온도로 나타내면 mm파대에서는 약 5,000 ℃, cm파대에서 수만 ℃, m파대에서는 약 100만 ℃가 된다.

태양활동이 활발하게 되어 태양면 폭발이 일어나면 매우 강한 전자파가 방사된다. 이것은 모든 주파수 대역에 걸쳐서 일어나며, 장시간 계속되는 것과 순간적으로 변화하는 것이 있다. 또한 특정 주파수만의 강도가 증대하는 버스트(burst)도 있다.

(7) 지표근방의 지구자기장에 의한 잡음

지표에 있어서 지구 자기장(geomagnetic field)의 존재는 상당히 오래 전부터 알려져 있었다. 중국의 고서에 의하면 3000년 이전에 자석의 지향성을 알고 있었던 듯하며, 12세기에는 자침이 항해에 이용되었다는 기록도 있다. 자침이 남북방향을 가리키는 현상으로 길버트(W. Gilbert, 1600년)는 지구가 하나의 거대한 자석이라고 설명하였다. 자석으로써 지구의 성질과 그것이 만든 자기장을 총괄하여 통상 지자기(terrestial magnetism 또는 geomagnetism)라고 일컫는다. 지구자기장은 지표상의 장소에 따라서 다르나, 그 강도는 16 ~ 56 A/m 정도이다.

(8) 지구자기권에 의한 잡음

지구에서 멀리 떨어진 장소의 지구자기장은 자기 다이폴에서 예상되는 것과는 다른 모양을 갖고 있다. 실제의 자기장은 한정된 공간에 영향을 미치고 있으며, 이 영역은 지구자기권(terrestrial magnetosphere)이라고 불리고 있다.

태양에서는 항상 태양풍이라는 플라즈마류가 혹성공간에 방출되고 있다. 태양풍이 지구에 근접하면 지구자기장에 의해 휘어지면서 지구를 피해 지구의 주위를 통과하기 때문에, 지자기공동(geomagnetic cavity)이라고 하는 공동이 태양 플라즈마 중에 생긴다. 이 공동의 표면이 자기권의 외측 경계로 되고, 지자기공동의 외측 경계는 지구 반경의 10배 정도의 위치에 있으며, 태양풍과 자기권이 서로 밀어내는 상태로 되어 있다.

자기권 내에는 높은 에너지 입자가 밀집된 영역이 있으며, 지축과 직교한 도너츠 모양을 하고 있다. 이것은 반알렌대(Van Allen's belt)라고 불린다. 또한, 자기권 내의 하전 입자군이 지구자기장의 자기력선에 따라서 남북으로 왕복운동을 하면서 양전하를 가진 입자는 서쪽으로, 음전하의 입자는 동쪽으로 이동함에 따라 지구를 도는 전류가 생긴다. 이 전류는 적도면에서 가장 강해서 적도환 전류라 하며, 이것이 잡음을 유발한다.

(9) 지구자기장의 변동에 의한 잡음

비교적 단기간에 걸친 지구자기장의 변동에 의한 잡음으로서, 일주변화와 불규칙 변동이 있다. 전자는 규칙적으로 하루 주기의 변화를 하는 자기장으로 일변화자기장이라고 하며, 주로 전리층 전류의 변화가 원인이다.

한편, 불규칙 변동은 자기교란(magnetic disturbance)이라고 불리며, 전리층의 교란에 의한 것과 자기권의 교란에 의한 것이 있다. 태양면 폭발이 있으면 X선 등의 단파장 전자파의 방출이 증대하며, 전리층의 E층 전류가 증가하기 때문에 그 직후에 일변화 자기장이 갑자기 증대하여 수십 분간 계속된다. 이것을 SFE교란(solar flare effect disturbance)이라고 한다.

1.1.2 인위적 전자파환경

다음에는 인위적인 전자파환경에 기인하는 대표적인 잡음에 관하여 간단히 기술한다.

(1) 무선통신·계측·제어 시스템으로 인한 잡음

무선통신 · 계측 · 제어 시스템의 대부분은 공간에 전자기 에너지를 의도적으로 복사하여 목적을 달성고자 하는 것이다. 따라서 유한한 자원인 주파수를 효율적이고 유용하게 사용하기 위하여 국제적으로는 국제전기통신조약의 무선통신규칙에 의해, 또한 국내적으로는 전파법 등에 의해, 각종 무선업무에 적당한 주파수대를 할당함과 동시에 주파수의 허용편차, 점유주파수 대역폭 및 방사강도의 허용치, 그리고 안테나 전력의 허용편차 등이 엄격하게 규제되고 있다.

(2) 전력 시스템으로 인한 잡음

전력의 수요 및 공급 증대와 함께 송전 전압은 상승일로를 걷고 있다. 가공 송전선에서의 전압 상승으로 인하여 선로 및 지표면 부근의 전기장이 강하게 되고, 이에 따라 잡음도 증가하게 된다. 그리고 고전압의 송전 시스템에서는 코로나 방전이 생기기 쉬우며, 이것에 의해서 MF대에서 HF대에 이르는 코로나잡음이 발생한다. 교류 및 직류 송변전 설비의 전선, 고전압측에 사용되는 아크 혼, 스페이서, 연결 금구류에서 생기는 대기 중 코로나 및 애자표면에서 발생하는 연면 코로나가 그 원인이다.

(3) 고주파를 이용하는 설비에 의한 잡음

고주파 이용 설비란 무선국을 제외한 고주파를 이용하는 설비의 총칭이다. 전파법에서는 전선로에 10 kHz 이상의 고주파 전류를 통과시키는 전력선 반송설비, 유도식 통신설비 및 기타 통신설비와, 통신설비 이외에 10 kHz 이상의 고주파 전류를 이용하는 것 등이 있다. 이는 전자기장 복사나 유도를 이용하므로 다른 시스템과의 불필요한 결합을 할 수 있기 때문에 적극적으로 불필요한 결합을 억제할 필요가 있다.

(4) 정보기기에 의한 잡음

전자계산기 시스템, 워드프로세서, 팩시밀리, 텔레비전, 오디오와 같은 기기들은 펄스를 이용하는 것이 많다. 따라서 펄스에 의하여 전자기장 공간으로 방사되거나 전원선으로 누설되기도 한다. 전자회로가 IC화되고 소형, 경량, 소전력화 되고 있어서, 컴퓨터를 비롯한 전자기기나 통신기기의 전원회로도 소형, 경량인 동시에 효율이 높은 것을 요구하는 동시에 스위칭 전원이 많이 이용된다. 스위칭 주파수는 100~200 kHz가 주류이나, 소용량의 것으로는 1 MHz를 초과하는 것도 발생되고 있으며, 스위칭 주파수의 상승에 따라 잡음의 고주파 성분도 증가한다. 정보 기술 장치에 조립되는 많은 전자기기에서는 외부의 전자파환경 문제와 병행하여 기기 내부의 전자파환경의 문제를 고려하는 것이 중요하다. 왜냐하면 상기와 같은 전원회로에서 발생한 방해 전자기

잡음이 기기의 연산·기억회로 등에 결합하여 오동작을 일으킬 수 있기 때문이다.

(5) 수송기계에 의한 잡음

자동차 등 내연기관의 점화계는 점화장치의 불꽃 방전에 의해 UHF 대에까지 미치는 넓은 주파수 스펙트럼을 가진 전자기 잡음을 방사하여 통신 등에 장해를 일으킨다. 이것은 외부의 다른 시스템뿐만 아니라 자동차의 라디오, 자동차 무선을 위시하여 차량에 탑재된 제어용 컴퓨터에도 간섭을 일으키게 된다.

(6) 전기기기, 조명기기에 의한 잡음

정류자를 가진 회전기에서는 브러시와의 접촉부, 기타 기기에서는 스위치, 릴레이 접점의 개폐에 따른 방전 및 회로의 진동이 원인이 되어 넓은 주파수대에 걸쳐서 방해파가 생긴다.

(7) 핵무기

고공에서의 핵폭발은 충격파, 열, 방사성 강하물 등이 지상에 도달하지 않는 경우에도 강한 전자기 펄스의 영향이 지상의 넓은 지역에 미치며, 정보통신 시스템이나 전력 시스템의 기능을 마비시킬 수 있다. 이때의 주파수 스펙트럼은 10 kHz~수백 MHz로 광대역에 걸쳐 있다.

1.2 전자파 양립성의 개요

일반적으로는 전자파환경과 인위적인 시스템 간의 양립성을 일컬어 전자파 양립성(Electromagnetic Compatibility, EMC)이라고 한다. 이러한 전자파 양립성은 다음과 같이 정의된다.

■ International Electrotechnical Vocabulary (IEC 50)

어떤 장치나 기기 혹은 시스템의 기능이 그것의 전자기환경에서 만족스럽게 동작하고, 또한 그 환경에 있는 다른 기기들이 감당할 수 없는 전자파장해를 끼치지 않는 것.

■ Fundamentals of electromagnetic compatibility

기기나 시스템이 동작하기 위한 능력, 즉 그것들이 설치되거나 혹은 동작하는 환경에서 기능 저하가 일어나거나 고장이 나지 않고, 나아가 기기나 시스템이 다른 어떠한 기기와 시스템에도 전자파장해를 주거나 받지 않는 것.

■ IEEE

인공 시스템이 다른 기기들에 장해를 주는 것과 같은 불필요한 전자기 에너지를 방출하는 일이 없고, 또한 다른 기기나 시스템에 의해 전자파환경의 영향을 받는 일도 없어 그 성능을 만족스럽게 발휘할 수 있는 능력.

■ Principles of electromagnetic compatibility

전기 · 전자기기들은 각각의 기기에서 생성된 전기 잡음이 서로 다른 기기에 대해 간섭하지 않아야 하며, 이들은 각각 정상적인 동작을 하여 본래의 기능을 수행할 수 있어야 한다. 즉, 전자기적 양립성이 확보되어야 한다.

이러한 전자파 양립성(Electromagnetic Compatibility, EMC)은 크게 전자파장해(Electromagnetic Interference, EMI)와 전자파감응성(Electromagnetic Susceptibility, EMS) 또는 전자파내성(Electromagnetic Immunity, EMS)으로 나누어지며, 그 개념도는 그림 1.1과 같다.

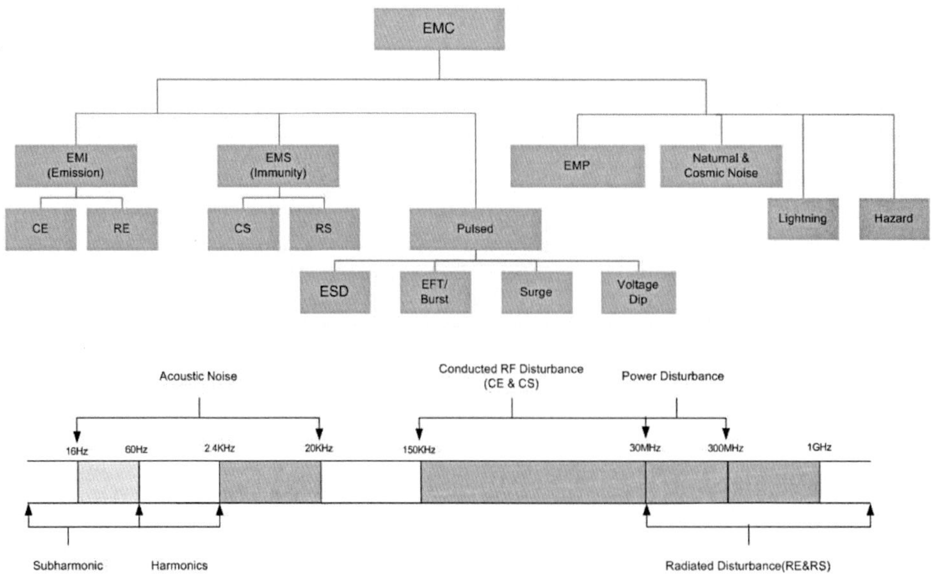

그림 1.1 EMC의 개념도

1.2.1 전자파장해(EMI; Electromagnetic Interference)

불필요한 전자파의 방사는 장해를 일으킬 가능성이 있는 기기와 관계가 있다. 방사를 조절하는 목적은 방사된 전자기 에너지를 제한하여 근처에 다른 기기들이 동작해야 하는 전자파환경을 조절하는 데 있다. 하나의 기기로부터 전자파방사를 조절하면 다른 기기에 미치는 장해문제를 해결할 수 있다. 그러므로 전자기적으로 적합한 전자파환경을 만드는 일련의 시도에서 방사를 조절하는 것은 매우 바람직하다.

전자파장해는 피해 대상 기기에 불필요한 전압과 전류를 유발한다. 예를 들면, 라디오 수신기의 잡음과 TV의 화면 영상의 떨림과 프레임 손실 등으로, 이것은 사소한 문제기 될 수도 있지만 매우 치명적인 문제가 될 수도 있다. 가령 산업체의 공정 처리 컴퓨터라든지 교통 신호 제어 컴퓨터나 의료용 기기가 전자파장해에 의해 기기가 오동작을 일으키거나 고장이 날 경우 그 파장은 작지 않을 것이다.

전자파장해는 피해 시스템에 케이블을 통한 전도성 장해와 전자파 방출로 인한 방사성 장해의 두 가지 경로로 영향을 준다. 전자파 간섭은 방사(RE; Radiated Emission) 또는 전도(Conducted Emission)되는 전자파가 다른 기기의 기능에 장해를 주는 것으로 회로기능을 악화시키고, 기기가 오동작을 일으킬 수 있는 불필요한 신호가 그 원인이 된다. 전자파장해는 크게 전도성 방출과 복사성 방출로 나눌 수 있다.

- **전도방출**(CE; Conducted Emission) : 9 kHz ~ 30 MHz 대역이며 일반적으로 전자파가 신호선 또는 전원선과 같은 매질을 통해서 전달되는 전자파 잡음임.
- **복사방출**(RE; Radiated Emission) : 30 MHz 이상의 전자파가 공기 중으로 복사되어 전달되는 전자파 잡음임.

1.2.2 전자파감응성(EMS; Electromagnetic Susceptibility)

전자파감응성은 기기나 회로가 원하지 않는 전기적 에너지에 대처하는 능력이다. 회로나 기기의 감응성 레벨은 잡음 환경에서 장비가 외부 혹은 내부의 전자파 방해와 장해로부터 성능의 저하나 고장이 없이 뚜렷하고 안전한 이득을 보여주는 것, 즉 기기 혹은 시스템이 얼마나 정상적으로 만족스럽게 동작할 수 있는가에 대한 레벨이다. 감응성을 다른 말로 내성(immunity)이라고도 한다. 내성 레벨을 결정하는 데 있어서 한 가지 어려운 점은 무엇이 성능 저하를 가져오는지 정의하는 것이다. 즉, 전자파감응성은 기기가 외부로부터 전자파 간섭을 받을 때 영향을 받는 정도를 나타낸 것이며 전자파장해로부터 정상적으로 동작할 수 있는 능력의 차도인 내성이라 할 수 있다.

이러한 기기의 내성을 향상시키는 것은 전자파장해로부터 기기를 보호하는 것인데, 그 방법으로는 차폐와 흡수 등이 있다. 전자파감응성은 다음과 같이 전도내성(CS), 복사내성(RS), 정전기방전(ESD) 등으로 나눌 수 있다.

- **전도내성**(CS; Conducted Susceptibility/Immunity) : 외부케이블, power cords, I/O interconnects 등을 통해서 들어오는 전자파 간섭에 견디는 정도.
- **복사내성**(RS; Radiated Susceptibility/Immunity) : 자유공간으로부터 전파되어 들어오는 전자파간섭에 견디는 정도.
- **정전기방전**(ESD; Electrostatic Discharge) : 정전 방전.

1.3 전자파환경과 피해 사례

전자파환경이란 전기·전자장치나 시스템을 설치하려는 임의의 장소에서의 전자기장 분포 상태를 말한다. 즉, 전자파 양립성이라 함은 동작시키려는 기기가 전기·전자장치나 시스템을 설치하려는 위치의 전자파환경에서 당초 의도된 성능대로 정상적으로 동작할 수 있는 능력을 뜻한다. 여기에서 한 단계 더 나아가서 장치나 시스템이 새로 추가될 때 기존의 전자파환경에 변화가 생겨도 이미 그 환경에 있었던 다른 장치에 영향을 주지 않아서 기존의 장비 역시 정상적으로 동작하는 것도 포함되는 개념이다.

가정용 전자기기, 통신기기, 계산기기 등 다른 목적에서의 전기·전자회로의 광범위한 사용은 인접해 있는 다른 회로의 동작에 악영향을 미친다. 전자파장해(EMI)는 회로 설계자들에게 있어서 중요한 문제가 되어 왔고, 앞으로는 더욱 심각한 문제가 될 것이다. 이러한 경향은 다양한 전자기기들이 일정한 공간과 일정한 시간에 동시에 사용되기 때문이다. 더욱이, 집적회로의 사용과 규모가 큰 집적화는 전자장비의 크기를 축소시켜 왔다. 회로의 소자가 점점 더 작아지고 정교해짐에 따라 회로들은 더 좁은 공간 속에 복잡하게 집적화되어 장해의 가능성은 증가하게 되었다.

따라서, 오늘날의 전자장비 설계자들은 단지 실험실에서 이상적인 조건하에 시스템이 동작하도록 만드는 것 이상의 노력이 필요하게 되었다. 그리고 이러한 설계 이외에도 설계자들은 주위 상황의 실제적인 환경을 고려한 설계를 할 필요가 있다. 이것은 전자기기가 외부의 잡음원에 영향을 받지 않아야 하며 그 자체도 환경에 잡음원이 되지 않아야 한다는 것을 의미한다. 이와 같이 전자기기 설계시 전자파 양립성(EMC)은 중요한 고려사항이 되어야 한다.

전자파장해 문제가 발생하는 데에는 그림 1.2에서 나타내는 바와 같이, 기본적으로 장해원(emitter), 결합경로(coupling path), 감응체(susceptor)가 동시에 존재하는 경우이며 이를 EMC 발생의 3요소라 한다.

장해원은 전파잡음 및 각종 시스템에서 이용하고 있는 모든 형태의 전자기에너지의 발생체로 볼 수 있으며, 그림 1.3에서 보는 바와 같이 자연잡음과 인공잡음이 있다. 이러한 장해원에서 발생된 전자파는 각종 결합경로를 통하여 감응체에 장해를 주며 이러한 상태가 바로 기본적인 전자파장해를 일으키게 된다.

어떠한 전기 기기나 시스템에서 전압과 전류의 변화는 전자파상해의 원인이 될 수 있다. 만약 장해원이 되는 기기가 외부로 노출된 케이블의 연결이 없는 배터리 전원공급형 전기면도기라면, 장해 에너지는 전기면도기 내부의 전기모터에서 방출되는 전자기파의 복사 잡음만이 장해원이라 할 수 있다. 그러나, 그 면도기가 케이블이 연결된 형태라면, 그 면도기에서 발생하는 장해원은 전기모터에 의해 방출되는 전자기파 및 회로에서 방출되는 복사 잡음뿐만 아니라 케이블을 타고 흐르는 전도 잡음도 발생될 것이다.

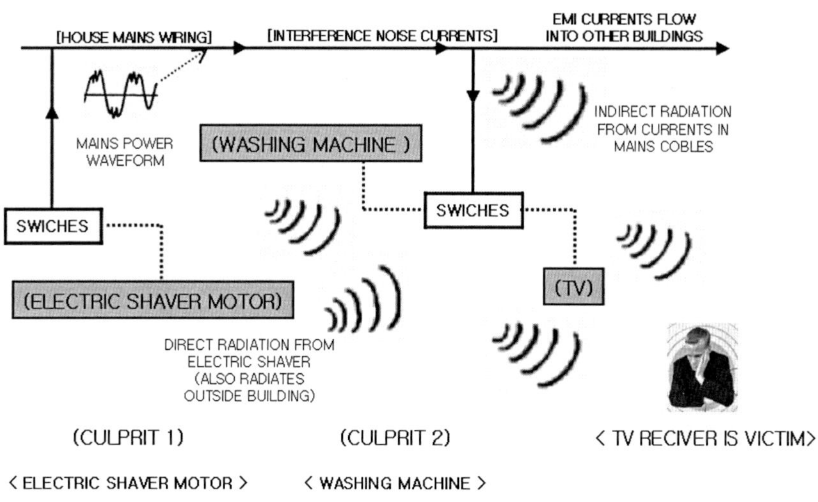

그림 1.2 EMC 발생의 3요소 : 장해원(emitter), 결합경로(coupling path) 및 감응체(susceptor)

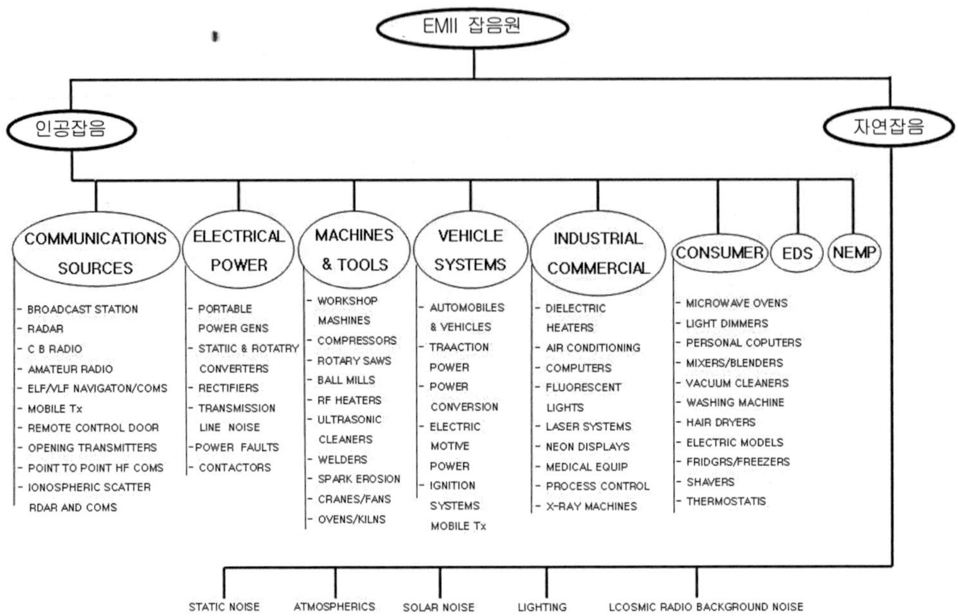

그림 1.3 EMI 잡음원

인공잡음은 고의성 잡음과 비고의성 잡음으로 분류되는데, 고의성 잡음은 AM, FM, TV, 기타 방송 송신기 등과 같이 본래 전파발사라는 고유의 목적을 수행하기 위하여 방사되는 에너지를 말한다. 비고의성 잡음은 컴퓨터기기, 계전기, 모터, 송배전선, 형광 등과 같이 원래의 목적이 전파발사가 아님에도 수반되는 전자 잡음을 말한다.

한편, 인공적인 잡음 외에 자연계에서도 잡음을 발생시키는 원천이 많다. 자연잡음은 주로 대류권의 전자기 현상, 지구과학적 전자기 현상, 그리고 지구 밖에서 오는 전자파 등에 의해서 형성된다. 대전된 구름과 구름, 또는 구름과 대지 사이의 방전현상인 번개로부터 넓은 주파수대역의 전파가 발생하여 무선통신을 방해한다. 이것을 공중방전이라 하는데, 파장이 짧은 전파성분이 적기 때문에 초음파나 마이크로파에 의한 통신은 거의 방해를 받지 않는다. 태양도 전파잡음 발생원의 하나이다. 즉, 태양 내부의 고온 하에서 전자가 격렬한 운동을 하여 전파가 발생되는데, 고감도의 수신기(전파망원경)의 안테나가 태양을 향하도록 놓으면 1 cm에서 수 m의 파장을 가진 전파가 잡음으로 수신된다. 이것을 태양전파 또는 태양잡음이라 한다.

그림 1.4는 자연잡음과 인공잡음의 발생과정을 보여 주고 있다.

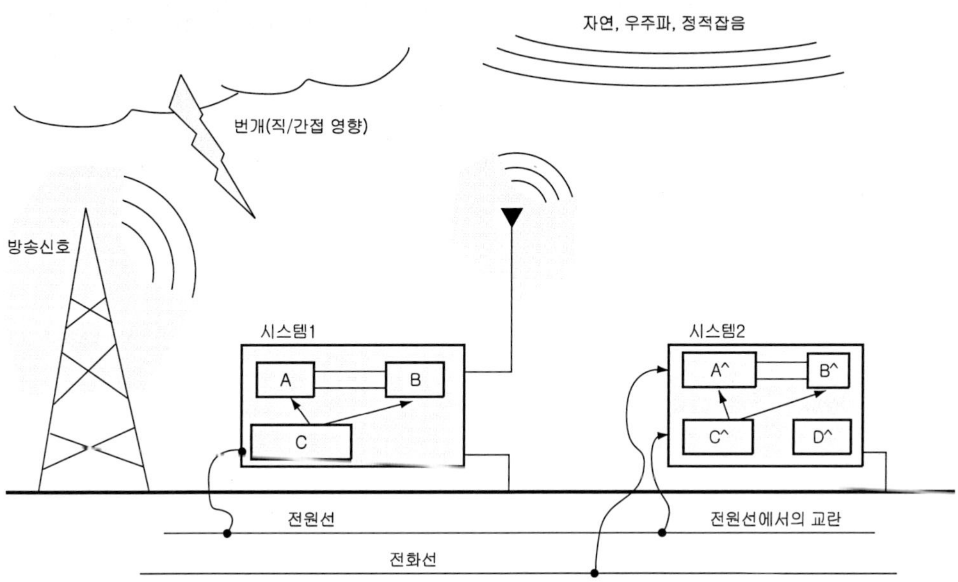

그림 1.4 자연잡음과 인공잡음의 발생과정

아래에 전자파장해에 의한 피해 사례의 대표적인 경우를 열거한다.

① 항공 관제용 레이더의 모니터에 스파크 상태의 방해가 계속 들어와 그 원인을 조사한 결과, 근접 민가의 지붕에 설치된 TV용 부스터의 발진에 의한 것으로 판명되었다.

② 전자식 전기 라이터를 주차장 출입 컨트롤 박스의 캐비닛 부근에 놓았을 때, 방사 펄스의 원인으로 출입문이 열리고 운전사가 무상으로 주차할 수 있는 경우가 발생하였다.

③ 일본에서는 공장 내 크레인에서 발생된 전자파에 의해, 로봇화된 NC 선반의 주축이 갑자기 회전을 시작, 작업원을 휘감아 사망시킨 사고가 있었다.

④ 낙뢰에 의해 유도되어 발생한 미소 전압으로 가열장치를 제어하고 있던 컴퓨터가 오동작하여 화학공장에서 화재가 발생하고, 은행의 온라인 시스템을 혼란시키기도 했다.

⑤ 최근 미국에서 전자오락에 열중하던 어린이들이 갑자기 원인 모를 발작과 경련으로 쓰러지는 일이 자주 발생하였다.

⑥ 극초단파를 이용한 온열 치료를 받던 환자가 온열 치료기에서 방사된 노이즈 전파에 의해 인공심장의 정상동작이 방해되어 의식을 잃은 일도 있었다.

⑦ 구두, 의류, 안경점 등에서 사용하는 전자식 금전 등록기의 동작이 정지되거나, 오류 데이터 전송 및 등록기 서랍이 저절로 열리는 경우가 생긴 예도 있다.

1.4 시스템상의 EMC 설계

EMC는 의도된 전자파환경에서 적절히 동작할 수 있는가와 전자파환경에 잡음원이 되지 않도록 설계되었는가 하는 전자시스템의 능력이다.

전자파환경은 방사에너지와 전도에너지에 기인한다. 그러므로 EMC는 방사(emission)와 감응성(susceptibility)의 두 가지 측면이 있다.

감응성은 기기나 회로가 원하지 않는 전기적 에너지(예를 들면 잡음과 같은)에 대처하는 능력이다. 회로나 기기의 감응성 레벨은 잡음 환경에서 장비가 성능 저하 없이 뚜렷하고 안전한 이득으로 만족스럽게 동작할 수 있는가 하는 것이다. 감응성을 다른 말로 내성(immunity)이라고도 한다. 내성 레벨을 결정하는 데 있어서 한 가지 어려운 점은 무엇이 성능 저하를 일으키는지 정의하는 것이다.

방사는 장해를 일으킬 가능성이 있는 기기와 관계가 있다. 방사를 조절하는 목적은 방사된 전자기에너지를 제한하여 근처에 다른 기기들이 정상적으로 동작할 수 있는 전자기 환경을 조절하는 데 있다. 하나의 기기로부터 방사를 조절하여 다른 기기의 장해 문제를 해결할 수 있다. 그러므로 전자기적으로 적합한 전자파환경을 만드는 것에서 방사를 조절하는 것이 바람직하다.

자기규제(self-regulating)는 상당부분 감응성에 있으며, 만약 어떤 장비가 전자파환경에 영향을 쉽게 받는다면 고객은 그것을 알 수 있을 것이고 계속해서 그 물건을 구입하지 않을 수도 있다. 반면에 방사는 자기 규제가 되지 않는 경향이 있다. 방사 원인 상품은 그 방사에 영향을 받지 않을지도 모른다. 그 결과 여러 조절 단체들(regulatory bodies)이 방사를 통제하기 위해서 물건에 일정한 등급을 부여하는 기준을 규정해 왔다.

EMC를 고려한 설계에는 두 가지 접근 방법이 있다. 하나는 응급(crisis) 접근법이고 다른 하나는 시스템 접근법이다. 응급 접근법에서 설계자는 설계가 끝나고 테스트 또는 경험상의 문제가 나타날 때까지 전체적인 EMC는 무시하고 진행한다. 이와 같이 늦은 단계에서 실행되어지는 해결방법은 일반적으로 대책비용이 비싸고 바람직하지 못한 부가작업으로 구성된다. 응급 접근법은 일회용 반창고(Band- Aid) 대책이라고 말

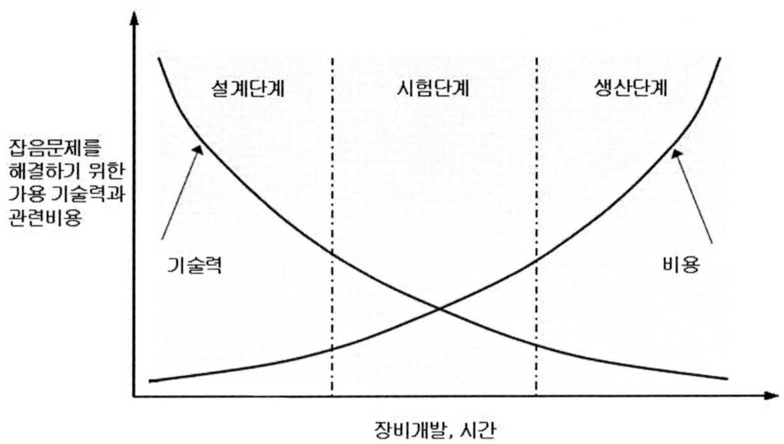

그림 1.5 장비 개발의 진척도와 관련비용 및 기술 수준의 관계

하기도 한다.

즉, 장비 개발을 설계에서 테스트, 생산에까지 EMC 대책의 고려 없이 진행시키면 설계자들에게 있어서 유용한 잡음 감소기술 수준은 낮아도 되지만 대책비용은 올라간다. 이러한 경향을 그림 1.5에 나타내었다. 따라서 간섭 문제 초기부터 일찍 고려되어 해결되는 것이 일반적으로 가장 좋고 비용도 최소가 된다.

시스템 접근법은 설계 초기부터 끝까지 EMC를 고려한다. 설계자는 과정의 초기에 EMC 문제를 고려하고 실험실에서 남아 있는 문제를 찾고, 일찍 모형을 계획한다. 그리고 가능한 한 철저히 EMC에 관해서 마지막 모형을 테스트한다. 이러한 방법의 EMC설계는 장비의 전기적인 설계와 기계적인 설계 둘 다에 필수적인 부분이 된다. 그 결과 EMC는 부가물이 없는 물건으로 설계된다. 그리고 이것은 가격면에서 더 효율적인 접근방법이다.

장비를 설계할 때 노이즈 억제가 한 단계 또는 하위 시스템에서 동시에 고려된다면 노이즈 경감기술은 간단하고 직접적인 것이다. 경험상 이러한 방법으로 노이즈 억제를 취급할 때 설계자는 테스트에 앞서 가능한 한 노이즈 문제를 90% 또는 더 많이 제거하여 장비를 제작할 수 있음을 보여준다.

반면에 잡음억제를 완전히 고려하지 않고 설계된 시스템은 테스트를 시작할 때 항상 잡음 문제가 발생할 것이다. 그 때 발생 가능한 잡음경로 조합의 어느 것에서 문제가 생기는지를 찾는 분석은 간단하거나 분명하지 않을 수 있다. 마지막 단계에서의 이러한 해는 일반적으로 회로의 필수적인 부분이 아닌 여분의 구성 요소가 추가로 포함된다. 감수해야 할 불이익은 기술 경비, 경감 요소의 경비, 그리고 설치비용이 더해진다는 것이다.

참고문헌

1. 김동일, 나정웅, 박동철, 전파공학, 청문각, 2002.
2. 김기채, 김동일, 명노훈, 박동철, 이영훈, 전자파환경공학, 대영사, 2001.
3. 김동일, 전파흡수체공학, 대영사, 2006.
4. 민경찬, 전자파(EMC) 환경공학, 한국기술연구소, 2003.
5. Henry W, Ott, Noise Reduction Techniques in Electronic System, 2nd ed. JOHN WILEY & SONS, 1988.
6. Tim Williams 저, 이건용 역, 전자 방해의 원인과 대책, 기전연구사, 2006.
7. David Morgan, A handbook for EMC testing and measurement, IEE, 1994.
8. D. R. J. Electromagnetic Interference and Compatibility. Vol. 1(Electrical Noise and EMI Specifications). Vol. 2(EMI Test Methods and procedure). Don White Consultants, Germantown, Md., 1974.
9. Panter, P. F. Modulation, Noise, and Spectral Analysis. McGraw-Hill, New York, 1965.
10. Sen M. Kuo, Dennis R. Morgan, Active Noise Control Systems, JOHN WILEY & SONS, 1996.
11. Federick M. Tesche and Michel V. lanoz, EMC ANALYSIS METHODS AND COMPUTATIONAL MODELS, JOHN WILEY & SONS, 1997.
12. Paul Chatterton, EMC Electromagnetic Theory Practical Design, Wiley, 1992.
13. Morrison, R. Grounding and Shielding Techniques in Instrumentation. Wiley, New York, 1977.

EMC 시험법

Chapter 02

EMC 기술에서 가장 어려운 것 중의 하나는 측정기술이다. 이와 관련된 전자파양립성의 측정과 분석을 쉽게 하기 위하여 방사성 방출은 30 MHz 이상에서 발생하고, 전도성 노이즈의 문제는 30 MHz 이하에서 하는 것으로 규정하고 있다.

전기, 전자, 정보처리 장치 등으로부터 빙출되는 장해전자파를 측정하기 위해서는 전자파장해 규제를 위한 관련 규격에 명시되어 있는 측정방법을 따라야 한다. 본 장에서는 EMC 시험법(측정법)에 관하여 기술한다.

2.1 한계치

산업체에서 생산되는 전기, 전자, 정보처리 장치 등은 동일한 설계방법에 의하여 동일한 제조 공정을 거치더라도 발생되는 장해전자파의 크기는 각 제품마다 제각기 다르다. 즉, 제품마다 장해전자파의 발생 레벨이 다를 뿐만 아니라 외부 장해전자파에 대한 내성도 다르다.

생산된 제품의 장해전자파 발생 레벨 및 전자파내성은 그림 2.1과 같이 정규분포의 형태로 분포하게 된다. 따라서 장해전자파의 한계치(limit)를 설정할 경우에는 한계치 이하의 장해전자파 레벨을 갖는 제품이 전체의 몇 % 이상이어야 하는가를 규정할 필요가 있다. 또한 전자파내성의 한도치(immunity level)가 전제품의 몇 % 이상이 이 레벨의 장해전자파를 받아도 오동작을 하지 않고 정상동작을 할 수 있는지도 규정할 필요가 있다.

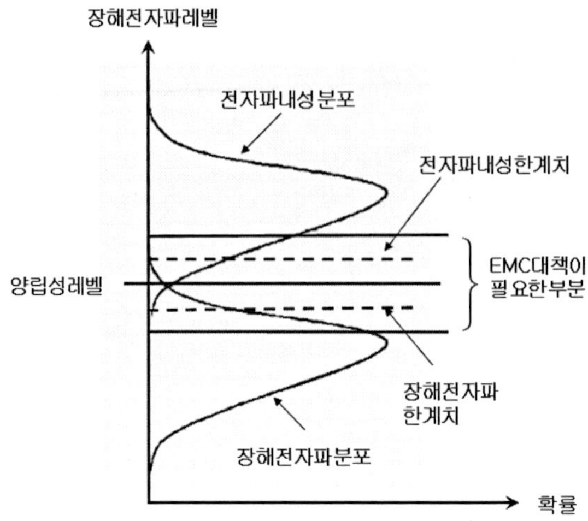

그림 2.1 장해전자파 및 전자파내성 레벨의 분포

2.1.1 장해전자파 한계치

일반적인 전기, 전자, 정보처리 장치 등의 장해전자파 한계치는 기본적으로 통신 및 방송시스템에 장해를 주지 않도록 정해져 있다. 이러한 장해전자파의 한계치를 결정하기 위해서는 장해전자파의 파형과 주파수 스펙트럼, 전파특성 및 장해를 받는 통신 및 방송시스템의 내성을 고려해야 한다.

그림 2.2를 참고로 하여 장해전자파의 한계치 결정 과정을 간단히 설명하기로 한다.

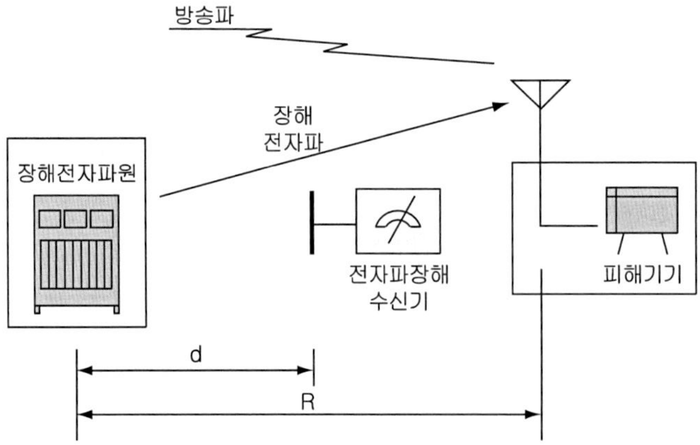

그림 2.2 한계치 설정을 위한 관계도

① 수신 장해를 방지하기 위해서는 수신 안테나에 유입되는 장해전자파의 크기 E_U가 희망 신호파의 전계강도 E_S보다 혼신보호비 P만큼 작아야 한다. 따라서 수신 안테나에 수신되는 장해전자파의 크기는 다음 식의 E_U보다 작아야 한다.

$$E_U = E_S - P \quad [dB\mu V/m] \tag{2.1}$$

② 장해전자파를 발생시키는 기기와 수신 안테나 사이의 거리를 R이라 하고, 장해전자파의 크기가 거리의 n 제곱에 반비례하여 감쇠한다고 가정하면, 기기로부터 거리 d 위치에서의 장해전자파의 크기 E_d는 다음 식으로 주어진다.

$$E_d = E_U + n20\log\left(\frac{R}{d}\right) = E_S - P + n20\log\left(\frac{R}{d}\right) \quad [dB\mu V/m] \tag{2.2}$$

③ 장해전자파를 발생시키는 기기가 건물 내에 설치되어 있는 경우에는 건물의 감쇠량 L을 고려하여 장해전자파의 허용치 E_L을 다음 식으로부터 구한다.

$$E_L = E_d + L \quad [dB\mu V/m] \tag{2.3}$$

④ 위에서 설명한 것 이외에도, 장해전자파의 특성과 장해가 발생하는 확률 및 장해전자파 대책의 경제성과 대책의 효과 등을 고려하여 장해전자파의 한계치를 결정한다.

가정용 전기, 전자기기와 자동차 등에서 발생하는 장해전자파는 주파수 스펙트럼이 광대역이며 파형도 불규칙한 펄스 형태의 장해전자파가 많다. 이러한 장해전자파는 텔레비전 화면에 점 형태의 잡음을 나타나게 한다. 그러나 디지털 기기나 스위칭 전원 등에서 발생하는 장해전자파는 주파수 스펙트럼이 선 스펙트럼이며 파형도 정현파 형태이다. 이러한 장해 전자파는 텔레비전의 화면에 선 형태의 잡음을 나타나게 한다.

앞에서 설명한 두 가지 형태의 장해전자파에 있어서 준첨두치 레벨이 같더라도 펄스 형태의 장해전자파보다는 정현파 형태의 장해전자파가 더 큰 장해를 일으킨다. 이 때문에 기기에서 발생되는 장해전자파가 펄스 형태인가 정현파 형태인가를 구별하여 만약 정현파 형태이면 보다 엄격한 한계치를 적용해야 한다.

2.1.2 전자파내성 한계치

장해전자파에 의한 전기, 전자, 정보처리 장치 등의 장해 정도는 주위 환경에 의해서 많이 달라진다. 장해전자파를 발생시키는 일반적인 장해원으로는 방송이나 개인 휴대전화기와 같은 방해 전자파를 발생시키는 것이 있으며, 뇌방전과 같은 자연잡음원도 있다. 이 뿐만 아니라, 전원선이나 신호선 등으로부터 침입하는 전도성의 장해전자파를 발생시키는 장해원으로는 배전 계통의 스위칭 동작에 의한 것, 정전기가 발생할 때 방사 되는 전자파 등이 있다.

이와 같이 전기, 전자기기에는 장해전자파의 발생원이 많고, 또한 피해를 받는 기기의 종류도 다양할 뿐만 아니라 장해의 정도도 기기에 따라서 제각기 다르므로 모든 기기에 공통적으로 적용할 수 있는 전자파내성 한계치를 결정하기란 대단히 곤란하다. 예를 들면, 텔레비젼 수상기에서 수신 장해를 일으킬 경우에는 장해의 정도가 크지 않으므로 내성 한계치의 요구가 엄격하지 않아도 되지만, 자동차와 같이 인명에 관계되는 경우에는 내성 한계치의 요구가 보다 엄격해야 한다.

우선, 복사성 장해전자파의 한계치에 대하여 알아보자. 일반적인 주택환경에서 가장 강력한 장해전자파는 통신 및 방송파이다. 일반적으로 통신 및 방송파의 전기장의 세기는 1 V/m 이하이며, 따라서 주거환경에서 사용하는 기기의 내성 한계치는 1~10 V/m 정도가 된다. 한편, 송신 시설이 있는 주위에서는 전기장의 세기가 100 V/m 정도이므로 이러한 지역에서 사용하는 기기의 내성 한계치는 보다 더 엄격하게 설정되어야 한다. 일반적으로 송신 안테나 주위에서의 전기장의 세기는 다음 식으로부터 추정할 수 있다.

$$E = \frac{\sqrt{30PG}}{R} \quad [V/m] \tag{2.4}$$

여기서, G 및 P는 각각 송신 안테나의 이득 및 송신전력이며, R은 송신 안테나로부터 관측점까지의 거리이다. 단, 이 식은 원역장 조건 $kR \geq 1$(k는 파수)을 만족하는 거리에서만 적용할 수 있다.

전도성 장해전자파의 한계치와 관련하여 전도성 장해전자파의 대표적인 예는 전원설비와 각종 전기설비의 스위치 개폐시에 발생하는 잡음이 있으며, 낙뢰에 의해 발생하는 서지 장해전자파도 있다. 이러한 경우에 대해서는 진폭이 수 kV이며 폭이 수십 μs인 펄스파를 이용하여 내성시험을 한다. 또한, 릴레이의 동작시에 발생하는 격렬한 펄스형태의 장해전자파도 있는데, 이러한 경우에 대해서는 진폭이 0.25 ~ 4 kV, 상승시간이 15 ms 정도인 과도 버스트파를 이용하여 내성시험을 한다. 이 외에도 방송국이나 ISM(Industrial, Scientific, and Medical) 장치의 주변에서는 방송파 및 누설전자파에 의해 정현파 형태의 장해전자파가 기기의 도선에 유기되고, 수~수십 V의 고주파 전압이 발생한다. 이러한 경우에 대해서도 내성시험과 한계치의 설정이 필요하다.

다음으로 정전기 방전의 한계치에 관하여 간단히 기술한다. 건조한 날 카페트 위를 사람이 걸으면 정전기가 발생하게 되는데, 인체에는 대략 수천~20,000 *V* 정도의 전하가 충전된다. 이러한 충전상태에 있는 사람이 전기, 전자, 정보처리 장치 등의 기기에 접촉하게 되면 순간적인 방전에 의하여 펄스전류가 흐르게 되고 방전시에는 전자파가 발생하게 되어 전자기기에 오동작을 일으키게 한다. 따라서 정전기 방전의 내성시험에서는 2~15 *kV* 정도의 방전전압을 인가하여 시험한다.

2.2 EMI 측정법

장해전자파의 특성은 기기나 전원선의 배치뿐만 아니라 동작조건, 전원 및 부하 임피던스, 주위 환경 등에 의해서 크게 변한다. 따라서 가능한 한 간편하며 재현성이 좋고 기기의 실제 사용 상태를 고려하여 측정법을 정해야 한다.

기기와 설비의 장해전자파 측정법에 관해서는 CISPR(국제무선장해특별위원회 : International Special Committee on Radio Interference), ANSI(미국규격협회 : American National Standards Institute), MIL 규격(Military Standards) 등에 상세히 규정되어 있다. 여기서는 가장 대표적인 규격인 CISPR 규격에 규정되어 있는 측정법을 간단히 설명한다. CISPR 규격은 수신 장해의 저감을 목적으로 하고 있기 때문에, 통상적인 사용 상태에서 장해전자파의 최대 전계강도를 파악하는 데에 중점을 두고 있음을 숙지할 필요가 있다.

2.2.1 전도성 EMI 측정법

전도성 방출(Conducted Emissionm, CE)은 주로 30 MHz 이하에서 발생하는데 신호선 또는 전원선과 같은 매체를 통해서 전달되는 전자파 잡음으로 통상 전자파차폐실에서 측정을 한다.

30 MHz 이하의 주파수 대역에서는 파장에 비하여 기기의 크기가 아주 작으므로 기기로부터의 장해전자파는 전원선이나 신호선 등의 케이블을 통하여 전달된다. 이러한 장해전자파는 전압 또는 전력을 측정하여 평가하는데, 이들 각각에 대하여 간단히 설

명하기로 한다.

(1) 장해전자파 전압의 측정

2 선로를 따라서 전달되는 장해전자파는 일반적으로 각 선로의 전압 및 전류 파형이 다르다. 따라서 전도성의 장해전자파는 그림 2.3과 같이 차동모드(differential or normal mode, 또는 평형모드) 성분과 공통모드(common mode, 또는 불평형모드) 성분으로 분해할 수 있다. 특히 공통모드 성분은 방사를 심하게 일으키고 전자파장해의 원인이 되므로 주의할 필요가 있다. 전도성 장해전자파의 측정은 피측정기기의 전원단자에 유기되는 차동 및 공통모드 성분의 전압 또는 전류(준첨두치 및 평균치)를 각 도선에 대하여 그림 2.4와 같이 LISN(전원선 임피던스안정기 : Line Impedance Stabilization Network)을 사용하여 측정한다. 이와 같은 측정은 2 × 2 m 이상의 기준 접지판 위 또는 전자파차폐실에서 이루어지며, 그림 2.4에서 보는 것처럼 전원선의 길이가 1 m를 넘으면 다발의 길이가 40 cm 이하가 되도록 만들어 배치시킨다.

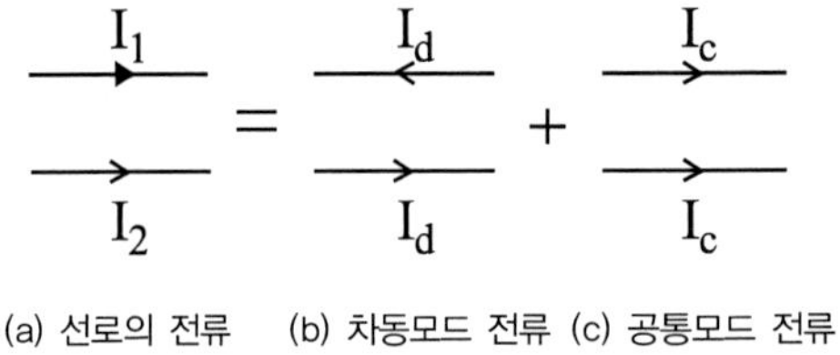

그림 2.3 전도성 장해전자파의 차동 및 공통모드 전류성분의 분해

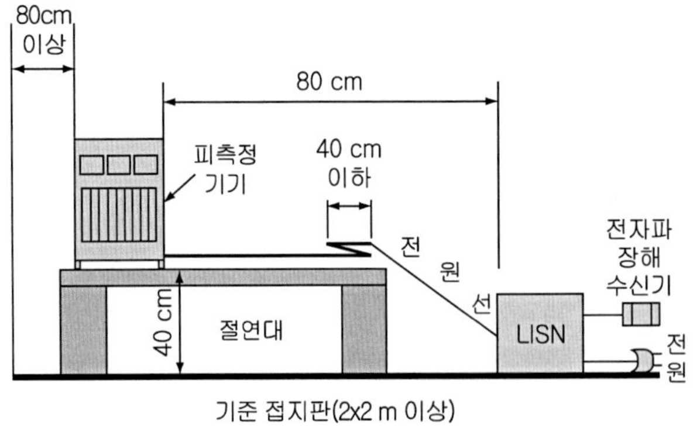

그림 2.4 전도성 장해전자파의 전압 측정

(2) 장해전자파 전력의 측정

주파수 대역이 비교적 높은 VHF대에서는 기기의 전원선, 신호선 등의 케이블이 파장과 유사한 정도의 길이가 되므로 케이블에 장해전류가 흐르면 이들 선로가 안테나 역할을 하여 장해전자파가 공간으로 방사된다. 따라서 이 주파수 대역에서는 복사성 장해전자파의 전계강도를 측정하든가 또는 케이블로부터 방사되는 장해전자파 전력을 흡수클램프로 측정한다. 측정주파수 대역은 30 ~ 300 MHz(또는 1 GHz)이다. 그림 2.5와 같이 피측정기기의 전원선에 흡수클램프를 끼우고 흡수클램프를 전원선을 따라서 반파장 정도 움직여 전자파장해 수신기의 지시치가 최대가 되는 위치에서 측정한다. 이 측정치에 흡수클램프의 변환계수를 고려하면 피측정기기의 전도성 장해전자파 전력을 구할 수 있다.

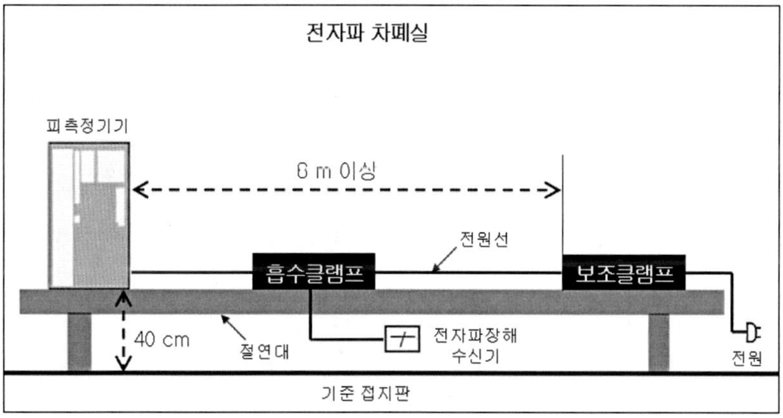

그림 2.5 전도성 장해전자파의 전력 측정

2.2.2 복사성 EMI 측정법

복사성 방출(Radiated Emission, RE)은 주로 30 MHz 이상에서 발생하며 전자파가 공기 중으로 방사되어 전달되는 전자파잡음이다. 일반적으로 3 m 전자파차폐실에서 간이시험(외삽 시험)을 한 후, 그 결과를 토대로 야외시험장(Open Area Test Site, OATS) 혹은 10 m 전자파차폐실에서 측정을 한다.

(1) 전기장의 세기

30 ~ 1000 MHz 대역의 복사성 장해전자파의 측정에서는 최대 전기장의 세기를 측

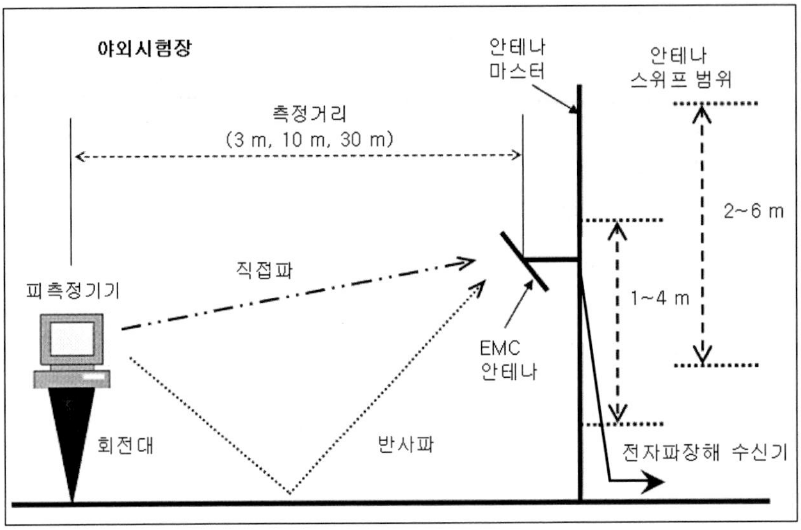

그림 2.6 야외시험장에서의 복사성 장해전자파 측정

정한다. 그림 2.6과 같은 야외시험장에서 피측정기기를 높이가 0.8 *m*인 절연회전대 위에 놓고 기기로부터 3 *m*, 10 *m* 또는 30 *m* 떨어진 위치에 측정용 안테나를 설치한다. 이 안테나의 단자에 연결된 케이블을 통해서 장해전자파 수신기가 연결된다. 측정용 안테나는 반파장 공진 다이폴안테나의 사용이 기준이지만, 측정 자동화를 목적으로 광대역 안테나인 대수주기 다이폴 배열안테나와 바이코니칼 안테나를 사용하기도 한다. 피측정기기를 회전시키고, 측정거리가 3 *m*, 10 *m*인 경우는 수신 안테나의 높이를 1 ~

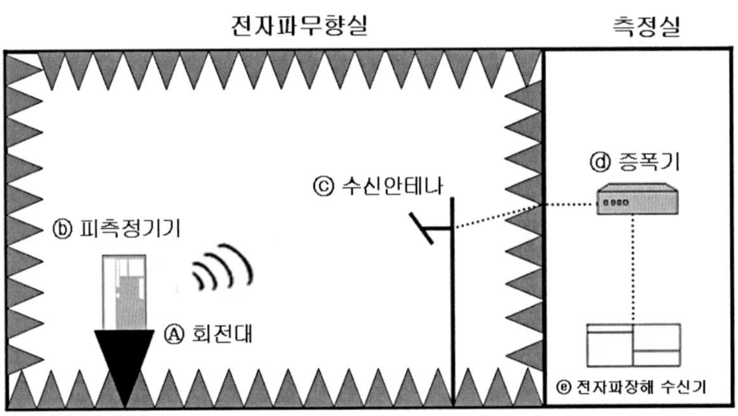

그림 2.7 전자파무향실에서의 복사성 장해전자파 측정

4 m 사이에서 수신 전압이 최대가 되도록 조정하고, 측정거리가 30 m이면 수신 안테나의 높이를 2 ~ 6 m 사이에서 수신 전압이 최대가 되도록 안테나의 높이를 조정한다. 이렇게 하여 측정된 최대 수신전압 측정치에 안테나의 안테나 인자를 더하면 장해전자파의 최대 전기장의 세기를 구할 수 있다.

복사성 장해전자파는 야외시험장에서 측정하는 것이 기본이지만 야외시험장에서의 측정치와의 상관관계를 알 수 있다면 그림 2.7과 같이 전파무향실을 이용하여 측정할 수도 있다. 전파무향실에서의 측정법은 앞에서 설명한 야외시험장에서의 측정법과 동일하다.

(2) 자기장의 세기

30 MHz 이하인 대역의 복사성 장해전자파는 피측정기기로부터 수평방향으로 방출되는 최대 자기장의 세기를 측정한다. 야외시험장에서 피측정기기를 절연회전대 위에 배치하고 피측정기기로부터 10 m, 30 m 떨어진 위치에 루프안테나를 설치하고 케이블을 통하여 장해전자파 수신기를 접속시킨다. 루프안테나의 루프면을 수직으로 하여 기기 및 안테나를 회전시키면서 수신전압의 최대치를 측정한다. 이 측정치에 루프안테나의 안테나 인자를 더하면 최대 자기장의 세기를 구할 수 있다. 야외에서의 자기장의 세기 측정은 곤란하므로 형광등과 같은 피측정기기의 장해전자파 측정은 대형 루프안테나법을 사용하기도 한다. 대형 루프안테나는 대형의 루프안테나 2개를 서로 직각으로 교차시킨 것이다.

(3) 실효 복사전력

1 GHz 이상의 대역에서는 피측정기기로부터 방출되는 장해전자파의 실효 복사전력(effective radiated power)을 측정한다. 즉, 피측정기기를 전자파무향실에서 회전대 위에 놓고 이로부터 방출되는 장해전자파를 혼 안테나를 사용하여 수신하고 스펙트럼분석기로 수신 전력을 측정한다. 혼 안테나는 기기와 같은 높이로 원역장 영역에 설치하고 기기를 수평면 내에서 회전시켜 수신 전력의 최대치를 측정한다. 그 후에 피측정기기의 위치에 반파장 공진 다이폴 안테나를 설치하고 신호발생기를 접속하여 앞에서 측정한 최대 수신전력과 같은 값이 수신되도록 신호발생기의 출력을 조정한다. 이때 안테나에 공급되는 전력이 실효 복사전력의 측정치가 된다.

2.3 전자파내성 시험법

장해전자파에 의해서 발생하는 기기의 기능 저하나 오동작을 조사하는 것이 내성시험이다. 여러 가지 형태의 오동작과 기능 저하를 가져오게 하는 장해전자파의 특성을 아는 것은 대단히 어렵다. 이 때문에 전자파내성 시험에서 기기에 가해지는 장해파는 실제의 장해전자파와 특성이 다르다. 또한 시험결과는 기기의 부하와 주위환경에 크게 영향을 받으므로 내성시험 중에는 기기를 통상적인 사용 상태로 두어 재현성이 좋은 시험법을 선택하고 있다. 내성시험법은 IEC, CISPR, MIL 규격 등에 자세하게 나와 있으므로 여기서는 대표적인 IEC의 시험법만을 간단히 소개하기로 한다.

2.3.1 전도성 전자파내성 시험장치와 시험법

(1) 시험장치

전도성 전자파내성 시험에는 높은 레벨의 의사 장해전자파를 피측정기기의 선로에 인가하기 때문에 의사 장해전자파 발생기 및 결합회로망(coupling network)을 사용한다. 또한, 강력한 장해전자파가 기기에 영향을 미치지 않도록 하여야 하므로 모든 선로에 설치할 분리회로망(decoupling network)이 필요하다. 의사 장해전자파 발생기에는 여러 가지의 특성이 있으나, 여기서는 펄스 장해전자파 발생기 및 연속 장해전자파 발생기에 대하여 설명한다.

먼저, 펄스 장해전자파로서는 전력설비의 스위치 개폐와 뇌방전에 동반하는 수십 μs의 펄스폭을 갖는 서지(surge) 장해전자파나 릴레이 등이 발생시키는 수십 ns의 폭을 갖는 좁은 펄스의 집합인 버스트(burst) 장해전자파가 있다. 버스트 장해전자파를 발생시키는 의사 장해전자파 발생기의 기본구조를 그림 2.8에 나타낸다. 여기에서는 충전용 콘덴서에 수십 kV의 고전압 전원을 접속하여 전하를 축적하고 이 전하를 방전간극 등의 스위치를 통하여 순간적으로 방전시켜 파형 성형회로를 거쳐서 규정의 펄스파형을 만들어 낸다.

다음으로 연속 장해전자파 발생기에 대하여 설명한다. 방송이나 통신 등과 같은 강한 전파는 기기 등에 영향을 줄 수 있다. 이 때문에 무변조 또는 1 kHz의 신호로 AM 변조(80 % 변조도)한 높은 레벨의 정현파를 기기에 인가하여 내성시험을 한다.

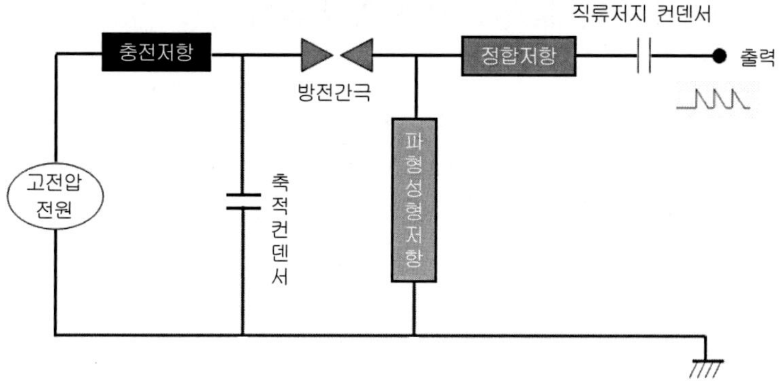

그림 2.8 버스트 장해전자파 발생기

일반적인 신호발생기의 출력은 아주 작기 때문에 전력증폭기를 이용하여 증폭하여야 한다.

(2) 시험법

주로 30 MHz 이하에서 장해전자파는 전원선이나 신호선을 따라서 전파한다. 이와 같이 도선을 따라서 전달되는 장해전자파에 대한 내성을 조사하기 위한 시험이 전도성 전자파내성 시험이다. 이 시험에서는 그림 2.8과 같이 시험신호를 의사 장해전자파 발생기로 발생시키고 이것을 결합회로망을 통하여 피측정기기의 선로에 인가한다. 이때 분리회로망을 다른 모든 선로에 장착하여 강력한 인가 장해파가 다른 기기에 전달되지 않도록 한다. 이 시험은 인가 전자파가 외부에 누설되지 않도록 전자파차폐실 내에서 실시한다. 그림 2.9에 전도성 전자파내성 시험장치 및 시험법을 도식적으로 나타낸다.

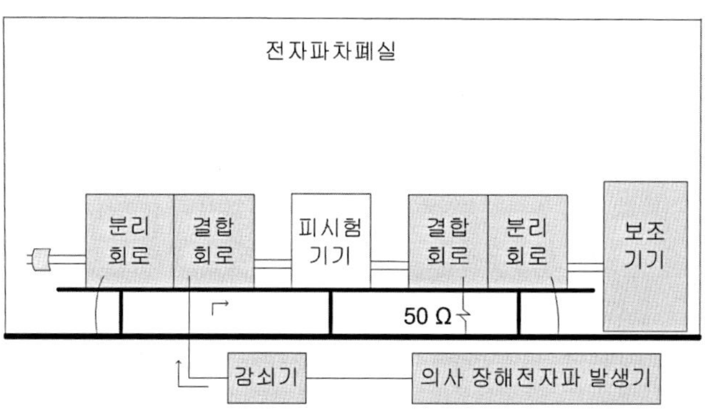

그림 2.9 전도성 전자파내성 시험장치 및 시험법

2.3.2 복사성 전자파내성 시험장치와 시험법

(1) 시험장치

복사성 전자파내성 시험장치로서는 의사 장해전자파 발생기와 전자파 발생장치가 있다. 내성시험에 사용하는 의사 장해전자파 발생기로는 앞에서 설명한 연속 장해전자파 발생기를 이용하면 된다. 전자파 발생장치에는 전기장을 발생시키는 것과 자기장을 발생시키는 장치로 구분할 수 있다. 자기장 발생장치는 헬름홀츠 코일이 있으며, 중심에 피측정기기를 놓고 자기장에 대한 내성시험을 할 때 사용한다. 평행평판 선로와 TEM 셀, GTEM 셀도 내성시험에 이용되며 이들은 모두 전자파 발생장치의 역할을 한다.

일반적으로는 그림 2.10과 같이 전자파무향실 내에서 송신 안테나를 이용하여 기기에 전자파를 조사하여 내성시험을 하는 경우가 많다. 방사성 전자파내성 시험에 전파무향실을 사용함으로써 피측정기기에 조사되는 전자파의 외부 누설을 방지할 수 있다. 야외시험장을 복사성 전자파내성 시험에 사용할 경우에는 피측정기기에 조사되는 전자파의 전자기장의 세기는 전파법규에 규정되어 있는 한계치를 넘지 않아야 한다. 따라서 복사성 전자파내성 시험에는 전파무향실을 사용하는 것이 바람직하다.

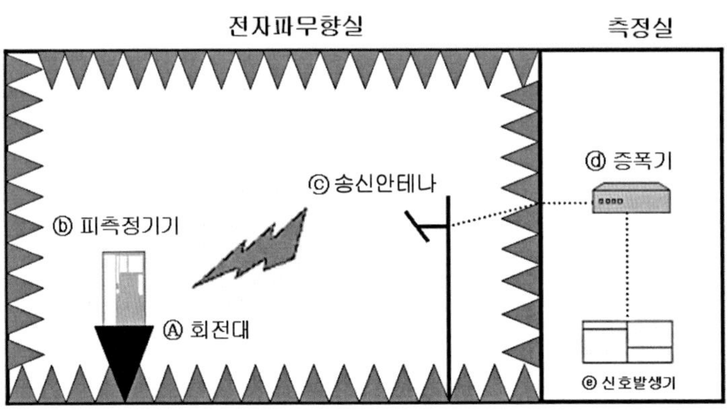

그림 2.10 복사성 전자파내성 시험

(2) 시험법

기기가 받는 높은 레벨의 전자파는 방송파 또는 휴대용 무선기기로부터 방출되는 전자파이다. 이중에서 휴대전화기 등의 근역장 전자파에 대해서는 MIL 규격을 제외하고는 일반적인 내성시험법이 없다. 그러므로 실제의 무선기기를 이용하여 피측정기에 전자파를 방사시켜서 시험을 하기도 한다.

원역장 전자기장, 즉 평면파에 대한 내성시험은 IEC 규격 등에 자세히 규정되어 있다. 이 시험은 주로 30 MHz 이상의 주파수 대역에서 이루어지며 연속적으로 작동하는 장해전자파 발생기를 평행평판 선로 또는 TEM 셀 등에 접속하여 그 내부에 발생하는 강력한 전자기장 속에 피측정기기를 놓고 실시한다. 단, 좁은 공간 내에 피측정기기를 설치하기 때문에 기기의 주위 전자기장은 실제 사용시의 전자기장과 일반적으로 다르다. 이 때문에 시험시에 발생하는 장해는 통상 사용할 때의 장해와는 다른 경우가 있다.

평행평판 선로나 TEM 셀의 사용주파수는 장치의 칫수에 의존하며 일반적으로 100 ~ 200 MHz 이하이다. 따라서 약 100 MHz 이상에서는 전파무향실 내에서 송신 안테나로 피측정기기에 전자파를 조사하여 방사성내성 시험을 하는 경우가 많다. 80 MHz 이하의 주파수 대역에서는 앞에서 설명한 바와 같이 전도성 전자파내성 시험을 실시한다.

2.3.3 정전기방전 시험장치와 시험법

(1) 시험장치

정전기방전 내성 시험장치는 펄스 장해전자파 발생기와 본질적으로 동일하지만 인체의 정전용량을 모의하는 컨덴서의 구체적인 구조 등에 의해서 컨덴서 방식과 날개방식의 시험 장치로 구분된다. 그림 2.11은 IEC에서 규정하고 있는 컨덴서 방식의 시험장치에 대한 등가회로이다. 컨덴서의 정전용량은 150 pF 정도로서 인체의 대지에 대한 용량과 같고 방전저항은 인체의 저항을 모의하여 330 Ω으로 정해져 있다. 기기에 접촉시키는 방전전극의 형상 등도 규격에 규정되어 있다. 날개방식의 시험장치는 구조

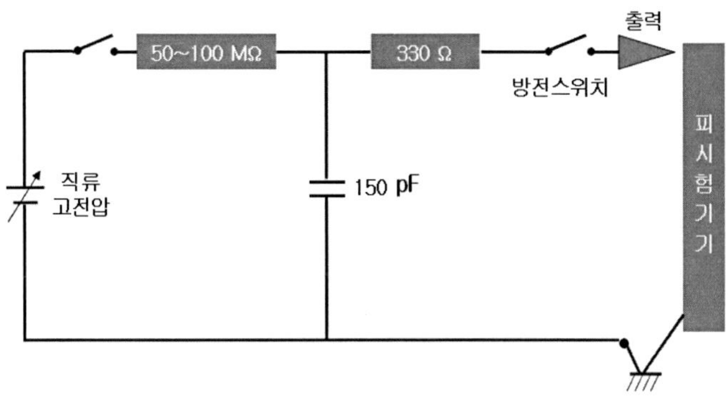

그림 2.11 정전기방전 시험장치

상 이동할 수 없기 때문에 컨덴서 형식에 비교하여 불편하므로 특수한 용도에만 사용된다.

컨덴서 방식은 전하를 축적하기 위해 (100 ~ 500 pF)의 컨덴서를 사용하며, 방전전류의 상승시간이 빠르지 않기 때문에 높은 전압을 필요로 하는 단점이 있지만, 방전전극을 자유로이 이동시킬 수 있는 장점이 있다. 날개방식은 전하를 축적하기 위해 십자형 금속판 날개와 접지 사이의 부유용량(약 150 pF)을 이용하며 날개 끝단에 부착된 수은 릴레이의 개폐에 의해 방전전극을 통해하여 방전시키도록 되어 있다. 이 방식은 방전전류의 상승시간이 빠르므로 낮은 전압으로 동작이 가능하고 데이터의 재현성은 좋으나 방전전극의 이동이 어렵다는 단점이 있다.

(2) 시험법

정전기에 의해서 대전된 인체나 물체가 기기에 접촉하면 극히 짧은 시간에 방전하며 펄스형태의 방전전류가 발생한다. 이러한 정전기 방전에 의해 기기가 영향을 받는 정도를 조사하는 것이 정전기방전 내성시험이다.

인체 등의 대전체를 기기에 근접시키든가 또는 접촉시켜 방전하게 하고 이 방전전류에 의해서 생기는 장해를 조사하는 것이 직접 방전시험이다. 이 시험법에는 그림 2.12와 같이 방전 시험장치를 기기 표면에 직접 접촉시켜서 방전하는 방법(접촉방전법)과 기기에 근접시켜 가면서 방전하는 방법(기중방전법)이 있다. 또한, 주변의 다른 기기에 대전체를 접촉시켜 이에 동반하여 발생하는 펄스 형태의 전자파에 의해 발생하는 장해를 조사하는 간접 방전시험이 있다. 이 시험에서는 피시험기기의 주위에 금속판을 놓고 여기에 시험 장치를 접촉시켜서 방전하게 한다.

정전기방전 내성시험은 IEC 규격 등에 시험법이 상세하게 규정되어 있다. 시험결과

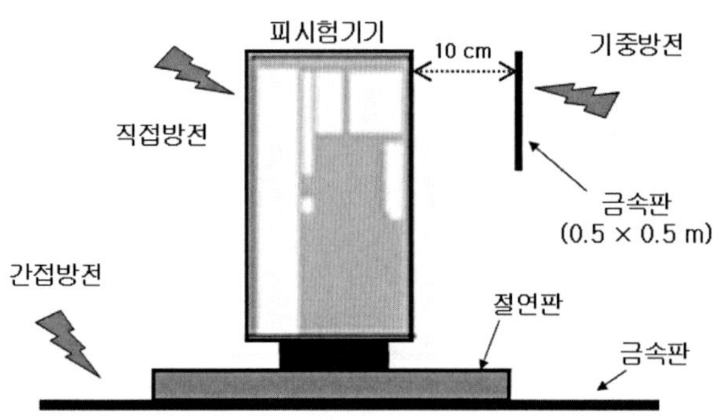

그림 2.12 정전기방전이 인가 방법

는 방전전류의 귀환로에 크게 영향을 받으므로 피시험기기와 시험장치의 접지, 기기의 배치에 충분히 주의할 필요가 있다. 또한, 기온이나 습도 등의 시험환경도 규정에 따라야 한다.

참고문헌

1. 김기채, 김동일, 명노훈, 박동철, 이영훈, 전자파환경공학, 대영사, 2001.
2. 김동일, 나정웅, 박동철, 전파공학, 청문각, 2002.
3. Henry W, Ott, Noise Reduction Techniques in Electronic System, 2nd ed. JOHN WILEY & SONS, 1988.
4. David Morgan, A handbook for EMC testing and measurement, IEE, 1994.
5. V. Prasad Kodali, Engineering Electromagnetic Compatibility(Principles, Measurements and Technologies), IEEE PRESS, 1996.
6. Clayton R. Paul, Introduction to Electromagnetic Compatibility, JOHN WILEY & SONS, 1992.
7. Sen M. Kuo, Dennis R. Morgan, Active Noise Control Systems, JOHN WILEY & SONS, 1996.
8. Bernhard Keiser, Principles of Electromagnetic Compatibility, Artech House, 1986.
9. Paul A. Chatterton, Michael A. Houlden, Electromagnetic Theory to practical Design, JOHN WILEY & SONS, 1992.
10. Federick M. Tesche and Michel V. lanoz, EMC ANALYSIS METHODS AND COMPUTATIONAL MODELS, JOHN WILEY & SONS, 1997.
11. Paul A. Chatterton, Michael A. Houlden, Electromagnetic Theory to practical Design, JOHN WILEY & SONS, 1992.
12. Christos Christopoulos, PRINCIPLES and TECHNIQUES of ELECTROMAGNETIC COMPATIBILITY, CRC press, 1995.

EMC 측정기기 및 설비

Chapter 03

전자파간섭 및 장해문제가 발생하면 이들 전자파간섭 및 장해현상의 성질을 파악하고 적절한 대책을 세워야 한다. 대책을 세우기 위해서는 무엇보다도 먼저 전자파장해 현상에 대한 정량적인 평가가 필요하며, 이를 위해서는 우선 측정이 이루어져야 한다. 이는 곧 일반적으로 말하는 EMC 대책을 위한 측정이다. 그리고 장해전자파의 세기를 서로 비교하든가 또는 장해전자파의 한계치를 정하여 전자파장해를 규제하고자 하면, 측정에 관련된 측정장치의 규격뿐만 아니라 측정법까지 정해두어야 하며, 이러한 측정 장치 및 규격은 국제적으로 합의된 것이어야 한다. 본 장에서는 EMI 측정에 관련된 기본 측정량, 측정기기 및 측정설비 등에 대하여 기술한다.

3.1 전자파장해 측정의 기본

3.1.1 측정의 기본

전자파간섭 및 전자파장해 문제를 해결하기 위해서는 먼저 장해전자파의 세기를 측정하여야 한다(EMI 측정). 장해전자파의 크기를 측정하여야만 장해전자파의 특성을 파악할 수 있으며 장해전자파의 분석과 평가를 실시할 수 있다. 장해전자파의 구체적인 분석과 평가가 이루어지면 전자파장해 문제 해결을 위한 EMI 대책을 세울 수 있다. 이러한 측정에서부터 대책까지를 정리하면 그림 3.1과 같은 3단계의 과정으로 나타낼 수 있다.

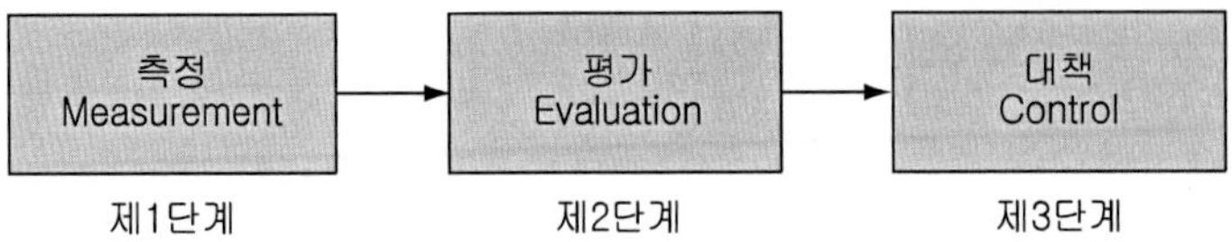

그림 3.1 EMC 측정, 평가 및 대책

장해전자파의 측정은 일반적으로 말하는 EMC 대책을 위한 측정이며, 이러한 측정은 전기, 전자, 정보처리장치 등의 제품을 생산하는 기업체에서 EMC 기준에 적합하도록 제품을 설계하기 위해 주로 개발단계에서 이루어지는 측정이다.

전자파장해에 대한 측정을 목적에 따라서 구분하면 앞에서 언급한 EMC 대책을 위한 측정을 포함하여 다음과 같은 세 가지로 구분할 수 있다. 즉, 연구를 위한 측정, 규격인증을 받기 위한 측정, EMC 대책을 위한 측정이다. 연구를 위한 측정은 전자파 간섭 및 장해의 물리적인 현상을 규명하기 위한 측정이며 연구자에 따라서는 여러 가지 측정방법이 적용될 수 있다. 규격인증을 받기 위한 측정은 주로 전기, 전자, 정보처리장치 등과 같은 제품을 생산하는 생산현장에서 이루어지는 측정이며, 제작된 제품이 전자파장해에 관한 관련 규격을 만족하고 있는지를 판단하기 위한 측정이다. 이와 같은 측정에서는 관련 규격 등에 규정된 측정방법을 따라야 한다.

전기, 전자, 정보처리장치 및 시스템의 EMC 특성은 두 가지로 구분할 수 있는데, 기기 및 시스템에서 발생하는 장해전자파의 특성(방사되는 장해전자파의 간섭특성)과

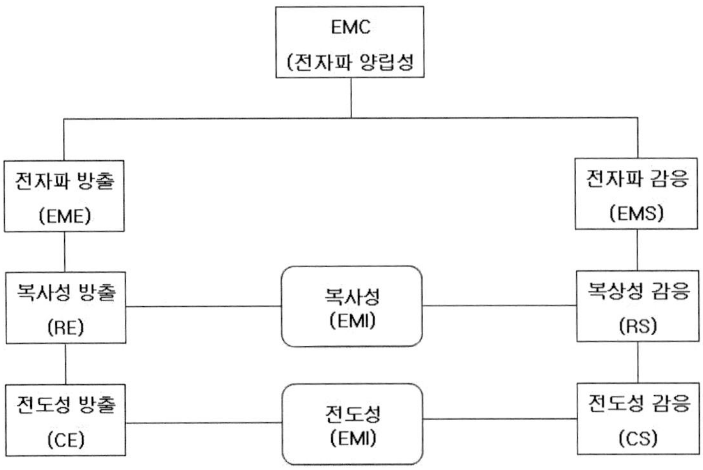

그림 3.2 EMC 측정대상

다른 장해전자파에 의해서 기기 또는 시스템에서 발생하는 오동작에 관련된 간섭특성(외부 장해전자파에 의한 내성특성)이 바로 그것이다. 따라서 측정법도 이러한 구분에 의해 '장해전자파의 측정'과 '전자파내성의 측정'으로 나누어 생각할 수 있다. 장해전자파의 측정은 기기 및 시스템으로부터 발생하는 불필요한 전자파의 세기를 측정하는 것이며, 전자파내성의 측정은 장해전자파를 인위적으로 발생시킨 상태에서 기기 및 시스템에 발생하는 전자파장해 현상을 측정하는 것이다.

이러한 장해전자파의 측정과 전자파내성의 측정은 장해전자파의 전달경로에 따라서 '전도성 장해전자파의 측정'과 '복사성 장해전자파의 측정'으로 구분할 수 있다. 측정에 관한 앞의 내용을 정리하면 그림 3.2와 같이 나타낼 수 있다.

3.1.2 기본 측정량

전자파장해 현상에 관련된 측정에서 가장 바탕이 되는 기본 측정량은 표 3.1에 나타낸 것처럼, 장해전자파의 전달 경로에 따라서 전도성 장해전자파의 측정량인 전압 및 전류와 방사성 장해전자파의 측정량인 진력 및 전자기장의 세기로 구분할 수 있다.

표 3.1은 EMC 측정에 관련된 기본 측정량을 나타낸 것이다. 표에서 보는 것처럼 장해전자파의 전달경로에 따른 측정량으로서 전압 또는 전류, 전력, 전자기장의 세기 등이 있으며 이들 측정량을 측정하기 위한 센서류, 측정기기 및 측정설비를 함께 나타내고 있다. 상세한 센서류, 측정기기 및 측정설비는 다음 절에서 기술한다.

표 3.1 EMC 측정에 관련된 기본 측정량

결합경로 / 항목	Power Line Conducted Emission	Power Line Emission	Radiated Emission	
측정 주파수 범위	9 kHz ~ 30 MHz	30 ~ 300 MHz (or 1 GHz)	30 ~ 1000 MHz (or 18 GHz)	
측정량	Voltage or Current	Power	Electromagnetic Field Strength	
센서류, 기기 및 측정시설	LISN※ Current Probe Voltage Probe	Absorbing Clamp	Open Area Test Site	EMC Antennas

※ LISN : Line Impedance Stabilization Network (전원선 임피던스안정화 회로망)

3.2 EMC 측정기기

전자파 간섭 및 장해현상의 측정에 사용되는 측정기기는 측정목적에 따라서 선택되어야 한다. 예를 들면 장해전자파의 파형을 관찰하기 위해서는 오실로스코프(oscilloscope)와 같은 시간영역에서의 파형을 측정할 수 있는 측정기를 사용하지만, 장해전자파의 스펙트럼분포를 관측하기 위해서는 스펙트럼분석기(spectrum analyzer) 또는 EMI 수신기(EMI receiver) 등과 같은 주파수 영역에서 측정하는 측정기를 사용한다.

최근에는 디지털 기술을 이용한 디지털 오실로스코프가 시판되고 있는데, 이것을 사용하면 시간영역에서의 파형관측뿐만 아니라 관측된 시간영역의 파형 데이터를 기록할 수 있어, 이 데이터를 퓨리에 변환하여 스펙트럼까지도 구할 수 있다.

이러한 시간영역 및 주파수영역에서 사용하는 오실로스코프 및 스펙트럼분석기, EMI 수신기의 입력단에는 센서류 또는 측정기기가 연결되어 EMC 기본 측정량인 전압 또는 전류, 전력, 전자기장의 세기 등을 측정용 수신기의 브라운관과 같은 지시기에 표시하게 된다. 아래에 측정용 수신기 및 수신기의 입력단에 연결하는 센서류 및 측정기기에 관하여 기술한다.

3.2.1 측정용 수신기

장해전자파의 파형은 일반적으로 불규칙하고 진폭변화가 크므로 장해전자파 측정용 수신기의 과도응답 특성은 대단히 중요하다. 이 특성은 주로 중간주파 증폭단의 대역폭과 검파회로의 충전 시정수, 방전 시정수 및 지시기의 기계적 시정수에 의해 결정되므로 이들 파라미터는 자세하게 정해두어야 한다.

장해전자파를 측정하기 위한 측정용 수신기의 요구조건으로는 첫째 감도특성이 좋아야 하며, 둘째, 수신기의 내부회로는 넓은 진폭범위에 걸쳐서 선형 응답특성이 양호해야 한다. 셋째, 펄스 형태의 장해전자파를 용이하게 측정할 수 있도록 수신기의 과도응답 특성도 규정되어 있어야 한다. 특히 넓은 진폭 범위에 걸친 선형 응답특성을 확보하기 위해 수신기의 입력단에 프리실렉터(pre-selector)로서 대역제한 필터를 장착하여야 한다. 대역제한 필터를 장착하면 불필요한 주파수 성분을 제거할 수 있으며, 큰 진폭을 가진 신호가 입력될 때 발생하는 회로의 포화를 방지할 수 있다. 이러한 특성을 갖춘 장해전자파의 측정용 수신기로서는 CISPR 규격에 규정되어 있는 EMI 수신기가 있다.

(1) 전자파장해 수신기

일반적으로 EMI 수신기는 전자파장해 수신기 또는 무선 간섭측정장치(Radio Interference Measuring Apparatus)라고도 불린다. 이것은 일종의 주파수 동조형 고주파 전압계이며 측정 주파수 범위는 9 kHz ~ 1 GHz이다. 전자파장해 수신기의 기본구성은 그림 3.3과 같으며 수신기의 특성을 결정하는 중요 파라미터는 중간주파 회로의 대역폭(B), 검파기의 충전 시정수(T_c) 및 방전 시정수(T_d), 지시계의 시정수(T_m)이다. CISPR 규격에서는 이들의 파라미터뿐만 아니라 펄스응답특성, 선택도, 측정정밀도 등을 자세히 규정하고 있다.

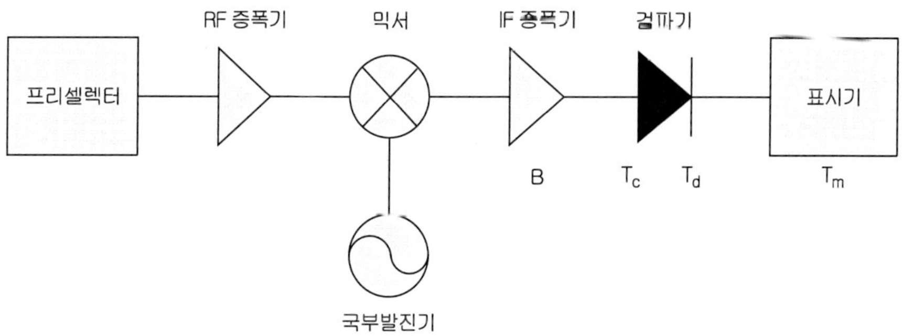

그림 3.3 전자파장해 수신기의 구성도

CISPR 규격을 중심으로 한 전자파장해 수신기의 주요 특성은 다음과 같다.

① **측정대상 주파수영역 :** 10 kHz 이상의 주파수영역을 대상으로 하여(ANSI; American National Standard Institute 규격의 경우) 4개 또는 5개의 대역으로 구분하고 있으며, 각 대역마다 측정기의 규격을 자세히 정하고 있다. 참고로 CISPR 규격에 정해져 있는 측정대상 주파수영역은 표 3.2와 같다. 10 kHz 이하의 주파수 대역에 대해 CISPR에서는 두 종류의 장치가 있으며 ANSI에서는 검토 중이다.

② **주파수 선택도 및 대역폭 :** 고주파 증폭단 앞에 접속된 프리실렉터(대역제한 필터)의 대역폭은 스퓨리어스 응답을 제거하기 위해 가능한 한 좁게 하는 것이 좋지만, 중간주파 대역폭보다는 충분히 넓게 해야 한다. 전자파장해 수신기의 주파수 선택특성은 과도응답특성에 크게 의존하므로 측정대상 주파수영역마다 허용 한계치를 규정하고 있다.

표 3.2 측정 주파수 영역

구분	주파수 대역
대역 A	10 ~ 150 *kHz*
대역 B	0.15 ~ 30 *MHz*
대역 C	30 ~ 300 *MHz*
대역 D	300 ~ 1,000 *MHz*

③ **다이나믹 레인지(dynamic range) :** 장해 전자파는 정현파적인 것 이외에도 임펄스 형태도 많이 있으므로 최소 다이나믹 레인지는 고주파단에서 80 dB, 중간주파단에서 60 dB 정도가 필요하다.

④ **측정 정밀도 :** 측정 주파수 정밀도는 ±2 % 이내, 정현파의 전압측정 정밀도는 ±2 dB, 정현파의 전자계 측정 정밀도는 ±3 dB 이내로 되어 있다.

⑤ **검파기 :** 검파기의 종류에 따라서 측정결과가 달라지므로 아래에서 상세히 설명한다.

즉, 장해전자파 측정기의 주요 특성 중에서 검파기는 대단히 중요한 부분을 차지한다. 전자파장해 수신기는 검파기의 특성에 따라서 첨두치 검파형식, 준첨두치 검파형식, 평균치 검파형식, 실효치 검파형식으로 분류한다. 이러한 첨두치형, 평균치형 및 실효치형의 검파형식을 갖는 측정기는, 장해전자파가 입력되면 중간주파 증폭단에서 대역이 제한되어 중간주파수로 진동하는 포락선 형태의 중간주파 증폭기 출력신호가 얻어지는 데, 이 출력신호의 첨두치, 평균치 및 실효치 레벨을 각각 지시기에 표시한다.

AM 라디오의 수신장해와 상관관계가 좋은 측정치를 나타내는 것으로는 준첨두치 검파형식이 있는데, 대단히 이해하기 어려운 검파형식이다. 왜냐하면 수신장해와 측정치의 상관관계는 주관적인 평가로 이루어지기 때문이다.

그림 3.4는 각종 검파기의 응답을 그림으로 나타낸 것이다. 일반적으로 장해전자파의 허용치는 준첨두치와 평균치로 규정되어 있으며, CISPR 규격의 근거가 되는 응답특성에 관한 이론은 3.5절을 참조하기 바란다. 여기서는 대표적인 검파기 형식에 대하여 간단히 설명한다.

① 준첨두치형 측정기

준첨두치형 검파형식(quasi-peak detector)을 갖는 전자파장해 수신기는 검파기의 방

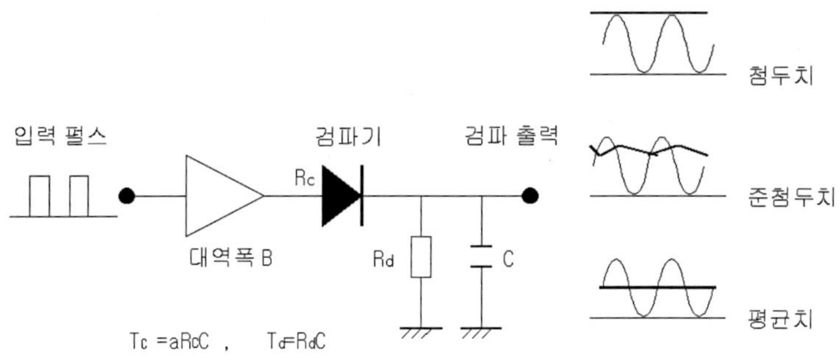

그림 3.4 각종 검파기의 응답

표 3.3 준첨두치형 검파형식을 갖는 측정기의 기본특성

주파수 대역 (Band)	A	B	C
주파수 범위	9 ~ 150 kHz	0.15 ~ 30 MHz	30 ~ 1000 MHz
대역폭 B	200 Hz	9 kHz	120 kHz
충전 시정수 T_c	45 ms	1 ms	1 ms
방전 시정수 T_d	500 ms	160 ms	550 ms
기계적 시정수 T_m	160 ms	160 ms	100 ms
$a = T_c/(R_c C)$	2.98	3.94	4.07
검파 효율 P_{QS}	0.813	0.970	0.987

전 시정수가 충전 시정수에 비교하여 대단히 크다. 이 때문에 중간주파 증폭회로에서 대역이 제한된 장해전자파의 첨두치에 가까운 값을 지시치로서 표시한다. 준첨두치형 전자파장해 수신기의 기본특성은 표 3.3과 같으며, 충전 시정수의 값은 장해전자파에 의한 AM 라디오의 수신장해와 장해전자파 레벨의 지시치가 양호한 상관관계가 되도록 주관적으로 평가한 실험에 의해서 정해진 것이다.

② **평균치형 측정기**

평균치형 검파기(average value detector)를 갖는 전자파장해 수신기는 그림 3.4에 나타낸 바와 같이 장해전자파의 입력에 대하여 포락선 형태인 중간주파 출력의 평균치를 지시기에 표시하는 것이다.

③ **첨두치형 측정기**

첨두치형 검파기(peak detector)를 갖는 전자파장해 수신기는 장해전자파의 입력에 대하여 포락선 형태인 중간주파 출력의 첨두치를 지시기에 표시하는 것이다. 첨두치의 추출방식으로서는 아날로그 방식과 디지털 방식이 있으며 방전 시정수가 대단히 큰 첨두치 검파기를 이용하거나 또는 포락선 검파 후에 A/D 변환하여 첨두치를 추출한다.

(2) 스펙트럼분석기

스펙트럼분석기는 시간적으로 변동하는 전기적인 신호의 주파수 스펙트럼을 계측하기 위한 측정기이며, 슈퍼헤테로다인 수신기의 국부발진기의 주파수를 스위프(sweep)하여, CRT 화면의 가로축에 주파수를 표시하고 세로축에 검파 출력을 표시하도록 한 것이다. 스펙트럼분석기의 기본구성은 그림 3.5와 같으며 장해전자파 측정과 스펙트럼 측정에 이용된다.

먼저, 스펙트럼분석기를 장해전자파의 측정에 이용하는 경우를 생각해 보자. 스펙트럼분석기는 전자파장해 수신기와는 달리 대단히 넓은 주파수 범위를 스위프하면서 수신하기 때문에 입력회로에 대역제한 필터(프리실렉터)가 없다. 중간주파 증폭회로의 특성은 가우스 필터에 가깝고, 분해능 대역폭은 넓은 범위에 걸쳐서 가변시킬 수 있으며 검파기로서는 포락선 검파기를 사용한다. 대수압축회로를 이용하므로 넓은 진폭범위를 한 번에 표시할 수 있다. 스펙트럼분석기는 이러한 특징을 가지고 있으므로 CISPR 규격에 의한 1 GHz 이하의 장해전자파 측정에는 적절하지 않다.

이를 극복하기 위해 입력회로에 프리실렉터를 접속하고 선형성(직선성)이 좋은 회로를 사용하여 준첨두치 및 평균치 검파기를 부가한 스펙트럼분석기가 사용되고 있다.

스펙트럼분석기를 1 GHz 이상 주파수 대역의 장해전자파 측정에 사용할 경우에는

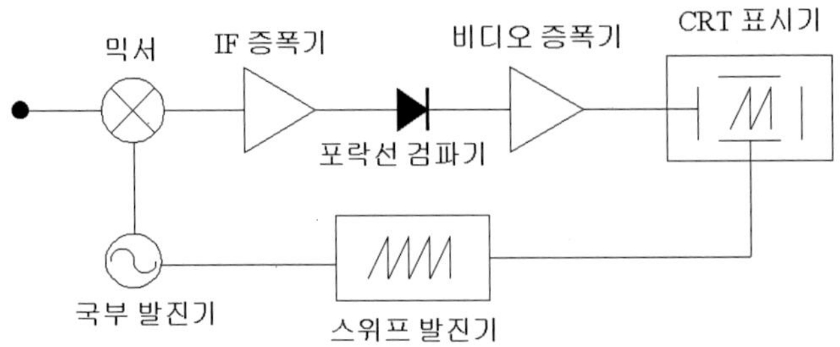

그림 3.4 스펙트럼분석기의 기본구성도

분해능 대역폭이 120±25 kHz이며 첨두치를 측정한다.

다음으로 스펙트럼 분석기를 주파수 스펙트럼의 측정에 이용하는 경우에 대하여 설명한다. 스펙트럼분석기는 피측정신호가 입력되어 중간주파 증폭회로에서 대역이 제한된 포락선 파형의 진폭을 표시하는 측정기이므로, 포락선 진폭의 첨두치를 각 주파수마다 표시한다. 따라서 표시되는 스펙트럼 진폭은 중간주파 증폭회로의 주파수 특성에 크게 의존한다. 스펙트럼분석기가 올바른 스펙트럼을 표시하는 것은 중간주파 회로의 임펄스 응답이 정현파적인 경우이며, 임펄스 응답의 지속시간이 입력시간의 지속시간보다 충분히 길어야 한다. 그리고 입력되고 난 후에 관측하는 경우에는 입력신호의 지속시간의 역수보다 분해능 대역폭이 충분히 좁아야 한다. 그러나 이 조건을 만족하기란 일반적으로 불가능하므로, 근사적인 스펙트럼을 표시한다고 생각하면 된다. 이상을 정리하면 정현파에 대해서는 올바른 스펙트럼이 얻어지며, 주기적 파형에 대해서는 선스펙트럼의 간격보다 분해능 대역폭을 충분히 좁게 하면 올바른 스펙트럼이 얻어진다.

스펙트럼분석기는 전력의 단위로 표시되는 경우가 많지만 이 값은 정현파 입력에 대한 것이며 일반적인 입력신호의 선력을 나타내고 있는 것은 아니다. 즉, 피측정 신호의 전력을 구하는 경우에는 표시 스펙트럼의 시간적 변화도 고려할 필요가 있다. 디지털형의 스펙트럼분석기 중에는 입력신호를 A/D 변환하여 내장된 컴퓨터로 유한 이산퓨리에 변환(DFT)을 고속으로 처리하는 것도 있다.

참고로 스펙트럼분석기의 분해능대역폭, 감도 및 다이나믹 레인지에 대해서 설명한다. 스펙트럼분석기의 주파수 선택특성은 중간주파 필터에 의해 주어지므로 이 대역폭이 좁을수록 분해능은 향상된다. 따라서 −3 dB 대역폭을 분해능 대역폭이라 부른다. 실제적으로 이 분해능 대역폭은 저주파용인 경우에는 1 Hz, RF 대역인 경우에는 10 Hz이다.

스펙트럼분석기의 감도는 내부 잡음 레벨로 결정되며, 잡음 레벨은 중간주파 대역폭에 비례한다. 따라서 감도와 분해능과는 밀접한 관계가 있고 대역폭이 좁을수록 감도는 향상된다. 그러나 대역폭을 좁게 한 경우 주파수 스위프 속도를 늦추지 않으면, 검파 출력이 낮아지고 감도가 떨어지게 된다.

스펙트럼분석기의 다이나믹 레인지는 전달특성이 직선을 나타내는 범위에 의해서 결정된다. 입력이 커지면 직선특성을 벗어나기 때문에 왜곡이 증가하게 된다. 왜곡이 일정치 이하가 되는 입력 레벨을 최적입력 레벨이라고 하며, 일반적으로 −30∼−40 dBm이다.

지금까지 EMC 측정에 사용되는 장해전자파 측정용 수신기에 대하여 살펴보았고,

이러한 수신기의 입력단에는 전기, 전자, 정보처리장치 및 시스템으로부터 발생하는 전자계의 세기 등을 수신하기 위한 일종의 센서(또는 기기)를 접속해야 한다. 이와 같은 센서류 또는 기기로서는 표 3.1에 나타낸 바와 같이 안테나, LISN, 전압 또는 전류 프로브, 흡수클램프 등이 있다. 이들 센서류 및 기기의 제반 특성은 CISPR 규격 등에서 자세히 규정하고 있으며 전자파장해 수신기와 함께 중요한 부분을 차지하므로 다음 절에서 각각에 대하여 설명한다.

3.2.2 EMC 안테나

(1) EMC 안테나의 종류

EMC 측정에 사용하는 안테나(EMC 안테나)는 몇 가지 종류가 개발되어 사용되고 있으나 통신용 안테나와 달리 그 종류는 많지 않다. 복사성의 불요전자파 측정은 현재로서는 30 ~ 1,000 MHz 대역에서 실시되고 있으며, 반파장 공진 다이폴 안테나의 사용이 기본이다. 30 ~ 80 MHz 대역에서는 80 MHz에 공진하는 반파장 공진 다이폴 안테나를 사용하기도 한다. 이러한 반파장 공진 다이폴안테나는 측정주파수 각각에 대하

◎ 표 3.4 EMC 안테나의 종류와 사용주파수 대역

주파수대역		LF	MF	HF	VHF	UHF	SHF
주파수		30kHz~ 300kHz	300kHz~ 3MHz	3MHz~ 30MHz	30MHz~ 300MHz	300MHz~ 3GHz	3GHz~ 30GHz
미소루프 안테나	━	━━━	━━━	━━━▶	───▶		
미소 다이폴 안테나	─	───	───	───	───	───▶	
모노폴 안테나	─	───	───	───▶			
반파장 다이폴 안테나					━━━	━━▶──	──▶
바이코니칼 안테나					━━━▶	───	──▶
대기 주기 다이폴 안테나					──▶	━▶──	──▶
혼 안테나						──	───▶

━━▶ : 일반적으로 이용되는 방해전자파 측정용 안테나

여 안테나를 준비하거나 또는 안테나의 길이를 측정 주파수마다 조정해야 하는 번거로움이 있다. 이 때문에 일정 조건하에서는 광대역 안테나를 사용하기도 한다. 광대역 특성을 갖는 EMC 안테나로서는 대수주기 다이폴 안테나(LPDA; Log Periodic Dipole Antennas)와 바이코니칼 안테나(Biconical Antennas)가 있다. 이러한 광대역 안테나는 EMI 측정의 자동화를 목적으로 많이 사용된다. 또한 안테나에 연결된 동축선로는 장해전자파의 교란을 발생시키는 원인이 되므로 동축선로의 영향을 배제하기 위해 광기술을 응용한 안테나의 사용이 검토되고 있다. 표 3.4는 대표적인 EMC 안테나의 종류를 사용 주파수 대역과 함께 나타낸 것이다.

(2) 안테나 인자

EMC 안테나의 특성을 평가하기 위한 파라미터는 안테나 인자(Antenna Factor)이다. 이것은 전압을 전계로 변환하기 위한 파라미터이며 안테나 인자를 정의하여 사용하는 이유는 다음과 같다.

EMC 안테나는 전자파장해 수신기 또는 스펙트럼분석기의 입력측에 연결된 전송선로에 접속하여 사용한다. 전자파장해 수신기 또는 스펙트럼분석기는 전송선로의 부하에 나타나는 전압을 측정하게 되는데, 우리가 필요로 하는 측정량은 피측정기기로부터 방출되는 전기장의 세기이므로 전자파장해 수신기로 측정한 전압으로부터 전기장의 세기를 산출해야 한다.

따라서 전송선로와 부하를 포함한 안테나의 특성을 나타내는 전기장의 세기와 부하 전압과의 비를 결정해 두어야 할 필요가 있다. 이 비를 EMC 안테나의 안테나 인자라고 한다. 그림 3.6은 안테나에 연결된 동축선로를 통하여 방해 전자파측정기가 접속되어 있는 일반적인 EMC 안테나의 사용 상태를 나타낸다.

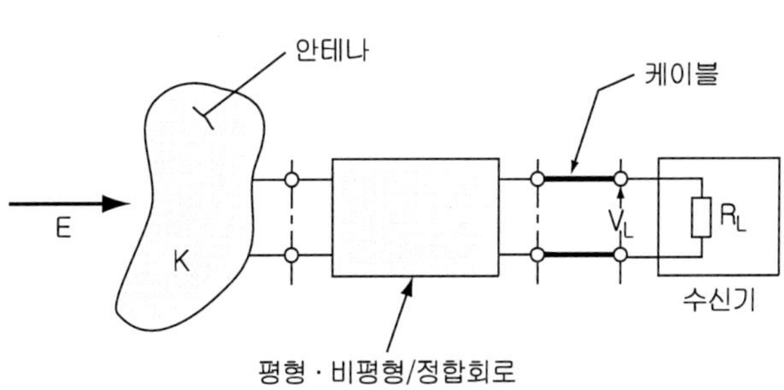

그림 3.6 전자파장해 수신기가 연결된 EMC 안테나

그림 3.6에서 입사되는 전기장의 세기가 안테나와 편파 정합이 되어 최대 전기장을 수신할 때, 전자파장해 수신기에 나타나는 전압과 공간의 전기장의 세기와의 비를 안테나 인자로 정의하며, 식으로 표현하면 다음과 같다.

$$K = \frac{E}{V_L} \tag{3.1}$$

여기서 E는 공간의 전기장의 세기이며, V_L은 안테나에 연결된 전송선로를 거쳐서 전자파장해 수신기에 나타나는 전압이다. 식 (3.1)을 데시벨로 표현하면 다음과 같다.

$$K(dB/m) = E(dB\mu V/m) - V_L(dB\mu V) \tag{3.2}$$

위의 식을 전기장의 세기에 주목하여 정리하면 다음 식을 얻는다.

$$E(dB\mu V/m) = V_L(dB\mu V) + K(dB_{m^{-1}}) \tag{3.3}$$

식 (3.3)으로부터 알 수 있는 것처럼 전자파장해 수신기에 나타나는 전압 V_L에 안테나 인자 K를 더하면 전기장의 세기 E가 구해진다. 이와 같이 안테나 인자는 전압을 전기장의 세기로 변환하는 변환계수임을 알 수 있으며, EMC 안테나가 갖는 고유한 특성이다. 이러한 안테나 인자는 EMI 측정에 사용하는 야외시험장(OATS; Open Area Test Site)의 특성평가에도 사용된다.

EMC 안테나는 일반적으로 접지판 위에서 사용하게 되는데, 이러한 경우 안테나의 특성은 접지판의 영향을 받기 때문에 안테나 인자는 안테나 높이에 따라서 변화하게 된다. 예를 들면 그림 3.7은 접지판 위에 수평 및 수직으로 놓인 반파장 공진 다이폴 안테나의 안테나 인자 변화특성을 나타내며, 그림 3.7에서 $\Delta K(= K_f - K(h))$는 자유공간 안테나 인자 K_f와 접지판 위에서의 안테나 인자 $K(h)$의 차이를 나타낸다.

안테나 인자를 정밀하고 정확하게 측정하기 위해서는 전자기장의 세기에 관한 측정표준이 필요하다. 전자파 측정표준의 확립에는 루프안테나(30 MHz 이하의 주파수 대역)와 반파장 공진 다이폴안테나(30 ~ 1000 MHz 대역) 및 혼 안테나(1 GHz 이상의 주파수 대역) 등을 표준안테나로 사용한다. 이와 같이 안테나는 EMI 측정에 사용될 뿐만 아니라 측정표준에서도 필요하다는 것을 알 수 있다. EMI 측정에 사용하는 안테나를 EMC 안테나라고 하며 전자파 측정표준에 사용하는 안테나를 표준안테나라고 한다.

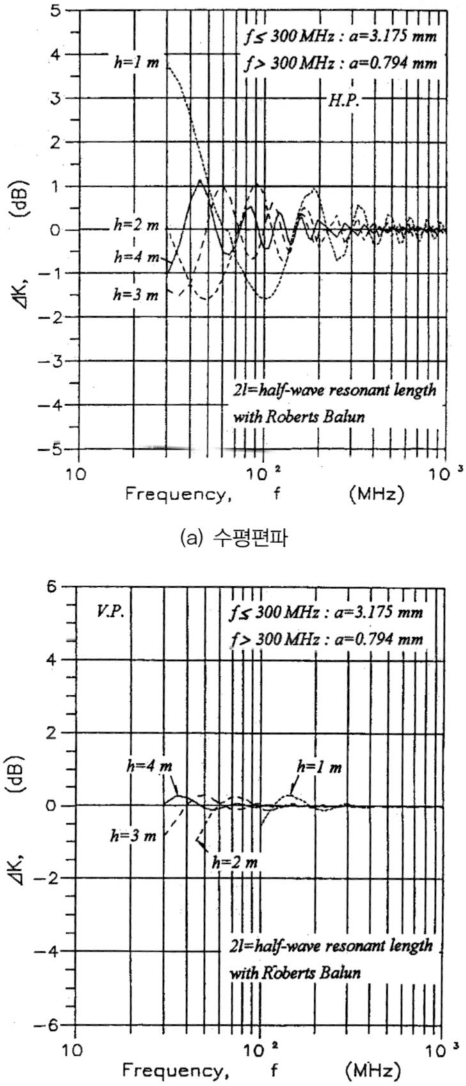

(a) 수평편파

(b) 수직편파

그림 3.7 반파장 공진 다이폴안테나의 안테나 인자 변화

(3) 복소 안테나 인자

뇌방전 또는 정전기 방전 등에서 발생하는 광대역의 과도 전자기장을 측정하기 위한 안테나 또는 센서로는 여러 가지 종류의 안테나가 사용되고 있으나, 시판되고 있는 EMC 측정용 안테나로서는 시간 영역의 펄스파형을 정확하게 재현할 수 없다. 그 이

유는 주파수 대역폭이 좁고 안테나 인자의 위상항을 고려하지 않았기 때문이다.

시간영역에서 측정하기 위해서는 광대역에서 균일한 감도특성을 갖는 안테나가 필요하며 안테나 인자의 위상항도 고려되어야 한다. 안테나 인자에 위상항을 고려한 안테나 인자를 복소 안테나인자라 한다. 즉, 각 주파수가 ω인 평면파의 전계 $E(\omega)$ 중에 놓인 안테나의 정합부하 Z_L에 나타나는 복소 출력 전압을 $V_L(\omega)$이라 하면, 복소 안테나 인자 $K_c(\omega)$는 다음과 같이 정의한다.

$$K_c(\omega) = E(\omega) / V_L(\omega) \tag{3.4}$$

주파수영역에서의 측정에서 일반적으로 사용되고 있는 안테나 인자는 식 (3.4)의 절대치만을 고려하고 있으며, 식 (3.1)이 바로 그것이다.

절대치와 위상항을 고려한 안테나인자, 즉 복소 안테나 인자는 다음과 같다.

$$K_c(\omega) = \frac{|E(\omega)|}{|V_L(\omega)|} e^{j\phi(\omega)} \tag{3.5}$$

측정된 정합출력전압 $V_L(t)$로부터 복소 전기장의 세기는 다음 식으로 나타낼 수 있다.

$$E(\omega) = K_c(\omega) F(V_L(t)) \tag{3.6}$$

여기서, F는 퓨리에 변환을 나타낸다. 따라서 시간영역에서의 전기장의 세기 파형은 복소 안테나 인자와 정합출력전압을 이용하여 다음과 같이 구해진다.

$$E(t) = F^{-1}[K_c(\omega) F(V_L(t))] \tag{3.7}$$

단, 여기서 F^{-1}은 역퓨리에 변환이다.

일반적으로 복소 안테나인자는 주파수가 낮아지면 안테나 인자의 절대치는 커지게 되고 $\omega = 0$인 직류에서는 발산하는 경우가 많다. 이러한 경우에는 복소 안테나 인자에 $j\omega$를 곱한 변형 복소 안테나인자(Modified Complex Antenna Factor)를 사용한다. 변형 복소 안테나 인자를 사용하였을 경우, 시간영역 전기장의 미분 파형은 변형 복소 안테나 인자와 정합출력전압을 이용하여 다음과 같이 구해진다.

$$E'(t) = F^{-1}[j\omega K_c(\omega) F(V_L(t))] \tag{3.8}$$

3.2.3 LISN

전원선 등을 따라서 전도하는 잡음전압은 선로의 임피던스에 크게 영향을 받기 때문에 안정된 측정이 필요하다. 그래서 전원선을 따라서 전파하는 전도성 장해전자파의 전압을 측정하기 위한 장치로 전원선 임피던스안정화 회로망(LISN; Line Impedance Stabilization Network)을 사용한다. 이것은 의사전원선 회로망(AMN; Artificial Mains Network)이라고도 하며 전원과 피측정기기를 RF 대역에서 격리시키는 역할도 한다.

CISPR 규격에서는 전도성의 장해전자파를 측정하기 위해 LISN을 사용하도록 규정하고 있는데, 적용하는 규격마다 정해진 것을 사용해야 한다. LISN은 측정결과의 재현성을 확보하기 위해 다음과 같은 세 가지 기능을 가지고 있어야 한다.

① 측정하는 동안의 피측정기기 전원단에는 피측정기기를 동작시키기 위해 공급되는 상용 주파수의 전압과 피측정기기에서 발생되는 장해전자파 전압이 중첩한다. 따라서, LISN을 전원과 피측정기기 사이에 삽입하여 전자파장해 수신기가 피측정기기에서 발생되는 장해전자파만을 측정할 수 있도록 해야 한다.

② 피측정기기에서 발생하여 전원쪽으로 전달되는 장해전자파에 대해서 전원은 부하가 되므로 전원측의 내부 임피던스가 변하면 장해전자파의 전압도 변한다. 이것을 피하기 위해 LISN을 이용하여 전원측을 바라본 내부 임피던스가 일정한 값이 되도록 해야 한다.

③ 외부에서 발생한 장해전자파가 전원선을 따라서 침입하면 측정결과는 신뢰할 수 없다. 이 때문에 LISN을 이용하여 전원선으로 침입하는 장해전자파를 저지할 수 있도록 해야 한다.

이러한 기능을 갖는 LISN의 예를 그림 3.8에 나타낸다. 그림 3.8은 전원선 1선의 장해전자파 전압 측정에 사용하기 위한 V형 LISN의 회로를 나타낸 것이며, 실제의 LISN은 전원선 2선에 대응하여 그림 3.8과 같은 회로가 2조 내장되어 있다. LISN은 차동모드 및 공통모드의 장해전자파 전압을 측정하기 위해 사용되었으나 현재는 거의 사용되지 않는다.

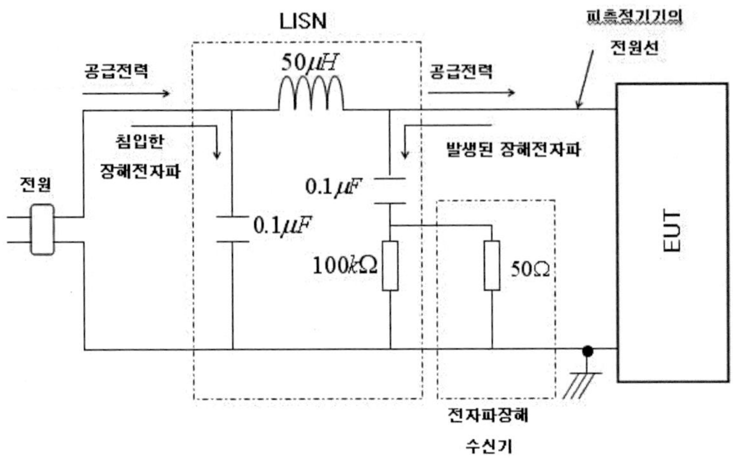

그림 3.8 의사전원 회로망(LISN)의 예

3.2.4 전류프로브

신호선 등의 케이블을 통해서 흐르는 전도성의 장해전자파의 전류를 측정하기 위해서는 그림 3.9와 같은 전류프로브(Current Probe)를 사용한다. 전류프로브의 구조는 1차측이 장해전류가 흐르는 피측정 케이블인 트랜스포머이며, 2차측의 출력 전압을 전자파장해 수신기로 측정한다. 전류프로브의 감도는 케이블에 흐르는 고주파전류에 대한 2차측의 개방단 전압의 비(ratio)인 전달임피던스와 관계되며, 전달임피던스가 클수록 감도가 크게 된다.

그림 3.9 전류프로브

따라서 감도의 측면에서는 케이블과의 결합이 강하고 전달 임피던스가 큰 것이 요구된다. 단, 프로브는 장해전류에 대한 직렬 임피던스로 작용하기 때문에 삽입 임피던스는 작을수록 좋다. 그리고 전원선을 따라서 전파하는 장해전류의 측정에는 피측정 케이블에 항상 큰 전원 전류가 흐르기 때문에 이 전류에 의한 트랜스포머 코어의 자기 포화를 피해야 하며, 프로브의 최대허용 전원전류에 주의하여야 한다.

3.2.5 흡수클램프

주파수가 비교적 높은 VHF 대역에서는 기기로부터 전원선 등의 케이블을 통하여 전달되는 장해전류로 인하여 케이블로부터 장해전자파가 공간으로 방사되는데, 이러한 장해전자파를 측정하기 위해서는 그림 3.10과 같은 흡수클램프(absorbing clamp)를 사용한다.

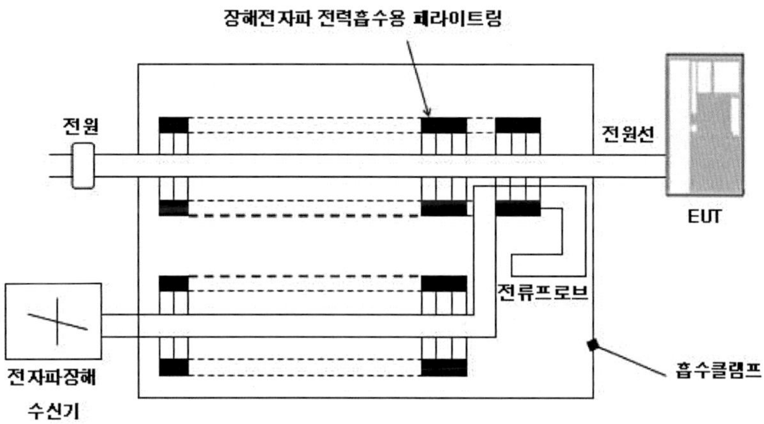

그림 3.10 흡수클램프

흡수클램프의 기본구조는 전원선에 흐르는 장해전자파 전류를 수개의 페라이트링을 통하여 검출하기 위한 결합코일(전류프로브)과 장해전자파 전력을 흡수하는 전력흡수소자(페라이트링)로 구성된다. 그림 3.10과 같이 전류프로브와 페라이트 링으로 구성된 클램프를 기기의 전원선에 설치하고, 이것을 전원선을 따라서 이동시키면서 전류프로브의 최대출력전압을 찾는다. 클램프를 미리 교정해두고 최대 출력전압과 케이블에 흐르는 장해전자파 전력의 변환계수를 구해두면, 전원선 등의 케이블에 흐르는 장해전자파의 전력을 근사적으로 측정할 수 있다.

3.3 EMC 측정설비

장해전자파를 측정하기 위해서는 측정대상 주파수를 기준으로 하여, 30 MHz 이하의 주파수 대역에서는 전도성 장해전자파가 지배적이므로 케이블을 따라서 전파되는 전도성의 장해전자파를 측정하여야 하며, 30 MHz 이상의 주파수 대역에서는 공간으로 방사되는 장해전자파가 지배적이므로 복사성 장해전자파를 측정하여야 한다. 30 MHz의 이하 대역에서의 전도성 장해전자파를 측정하기 위해서는 전자파차폐실(electromagnetic shielded room)이 필요하며, 30 MHz 이상 대역에서의 복사성 장해전자파를 측정하기 위해서는 야외시험장(OATS; Open Area Test Site) 또는 전자파 반무향실(electromagnetic semi-anechoic chamber)이 필요하다. 대용 측정설비로서는 TEM셀과 평행평판 선로 등이 있다. 이하 이들 측정설비에 관하여 기술한다.

3.3.1 야외시험장

야외시험장(OATS)은 복사성의 장해전자파를 측정하기 위해 사용되며, 외부 전자파 잡음이 적고 주위에 전자파 반사물체가 없는 아주 넓은 장소의 바닥에 금속 접지판 또는 금속으로 된 망을 설치하여 이상적인 반무한 공간이 되도록 한 측정시설이다. 이러한 야외시험장은 1 GHz 이하의 복사성 장해전자파를 측정하기 위한 표준 시험장으로 사용된다.

야외시험장 위에 피측정기기를 설치하고 피측정기기에서 방출되는 복사성의 장해전자파를 안테나로 수신하여 장해전자파의 크기를 측정한다. 안테나에 수신되는 장해전자파는 피측정기기로부터 수신안테나에 직접 수신되는 직접파와 대지면에 반사되는 반사파를 합한 합성파를 수신하기 때문에 대지면에서의 반사를 일정하게 유지할 필요가 있다. 이 때문에 대지면에는 금속 접지판 또는 금속으로 된 망을 설치하여 반사를 일정하게 유지할 수 있도록 한다.

그림 3.11은 FCC 규격에 규정된 야외시험장의 크기를 나타낸 것이다. 그림에서 피측정기기와 수신 안테나 사이의 거리는 3 m, 10 m, 30 m가 규격으로 정해져 있다. 따라서, 측정거리가 3 m이면 3-m법, 10 m이면 10-m법 야외시험장이라 하며, 전자파 잡음레벨이 큰 특수한 경우에만 30-m 법을 사용한다. 이러한 야외시험장은 가능한 한 평탄하면서 무한히 넓은 것이 좋지만 그림 3.11과 같이 적어도 측정거리의 2배를 장축으로 하고, 측정거리의 $\sqrt{3}$ 배를 단축으로 하는 타원의 범위 내에 전자파의 반사 물체

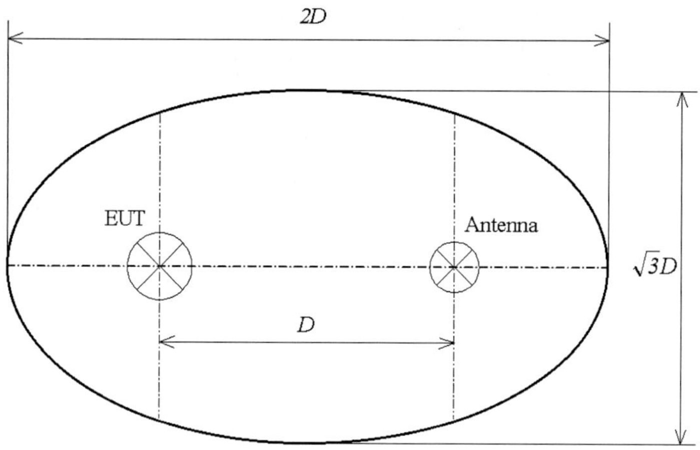

그림 3.11 야외시험장의 크기

가 없어야 한다. 금속 접지판의 크기도 이 정도의 크기가 바람직하다.

이와 같은 야외시험장이 방사성 장해전자파의 측정시설로서 적합한가 적합하지 않은가를 판정하기 위해서는 야외시험장의 시험장 감쇠량(SA; Site Attenuation)을 측정하여 이상적인 야외시험장의 시험장 감쇠량 기준 이론값과 비교하는 방법을 사용한다. 시험장 감쇠량은 다음에 설명하는 정규화 시험장 감쇠량(NSA; Normalized Site Attenuation)과 구별하기 위해 일반적인 시험장 감쇠량(CSA; Classical or Conventional Site Attenuation)이라고도 하며, 송신 전력 P_t와 수신전력 P_r의 비로서 다음과 같이 정의한다.

$$CSA = \frac{P_t}{P_r} \tag{3.9}$$

그림 3.12는 다이폴 안테나를 사용하였을 경우 이상적인 야외시험장의 시험장 감쇠량을 모멘트법으로 계산한 기준 이론곡선이다. 이러한 이상적인 이론값을 기준으로 하여, 실제로 설치된 야외시험장의 시험장 감쇠량 측정값이 ±3 dB 이내에서 일치하면 설치된 야외시험장은 방사성 장해전자파의 측정시설로서 적합하다고 판정한다.

야외시험장의 시험장 감쇠량 측정법은 그림 3.13과 같이 야외시험장 위에 송신 및 수신 안테나를 설치하고 3-m법, 10-m법인 경우는 수신 안테나를 1～4 m, 30-m법인 경우는 수신 안테나를 2～6 m 사이에서 최대의 전계강도(최소의 전송손실)가 수신되는 위치의 감쇠량을 시험장 감쇠량으로 하여 측정한다. 즉, 송신 안테나와 수신 안테나 사이의 삽입손실 또는 전송손실을 측정하면 된다.

야외시험장의 시험장 감쇠량 기준 이론곡선은 다이폴 안테나에 대해서만 비교적 정확한 이론치가 얻어진다. 따라서 여러 가지 형태의 안테나에도 적용할 수 있도록 하기 위해 정규화 시험장 감쇠량이 제안되어 있다. 이것은 위에서 설명한 일반적인 시험장 감쇠량에서 시험장 감쇠량의 측정에 사용한 송수신 안테나의 안테나 인자로 정규화한 것이며, 식으로 표현하면 식 (3.10)과 같다.

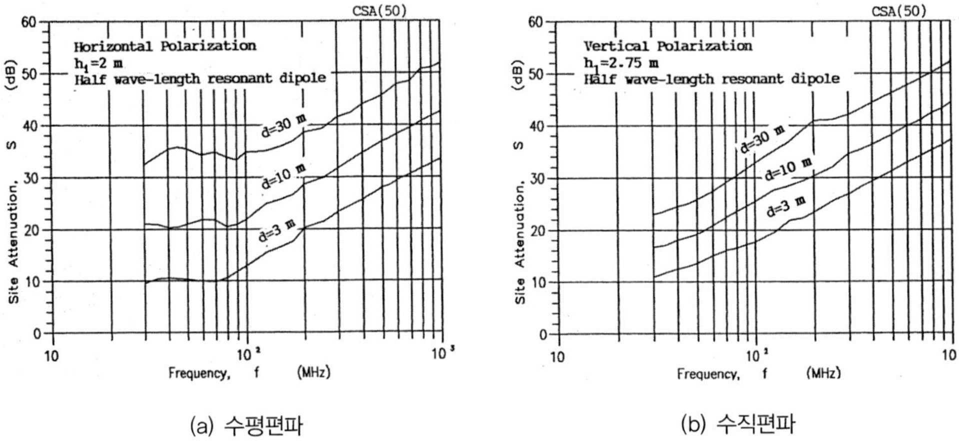

그림 3.12 기준 시험장 감쇠량의 이론치

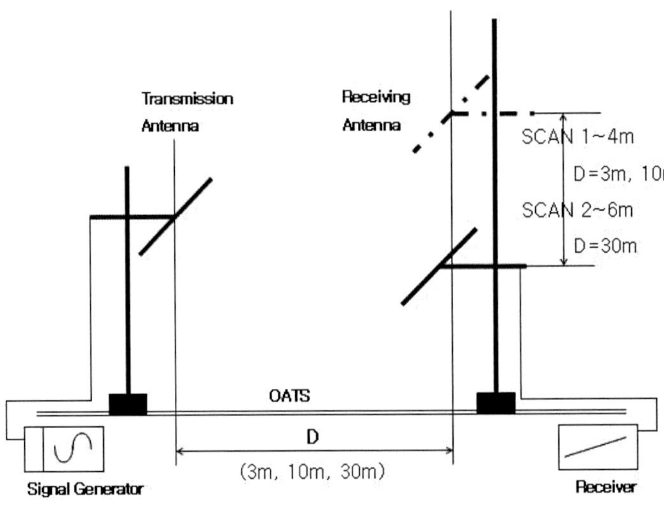

그림 3.13 야외시험장의 시험장 감쇠량 측정

$$NSA = \frac{CSA}{K_1 K_2} \tag{3.10}$$

여기서, K_1 및 K_2는 각각 송신 및 수신 안테나의 안테나 인자이다. 그림 3.14는 정규화 시험장 감쇠량의 이론적 계산치를 나타낸 것이다.

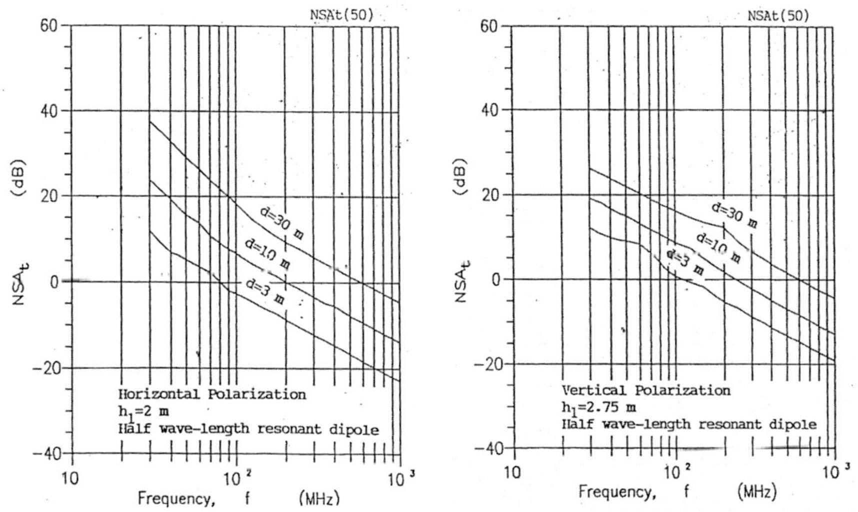

(a) 수평편파

(b) 수직편파

그림 3.14 정규화 시험장 감쇠량의 이론적 계산치

3.3.2 전자파차폐실

야외에 설치되는 야외시험장은 방송이나 통신에 사용되는 강한 전자파에 노출되어 있다. 또한, 옥내에서 측정할 경우에는 각종의 전기, 전자, 정보처리 장치로부터 발생되는 장해전자파가 전원선을 통해 침입한다. 따라서 전도성의 장해전자파를 측정하기 위해서는 외부의 전자파 잡음을 차단하고 전원선 등의 케이블을 통해서 침입하는 장해전자파를 저지할 필요가 있다. 이 때문에 전자파를 차폐할 수 있도록 금속판 또는 금속망으로 된 직육면체의 공간을 확보하여 전원선 등의 인입선에는 고주파 저지 필터를 부착한 전자파차폐실을 전도성 장해전자파의 측정에 사용한다.

이러한 전자파차폐실의 구조는 공동공진기(cavity resonator)이므로 특정 주파수에서 공진이 일어난다. 따라서 전자파차폐실을 측정에 사용할 경우에는 이러한 공진 주파수에 주의해야 한다. 또한, 전자파차폐실의 접지가 불완전하면 전자파차폐실이 안테나 역할을 하여 전자파차폐실 내에서 방송이 들릴 수도 있다. 그러므로 전자파차폐실의 시공에 있어서 접지는 대단히 중요하다.

3.3.3 전자파무향실

(1) 전자파무향실

일반적인 전기, 전자, 정보처리 장치 등으로부터 방출되는 장해전자파의 세기는 30 $dB\mu V/m$ 정도이지만, 도시 근교의 TV 등의 방송파의 전계강도는 100 $dB\mu V/m$ 정도이다. 따라서 복사성의 장해전자파를 측정하기 위해서는 외부 전자파잡음이 적은 곳에 야외시험장을 설치하든가 외부의 전자파잡음을 적어도 80 dB 정도는 차폐할 수 있는 공간을 확보하여야 한다.

한편 내성시험에서는 140 $dB\mu V/m$ 정도의 강한 전자파를 인위적으로 발생시키기 때문에 이와 같은 전자파가 외부에 방사되면 방송이나 통신에 장해를 발생시킬 수도 있다. 따라서 내성시험을 위해서는 적어도 100 dB 정도는 차폐시킬 수 있는 공간이 필요하게 된다. 이러한 조건을 만족하면서 복사성 장해전자파의 측정과 내성시험에 사용할 수 있는 실내 측정시설이 바로 전자파무향실이다. 전자파무향실은 앞에서 설명한 전자파차폐실의 육면에 전자파흡수체를 부착시켜 전자파의 반사가 없도록 한 측정설비이다. 즉, 전자파의 반사가 없는 무한공간을 실내에 실현시킨 시설이다. 그림 3.15(a)는 전자파무향실의 단면을 나타낸 것이다.

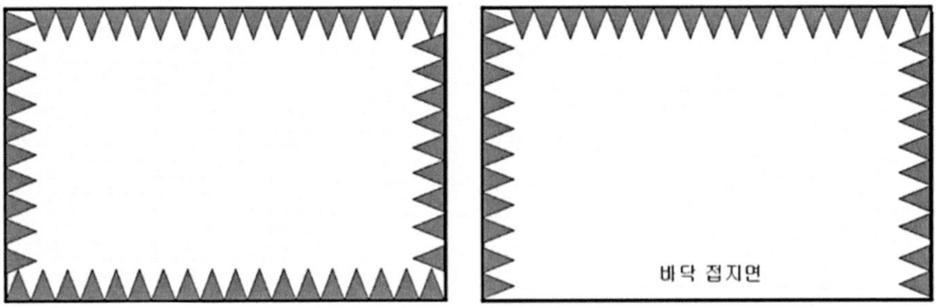

(a) 전자파무향실 (b) 전자파 반무향실

그림 3.15 전자파무향실과 전자파 반무향실

3.3.4 전자파 반무향실

주파수 대역 30~1,000 MHz에서의 방사성 장해전자파의 측정은 야외시험장에서 측정하는 것이 기본이다. 일반적으로 야외시험장은 공장에서 먼 거리에 위치해 있는 경우가 많아 불편하며, 또한 야외시험장에서의 측정은 전천후 측정이 불가능하다는 단점이 있다. 따라서 야외시험장과 등가인 특성을 갖는 반무한 공간의 측정설비를 실내에서 실현시킨 것이 전자파 반무향실이며, 전자파무향실의 바닥 부분 전자파흡수체를 제거시키고 접지면으로 대체시킨 것이다. 그림 3.15(b)는 전자파 반무향실의 단면도를 나타낸다.

이러한 전자파 반무향실이 측정시설로서 적합한 것인지, 적합하지 않은 것인지의 판정은 야외시험장의 적합성 평가와 같이 시험장 감쇠량의 측정으로 이루어진다.

3.4 대용 측정설비

3.4.1 평행평판 선로

원역장 전자계를 발생시키기 위한 장치로서는 평행평판 선로 및 TEM 셀 또는 GTEM 셀이 이용된다. 이러한 장치들은 모두 평행평판으로 구성된 전송선로 또는 직사각형 동축선로의 형태를 하고 있으며, 내부에는 전기장과 자기장이 서로 직각이고 진행방향에 수직인 TEM파가 발생한다. 평행평판 선로는 스트립 선로(strip line) 또는 개방 TEM 셀(open TEM cell)이라고도 하며, 그림 3.16과 같은 구조를 하고 있다.

평행평판 선로에 급전선로를 연결하기 위하여 그림 3.16과 같이 평행평판 선로의 양단을 경사지게 하여 급전선로와의 정합을 취하고 있다. 급전선로에 전력 P를 입력시키고 선로내부에 전자파의 반사가 없다고 가정하면, 평행평판 내부의 전자계는 다음 식으로 주어진다.

$$E = \frac{\sqrt{PZ_0}}{b} \quad [V/m] \tag{3.11}$$

$$H = \frac{E}{120\pi} \quad [A/m] \tag{3.12}$$

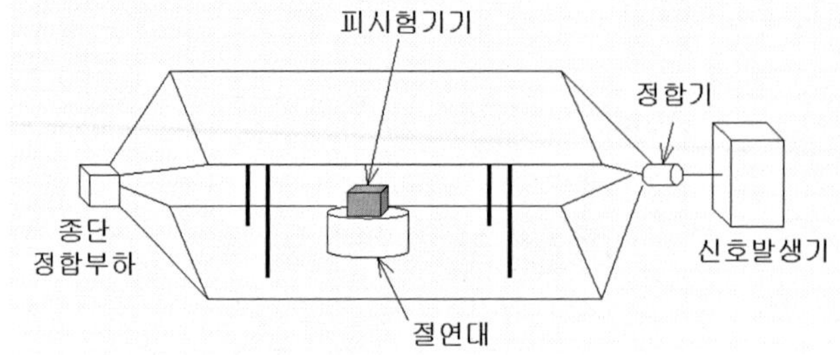

그림 3.16 평행평판 선로

여기서, b는 평행평판의 간격이며, Z_0는 평행평판 선로의 특성임피던스이다. 평행평판 선로의 구조적인 파라미터는 선로의 길이, 선로의 폭, 평판의 간격 세 가지를 생각할 수 있는데, 이들 파라미터를 2배한 선로 길이, 폭, 평판 간격 중 어느 하나라도 사용 파장보다 길어지면, 평판 내부의 전자계는 불균일하게 되고 TEM파 이외의 전자파 모드가 발생한다. 따라서 사용 주파수 대역의 결정에 주의하여야 하며 일반적으로 300 MHz 이하의 주파수 대역에서 사용한다.

3.4.2 TEM 셀

앞에서 설명한 평행평판 선로는 양 끝단을 제외한 측면이 개방형태의 구조이므로 전자파의 누설이 발생할 수 있으며, 또한 주위환경에 의하여 평행평판 내부의 전자기장이 영향을 받을 수 있다. 이러한 결점을 개선한 것이 TEM 셀(Transverse Electromagnetic Cell)이다.

TEM 셀은 그림 3.17과 같이 중앙에 중심 도체판이 있는 직사각형 동축선로와 양 끝단이 경사진 구조로 구성되어 있다. 측정에 사용하는 부분은 중심 도체판 아래에 있는 공간이다.

위의 부분은 사용하지 않으므로 체적이 평행평판 선로의 1/2배가 된다. 균일한 TEM파가 형성되는 곳은 중심 도체판과 아래 도체판 사이 공간의 1/3정도가 되는 공간이다. 평행평판 선로와 같이 TEM 셀의 경우도 사용 주파수대역은 약 300 MHz 이하이다.

3.4.3 GTEM 셀

앞에서 설명한 TEM 셀의 결점을 개선한 것이 GTEM 셀(Giga Hertz TEM cell)이다. 이것은 그림 3.18과 같이 내부의 중심 도체판을 위 도체판과 아래 도체판 간격의 3/4되는 곳에 설치하여 불필요한 공간을 제거한 것이다. 급전선로를 연결하는 부분에

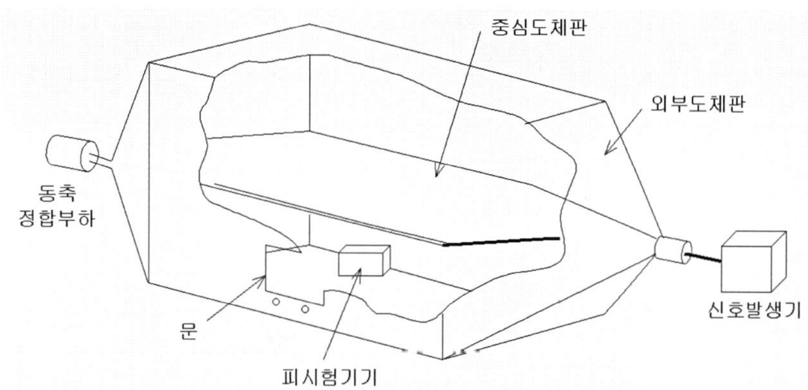

그림 3.17 TEM 셀

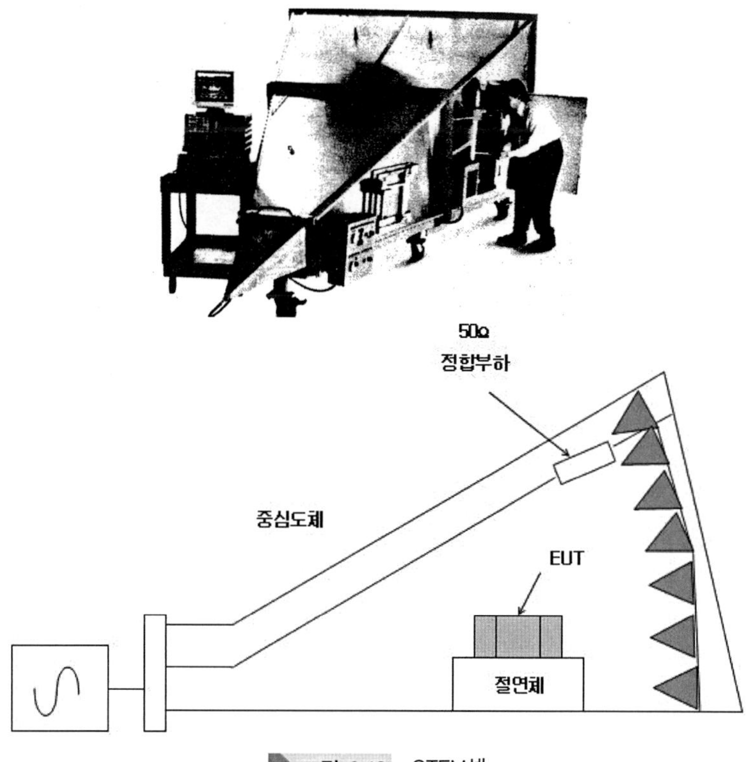

그림 3.18 GTEM셀

는 중심 도체판과 아래 도체판 사이의 각을 15도 정도로 좁게 하여 반사가 일어나지 않도록 되어 있으므로 셀의 길이가 길어진다는 단점이 있으나 사용 주파수 대역은 약 3 *GHz* 정도까지 확장된다. 셀의 끝단에는 반사가 발생하지 않도록 하기 위하여 중심 도체판에 다수개의 저항을 연결하고 있으며, 그림 3.18과 같이 전파흡수체를 부착하고 있다. GTEM 셀은 TEM 셀과는 달리 길이방향의 위치에 따라 내부 전기장의 세기가 달라지므로 전기장의 세기 변화가 ±1 *dB* 이하인 영역에서 사용한다. 이 영역은 중심 도체판과 아래 도체판 사이 간격의 1/3 정도의 공간이다.

3.5 측정용 수신기의 응답특성

시험의 적합성은 일반적으로 측정 수신기에 의존하며, 이것들은 대부분의 경우에 정상적인 회사에서 제품 개발에 많은 비용을 투자하여 EMC 시험소에서 실시한다. 이들은 EMC 측정을 목적으로 최적의 상태로 구성되어 있다.

이들 수신기는 감도가 매우 높고 과부하 효과에 대하여 내성이 있으며, 입력이 견고하다. 고가의 장비이므로 우수한 주파수 및 진폭의 정확도를 보인다. 일반적으로 장해전자파의 허용치는 준첨두치와 평균치로 규정되어 있으므로 이에 대한 응답특성을 간단히 설명한다.

3.5.1 준첨두치형 측정기

준첨두치형 검파형식(quasi-peak detector)을 갖는 전자파장해 수신기는 검파기의 방전 시정수가 충전 시정수에 비교하여 대단히 크다. 이 때문에 중간주파 증폭회로에서 대역이 제한된 장해전자파의 첨두치에 가까운 값을 지시치로서 표시(응답)한다. 준첨두치형 장해전자파 측정기의 기본특성은 표 3.3과 같으며, 충전 시정수의 값은 장해전자파에 의한 AM 라디오의 수신장해와 장해전자파 레벨의 지시치가 양호한 상관관계가 되도록 주관적으로 평가한 실험에 의해서 정해진 것이다.

전자파장해 수신기의 가장 중요한 특성은 반복펄스 입력에 대한 응답특성이므로 CISPR 규격의 근거가 되는 이론을 설명하고자 한다.

그림 3.4의 측정기에 장해전자파의 신호가 입력되면 중간주파 증폭회로의 출력은 증폭기가 협대역이므로 다음 식으로 표시된다.

$$v_{\mathrm{if}}(t) = a(t)\cos(2\pi f_{\mathrm{if}} t + \theta) \tag{3.13}$$

여기서, f_{if}는 중간주파수이다. 또한, 검파기 출력 $v_d(t)$는 다음의 미분방정식으로부터 구해진다.

$$C\frac{dv_d(t)}{dt} + \frac{v_d(t)}{R_d} = \begin{cases} \dfrac{v_{if}(t) - v_d(t)}{R_c}, & (v_{if}(t) > v_d(t)) \\ 0, & (v_{if}(t) \le v_d(t)) \end{cases} \tag{3.14}$$

여기서, R_c는 검파기의 다이오드 특성을 나타내는 반파직선 특성의 순저항이다. 준첨두치형 검파기는 방전 시정수 T_d가 대단히 크므로 주기 $T(=1/f_{if})$ 내에서 검파출력 $v_d(t)$는 거의 일정하다고 볼 수 있다. 따라서, 식 (3.13)을 식 (3.14)에 대입하여 주기 T로 직분하면 나음 식을 얻는다.

$$C\frac{dv_d(t)}{dt} + \frac{v_d(t)}{R_d} = I_d(v_d) \tag{3.15}$$

단,

$$I_d(v_d) = \begin{cases} \dfrac{1}{\pi R_c}\left(\sqrt{a(t)^2 - v_d(t)^2} - v_d(t)\cos^{-1}\dfrac{v_d(t)}{a(t)}\right), & a(t) > v_d(t) \\ 0, \quad a(t) \le v_d(t) \end{cases} \tag{3.16}$$

이며, 위의 식이 준첨두치형 검파기의 기본 응답을 나타내는 식이다.

중간주파 증폭단을 거쳐서 검파기를 통과한 포락선 형태의 출력신호는 지시기에 전달되는데 지시기에 나타나는 지시치를 알아보자. 검파출력 $v_d(t)$는 시정수 T_m의 임계제동상태의 지시계기에 전달된다. 따라서, 지시계 바늘의 편이 $\phi(t)$는 다음 식으로 주어진다.

$$T_m^2\frac{d^2\phi(t)}{dt} + 2T_m\frac{d\phi(t)}{dt} + \phi(t) = v_d(t) \tag{3.17}$$

즉, 측정기는 정현파의 입력에 대하여 교정되어 있으므로 지시치 M은 같은 편이 $\phi(t)$을 생기게 하는 정현파 입력의 실효치와 같다.

정현파 및 반복펄스 형태의 장해전자파가 준첨두치형 측정기에 입력되었을 경우의 준첨두치형 검파기의 응답특성을 설명한다.

먼저, 실효치가 E인 정현파에 대한 준첨두치 검파기의 응답은 식 (3.14)와 식 (3.15)에 $a(t) = \sqrt{2}\,E$를 대입하면 구해진다. 즉 회로의 증폭도를 G로 나타내면 검파출력은 다음과 같다.

$$V_{QS} = \sqrt{2}\,EGP_{QS} \tag{3.18}$$

여기서, P_{QS}는 검파효율을 나타낸다(표 3.3 참조).

충전 시정수 T_c는 정현파를 인가한 후 출력이 V_{QS}의 63.2 %에 도달할 때까지의 시간으로 정의되며, 식 (3.15)로부터 구할 수 있다. 그 결과를 $a = t_c/(R_cC)$의 값으로 표 3.3에 나타내었다.

다음으로 반복펄스에 대한 응답에 대하여 알아보자. 이상적인 전자파장해 수신기의 중간주파 증폭회로의 주파수 특성은 2단으로 구성된 임계결합 동조회로의 특성과 같다. 즉 등가 저역통과 필터의 주파수 선택특성은 다음 식으로 나타낼 수 있다.

$$H_L(f) = \left[\frac{2\omega_0^2}{\{(\omega_0^2 + j\omega)^2 + \omega_0^2\}}\right]^2 \tag{3.19}$$

단, $H_L 0.5(=6\ dB)$가 되는 대역폭을 B로 나타내면 $\omega_0 = \pi B/\sqrt{2}$ 이다.

임펄스의 세기가 S인 펄스가 입력되면 중간주파 출력도 식 (3.13)으로 표시되고 포락선은 다음 식과 같이 구해진다.

$$a(t) = 4.239a_{max}e^{-\omega_0 t}(\sin\omega_0 t - \omega_0 t\cos\omega_0 t) \tag{3.20}$$

단, a_{max} = 2.097SBG이다. 임펄스의 세기가 S인 펄스 입력에 대한 검파출력 V_{QP}는 다음 식으로부터 구해진다.

$$V_{QP} = a_{max}P_{QP} = 2.097SBGP_{QP} \tag{3.21}$$

이러한 펄스 입력에 대한 측정기의 지시치 M_{QP}는 검파출력 V_{QP}와 같은 출력을 생기게 하는 정현파 입력의 실효치 E와 같으므로 식 (3.18)로부터 다음 식과 같이 된다.

$$M_{QP} = E = \frac{2.097SBGP_{QP}}{\sqrt{2}GP_{QS}} = \frac{1.483SBGP_{QP}}{P_{QS}} \tag{3.22}$$

CISPR 규격에 정의되어 있는 반복펄스 입력에 대한 응답과 과부하계수(중간주파회로의 직선성)의 규정은 식 (3.22)를 기본으로 하여 결정한 것이다.

3.5.2 평균치형 측정기

평균치형 검파기를 갖는 전자파장해 수신기는 그림 3.4와 같이 장해전자파의 입력에 대하여 포락선 형태인 중간주파 출력의 평균치를 지시기에 표시(응답)하는 것이다. 중간주파 출력 $v_{if}(t)$의 포락선 $a(t)$의 평균치 V_A는, 만약 $a(t)$가 음이 되지 않는다면, $a(t)$의 퓨리에 계수 A(0)로부터 다음 식과 같이 구해진다.

$$V_A \equiv \frac{1}{T}\int_{-T/2}^{T/2}|a(t)|dt = \frac{1}{T}\int_{-T/2}^{T/2}a(t)dt = A(0) \tag{3.23}$$

실효치가 E인 정현파가 입력되면 중간주파 출력의 포락선은 회로의 증폭도를 G로 나타내면 $a(t)=\sqrt{2}EG$로 일정하게 되므로, 이에 대한 평균치 검파기의 출력은 $V_{AP} = \sqrt{2}EG$가 된다.

임펄스의 세기가 S인 펄스 입력에 대한 중간주파 출력의 스펙트럼은 $A(f)=2SGH_L(f)$가 된다. 따라서 1초당 N개의 펄스 입력에 대한 평균치 출력은 식 (3.19), 식 (3.23)으로부터 다음 식과 같이 된다.

$$V_{AP} = NA(0) = 2NSG \tag{3.24}$$

반복펄스에 대한 평균치형 검파기를 갖는 측정기의 지시치 M_{AP}는 $V_{AS}=V_{AP}$로 되는 정현파 입력의 실효치 E와 같으므로 지시치는 다음과 같다.

$$M_{AP} = \sqrt{2}NS \tag{3.25}$$

이와 같이 평균치는 입력 펄스의 빈도에 비례한다는 것을 알 수 있다.

반복펄스 입력에 대한 준첨두치 및 평균치형 검파기를 갖는 전자파장해 수신기의 지시치의 차이는 식 (3.22)와 식 (3.25)로부터 구할 수 있다. 임펄스의 세기가 $S=1\ V_s$인 경우를 계산해 보면 펄스의 빈도가 낮을 경우에는 준첨두치에 비교하여 평균치가 대단히 작다는 것을 알 수 있다. 또한 반복 주파수 N이 대역폭 B보다 커지면 장해 전자파의 선스펙트럼 하나 정도만 대역폭을 통과하므로 정현파 입력에 대한 응답과 같게 되고 준첨두치 및 평균치는 같아지게 된다.

3.5.3 첨두치형 측정기

첨두치형의 검파기를 갖는 전자파장해 수신기는 장해전자파의 입력에 대하여 포락선 형태인 중간주파 출력의 첨두치를 지시기에 표시(응답)하는 것이다. 첨두치의 추출방식으로는 아날로그 방식과 디지털 방식이 있으며 방전 시정수가 대단히 큰 검파기(첨두치 검파기)를 이용하든가 또는 포락선 검파 후에 A/D변환하여 첨두치를 추출한다. 즉, 전자파장해 수신기 외에 스펙트럼분석기도 첨두치 측정기능을 갖추고 있다. 반복펄스 입력에 대한 첨두치형 검파기를 갖는 전자파장해 수신기의 응답특성은 준첨두치형 측정기와 같이 식 (3.22)로부터 구할 수 있다.

참고문헌

1. Y. Shimizu and A. Sugiura, 電磁放害派の 基本と 對策 , コロナ社, 1997.
2. Henry W, Ott, Noise Reduction Techniques in Electronic Systems, 2nd ed., JOHN WILEY & SONS, 1988.
3. Clayton R. Paul, Introduction to Electromagnetic Compatibility, JOHN WILEY & 1992.
4. V. Prasad Kodali, Engineering Electromagnetic Compatibility (Principle, Measurements and Technologies), IEEE PRESS, 1996
5. David Morgan, A handbook for EMC testing and measurement, IEE, 1994.
6. Reinaldo Perez, Hnadbook of Electromagnetic Compatibility, Academic Press, 1994.
7. Sen M. Kuo, Dennis R. Morgan, Active Noise Control Systems, JOHN WILEY & SONS, 1996.
8. Bernhard Keiser, Principles of Electromagnetic Compatibility, Artech House, 1986.
9. Paul A. Chatterton, Michael A. Houlden, Electromagnetic Theory to practical Design, JOHN WILEY & SONS, 1992.
10. Christos Christopoulos, PRINCIPLES and TECHNIQUES of ELECTROMAGNETIC COMPATIBILITY, CRC press, 1995.
11. Federick M. Tesche and Michel V. lanoz, EMC ANALYSIS METHODS AND COMPUTATIONAL MODELS, JOHN WILEY & SONS, 1997.
12. Mark I. Montrose and Edward M. Nakauchi, Testing for EMC Compliance, JOHN WILEY & SONS, 2004.

PCB 기판상의 노이즈 대책

Chapter 04

EMC 기술은 디지털 전자제품을 출시하는 데 있어 중요한 역할을 한다. 제품의 수입 절차에서 요구되는 EMC 방사시험만 통과하면 종종 제품의 기능적인 성능은 그리 큰 문제가 되지 않는다. 비용적인 측면에서의 디지털 시스템으로부터 전자파 방사를 줄이는 것은 디지털 논리회로를 설계하는 것만큼이나 복잡하고 어려운 일이다. 방사의 제어는 처음부터 설계상의 문제로 고려되어야 하고 설계과정 중 계속적으로 체크해야 한다.

이 장에서는 방사 진행과 방사에 의존하는 매개변수의 개요를 설명하기로 한다. 이것은 역시 신호의 전기적 특성 함수와 시스템의 물리적 해석과 같이 방사된다는 것을 예측하는 방법을 보여주기도 한다. 방사에 영향을 미치는 매개변수를 알아내는 것은 노이즈를 최소화하는 기술개발에 도움이 된다.

디지털 전자기기로부터의 방사는 차동모드 또는 공통모드 노이즈를 일으킬 수 있다. 차동모드는 그림 4.1에서 보는 것처럼 회로의 컨덕터에 의해 형성되는 루프 주위에서 흐르는 전류의 결과이다. 이런 루프는 자계를 생성시키는 작은 안테나처럼 동작한다. 비록 이 신호전류 루프가 회로의 동작에 필요하더라도 그것들의 크기와 영역은 방사를 줄이기 위해 설계과정 중에서 제어되어야 한다. 또한 공통모드 방사는 시스템의 몇몇 부분에 실제 접지 이상의 공통모드 전위가 되게 하는 회로 내의 전압강하의 결과이다. 이것은 종종 디지털 논리 접지시스템에서의 전압강하의 결과이기도 하다. 외부케이블이 시스템에 연결되어 있을 때 그림 4.2에서와 같이 이 공통모드 전위에서 전계를 방사하는 안테나의 움직임이다. 이 원치 않는 전압강하는 의도적으로 시스템에 설계된 것이 아니므로 공통모드 방사는 차동모드 방사보다 제어하기가 어렵다. 따라서 설계단계에서 공통모드 방사문제를 처리할 방법을 강구해야만 한다.

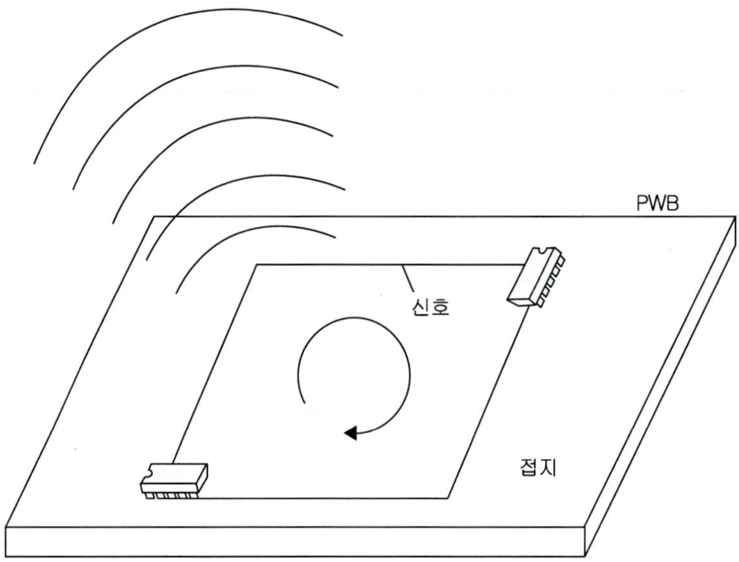

그림 4.1 PCB 상의 차동모드 방사

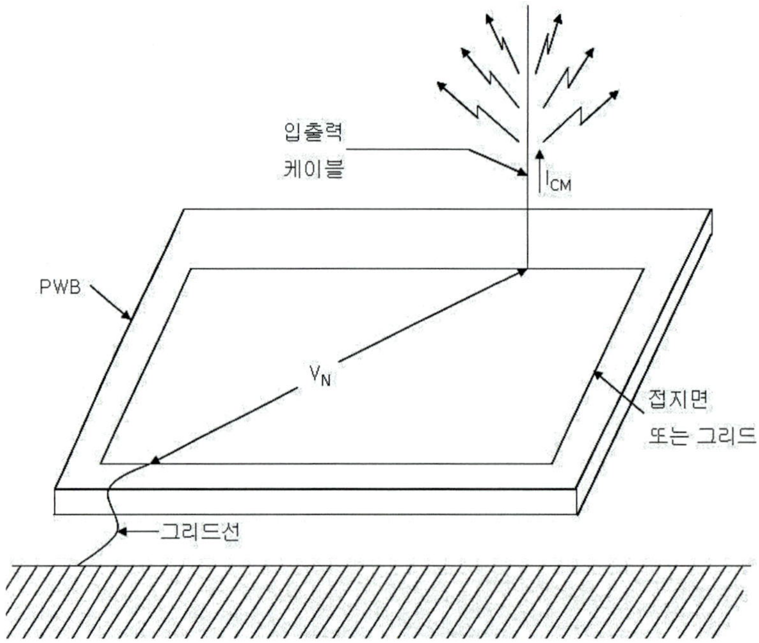

그림 4.2 PCB 상의 공통모드 방사

4.1 차동모드 방사

차동모드 방사는 작은 루프안테나로부터 발생되는 것이다. 전류 I가 흐르는 작은 루프 영역 A에 대하여 자유공간에서 거리 r만큼 떨어진 곳이나 원방계에서 측정한 전계 강도 E는 같다.

$$E = 131.6 \times 10^{-16}(f^2 AI)\frac{1}{r}\sin\theta \tag{4.1}$$

여기서 E는 [volts/meter], f는 [hertz], A는 [square meter], I는 [amperes], r은 [meter]의 단위를 가진다.

루프 주변의 길이가 1/4 파장보다 작을 때의 작은 루프 어디에서나 전류는 동위상이지만 더 큰 루프에서 전류는 동위상이 아니다. 식 (4.1)로부터 최대전계의 세기를 예측할 수 있다. 그것은 작은 루프의 경우에는 정확하고 큰 루프의 경우에는 근사적이다.

자유공간에서 작은 루프의 안테나 패턴은 토러스(torus) 모양이다. 최대방사는 루프 측면과 루프 수평면으로부터 나온다. 방사 널(Null)은 루프 수평면에 대한 수직방향에서 발생된다. 전계가 루프 수평면에서 발생되기 때문에 최대전계는 같은 방향에서 발생되는 수신안테나에 의해 검출된다.

루프 주변의 길이가 1/4 파장보다 커짐에 따라 방사패턴은 더 이상 적용되지 않는다. 주변 길이가 파장과 같은 루프에서는 방사패턴이 루프의 수직방향으로 최대방사를 발생시키기 위해 90° 회전한다. 그러므로 작은 루프의 방사 널(Null)은 큰 루프의 최대치가 된다. 비록 식 (4.1)이 원형루프로부터 나온 것이더라도 그것은 평면루프에도 이용될 수 있다. 왜냐하면 작은 루프에서 최대 방사는 루프의 모양에 민감하지 않고 오직 그 영역에만 의존하기 때문이다. 식 (4.1)의 첫 부분은 자유공간에서 전송매질의 특성을 설명하기 위한 값으로 일정하다. 두 번째 부분은 방사원의 특징, 즉 루프의 특징으로 정의된다. 세 번째 부분은 방사원으로부터 멀리 전파하는 것처럼 계(field)의 감쇠로 나타난다. 그리고 마지막 부분은 방사루프의 수평면에 대해 측정안테나의 각 방위(angular orientation)를 설명한다.

식 (4.1)은 가까이에 반사면이 없는 자유공간에 위치한 작은 루프에 관한 것이다. 그러나 전자제품 방사측정의 대부분은 자유공간에서가 아니라 지표면 위의 야외시험장에서 이루어진다. 특별한 지표반사는 6 *dB* 정도의 방사측정량을 증가시킬 수 있으며 이점은 식 (4.1)의 두 요소에 의해 변화할 수 있다. 지표반사를 조절하고, 방사를 최대화하는 방위를 가정하면 식 (4.1)은 다음과 같이 다시 쓸 수 있다.

$$E = 263 \times 10^{-16} (f^2 A I) \frac{1}{r} \tag{4.2}$$

식 (4.2)는 방사의 전류 I, 루프면적 A, 주파수의 제곱 f에 비례한다는 것을 보여 준다. 이로써 방사는 전류의 크기를 줄이거나, 전류의 고조파성분 또는 주파수를 낮추거나, 루프영역을 줄임으로써 억제할 수 있음을 알 수 있다.

정현파 이외의 전류 파형에 대해 전류의 퓨리에 급수는 식 (4.2)에 대입하기 전에 결정되어야 한다.

4.1.1 루프영역

디지털 시스템의 설계에서, 차동모드 방사를 제어하는 방법은 전류의 흐름에 의해 폐쇄되는 영역을 최소화하는 데 있다. 이것은 신호리드선과 그것과 연계된 접지 회귀리드선이 근접하게 위치함을 의미한다. 이것은 특별히 클락 리드, 뒷면의 배선 그리고 상호접속 케이블에 중요하다.

만약 25 mA의 전류가 주파수 30 MHz에서 10 cm^2 루프에 흐르고 돌고 있다면 3 m의 거리에서 측정되는 전계강도는 197 μV/m이다. 이것은 미국의 FCC B등급 제품(주거 제품)의 허용방사의 두 배에 가까운 값이다.

특정 방사레벨을 초과하지 않는 최대 루프영역은 식 (4.2)에서 정의되는 루프영역 A에 의해 결정될 수 있다. 따라서,

$$A = 380 \frac{Er}{f^2 I} \tag{4.3}$$

여기서 E는 [μV/m] 단위로서 방사제한치이고, r은 [m] 단위로서 루프와 측정하는 안테나 사이의 거리, f는 주파수이고 단위는 [MHz], I는 전류[mA], 그리고 A는 루프영역 [cm^2]이다.

예를 들어, 30 MHz에서 25 mA의 전류에 대해 3 m 거리에서 100 μV/m 방사를 제한하는 최대 루프영역은 5 cm^{2}이다. 만약 방사의 법적 요구치를 만족하는 시스템을 설계하려면 루프면적은 반드시 작게 만들어야 한다. 식 (4.2)와 같은 조건에서는 차동모드 방사를 예측하는 데 적합하다.

4.1.2 루프 전류

만약 루프 전류를 알면 방사의 예측은 식 (4.2)를 사용하면 간단하지만 전류는 결코 정확히 알 수 없다. 그래서 그것은 표준화 되어야 하고, 측정 또는 평가되어야 한다. 전류는 루프를 종단시키는 회로의 부하임피던스와 같이 루프를 동작시키는 회로의 전원임피던스에 의존하며, 루프 전류는 광대역 전류 프로브에 의해 측정할 수 있다. 이것은 전류 프로브를 고정할 만큼 긴 도선의 PCB면에 연결되어야 한다.

그림 4.3은 루프와 그것을 종단하는 대표적인 두 모델을 보여준다. 그림 4.3(a)는 단락(short)된 종단을 가진 루프를 보여주고, 그림 4.3(b)는 커패시터로 종단된 루프를 보여준다. 다양한 다른 모델의 검토가 가능할 것이다.

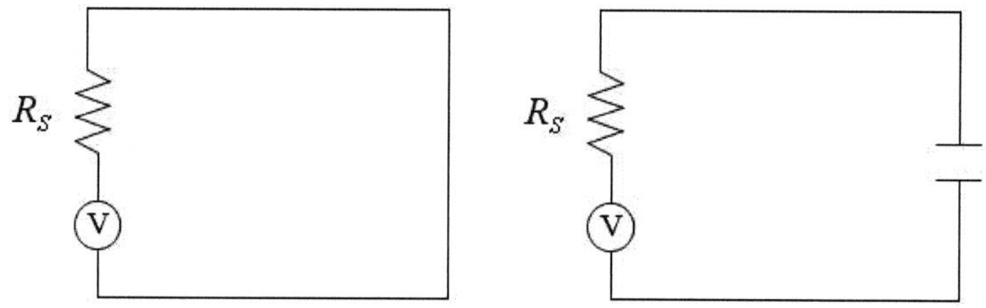

(a) 단락회로　　(b) 커패시터로 종단된 회로

그림 4.3 PCB상의 루프 안테나

4.1.3 퓨리에 급수

디지털 회로는 구형파를 사용함으로써, 식 (4.2)를 써서 방사를 계산하기 전에 전류의 퓨리에 급수를 알아야 한다. 대칭적인 구형파는 그림 4.4와 같이 파형의 상승시간과 하강시간이 제한되기 때문에 실제는 사다리꼴이다. 따라서 n개의 고조파 성분의 전류는 다음과 같이 주어진다.

$$I_n = 2Id \frac{\sin(n\pi d)}{n\pi d} \frac{\sin(n\pi t_r / T)}{n\pi t_r / T} \tag{4.4}$$

여기서, I는 파의 최고점과 최저점 사이의 진폭, d는 사이클, t_r은 파의 상승시간, T는 주기, n은 고조파의 차수이다. I_n의 단위는 I의 단위와 같으며, 식 (4.4)는 상승시간과 하강시간이 같다고 가정한다. 만약 그렇지 않다면 둘 중 더 작은 것은 가장 나쁜 경우

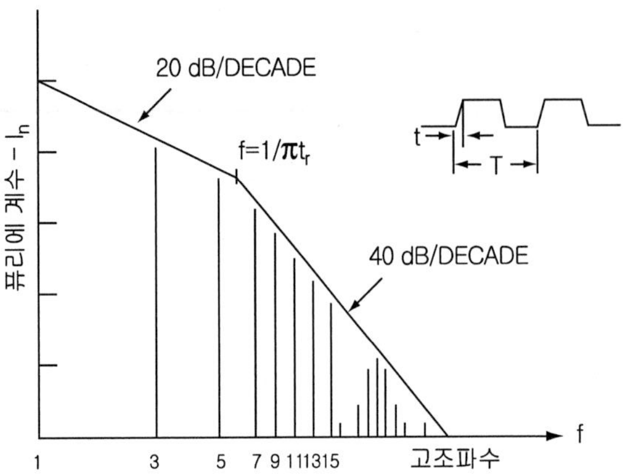

그림 4.4 사다리꼴 파형에서 발생하는 퓨리에 스펙트럼

의 결과로 사용될 것이다. 50% 사이클($d = 0.5$)의 경우에, 처음 고조파는 진폭 $I_1 = 0.64I$가 되고, 오직 기수의 고조파만 존재한다. 이것은 상승시간 t_r이 주기 T보다 훨씬 작은 경우이다. 그림 4.4는 대칭곡선에서의 고조파 포락선을 보여준다. 고조파는 $1/\pi t_r$의 주파수까지 20 dB/decade로 줄어들고, 이 이상에선 40 dB/decade로 떨어진다. 이것은 상승시간이 커질수록 높은 고조파의 에너지가 줄어드는 것을 나타낸다.

차동모드 방사는 식 (4.4)로부터 각각의 고조파에 포함된 전류를 첫 번째로 결정하는 요소로써 계산된다. 그리고 이 전류와 각각의 주파수는 식 (4.2)로 대체되며 이 계산은 각 고조파 주파수로 반복된다. 만약 루프가 일정 진폭의 전류에 의해 동작한다면 식 (4.2)의 주파수의 제곱부분은 주파수의 40 dB/decade 방사로 증가함을 나타낸다. 식 (4.2)와 식 (4.4)의 결합 결과는 방사가 $1/\pi t_r$보다 낮은 주파수에서 20 dB/decade씩 증가한다. 그리고 이 주파수를 넘어서면 일정하게 유지된다.

그림 4.5는 주파수에 따른 차동모드에서의 방사 포락선을 그린 것으로 방사에서 상승시간의 중요한 영향을 설명한다. 주파수축에 대해서 증가하는 방사가 멈추는 정지점을 결정하는 것이 상승시간이다. 방사를 감소시키기 위해서, 주파수를 최소화하고 신호의 상승시간을 최대화하는 것이 바람직하다.

예를 들면, 상승시간이 6 ns, 6 MHz인 클럭이 10 cm^2의 루프를 흐를 때 3 m 지점에서 측정한 방사를 그림 4.6에 나타내었다. TTL gate에 의해 루프가 동작하고 전류는 35 mA라 가정한다. 만약 각각의 다른 주파수와 상승시간 그리고 각각에 의해 그려진 최대 방사점을 가지고 유사한 계산을 연속하면 그림 4.7과 같은 결과가 된다. 다양한 상승시간과 주파수 조합에서의 최대방사를 예상하여 신속한 추정을 하는 데 유용하다.

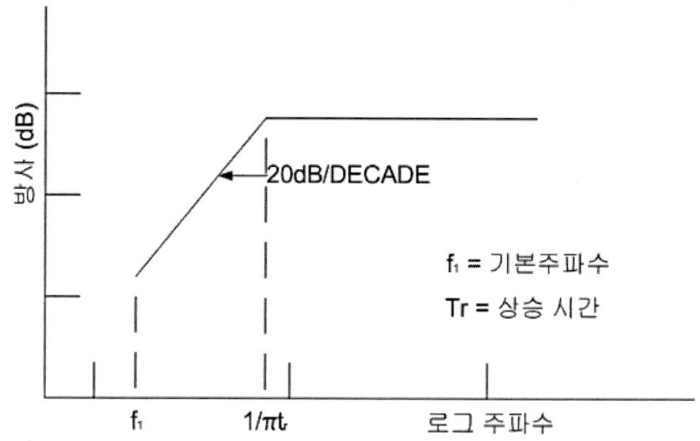

그림 4.5 차동모드에서의 복사성 방사 특성

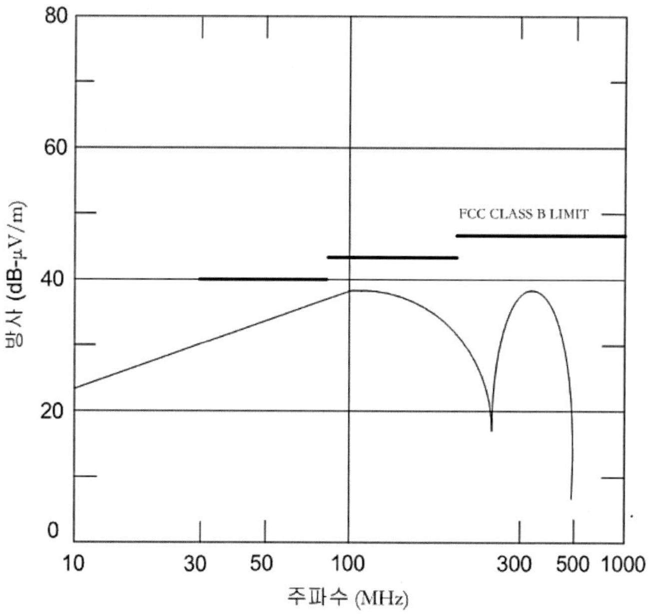

그림 4.6 FCC Class B 제한과 복사성 방사 스펙트럼

그림 4.7에서 알 수 있듯이 만약 주파수가 2배가 되면 방사는 6 dB 증가, 상승시간이 반으로 되면 다시 6 dB 증가하고 모든 다른 매개변수도 같다. 그러므로 주파수를 두 배로 하고 상승시간을 반으로 자르는 것이 12 dB 방사를 증가시키게 하는 것이다.

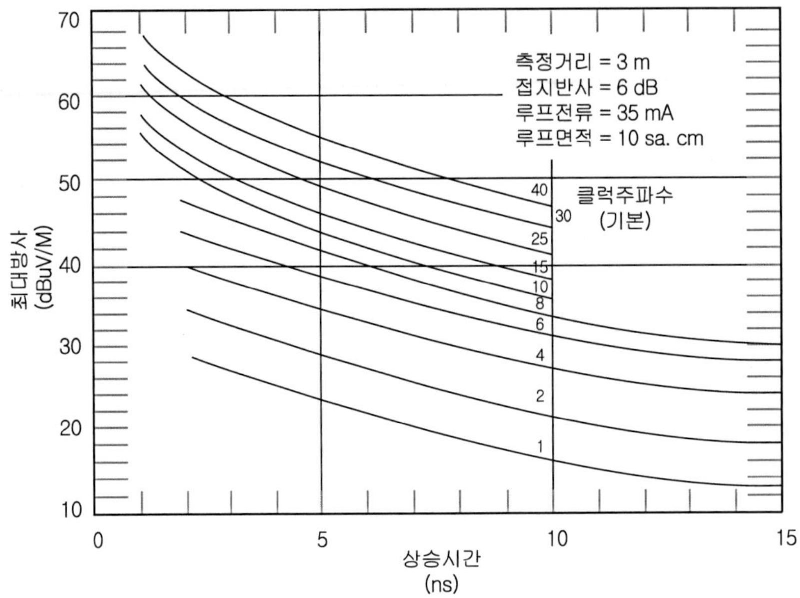

그림 4.7 클럭 주파수와 상승 시간에 따른 복사성 방사의 최대치

4.1.4 방사포락선

방사포락선은 루프영역과 마찬가지로 만약 주파수, 전류의 최고점과 최저점, 구형파의 상승시간을 알 수 있다면 쉽게 그려질 수 있을 것이다. 방사포락선의 모양을 알기 때문에 단지 기본 주파수 방사는 계산하는 데만 필요하다. 기본 주파수의 퓨리에 계수는 $I_1 = 0.64I$이다. 여기서 I는 첨두간(peak-to-peak) 전류이다.

기본주파수에서의 방사는 전류가 첨두간 크기에 0.64를 곱하여 식 (4.2)에 대입함으로써 구할 수 있다. 이 주파수에서 방사는 semi-log 그래프에 그릴 수 있다. 20 dB/decade씩 상승하는 곡선은 수평선이 그려진 밑에서 $1/\pi t_r$의 주파수까지 그려진다. 이것은 방사의 포락선을 나타낸다.

4.1.5 차동모드 방사의 조절

(1) 보드 배치

방사 조절의 시작은 인쇄회로기판(PCB; Printed Circuit Board)의 배치에서 시작된다. 비용 절감의 측면에서 회로 설계시의 방사는 초기에 고려해야 한다. 방사를 조절하는 보드를 설계할 때 신호경로에 의해 형성되는 루프영역을 최소화해야 한다. 신호와 과도 전력공급 전류에 의해 형성되는 각 루프영역을 제어하려는 시도는 힘든 작업이다. 다행히, 모든 루프를 각각 다루는 작업이 반드시 필요한 것은 아니다. 가장 좋지 않은 루프는 시스템 클럭을 가져오는 것들이며, 그 이유는 그것들이 방사의 주요 요소이기 때문이다.

시스템에서 클럭은 최고주파수 신호이며 주기적이므로 그 에너지의 대부분을 기본 펄스와 고조파로 구성된 협주파수대역에 집중된다. 대부분의 경우 클럭으로부터의 방사는 회로의 다른 부분으로 나오는 방사보다 크다. 그러므로 모든 클럭 리드선은 클럭 루프의 총영역의 접지회귀 리드선과 수 cm^2보다 작은 정도로 인접하도록 만들어야 한다. 만약 보드가 접지평면을 가졌다면 이것은 클럭 전류의 회귀 경로와 같이 거동한나. 그림 4.8(a)는 보통의 컴퓨터 기기에서의 방사를 보여주며, 그림 4.8(b)는 같은 기기에서 오직 클럭 회로만이 동작의 방사를 보여준다. 최대 방사는 두 경우에서 대략 같다.

클럭이 PCB에서 나오는 리드선과 결합되는 것을 방지하기 위해서는 클럭 회로가 입출력단자 또는 회로와 멀리 떨어져 있어야 한다. 누화를 최소화하기 위히여 클럭 리드선은 데이터 버스나 신호선에서 떨어져 병렬로 연결되면 안 된다.

리드선과 버스 드라이버는 높은 전류를 전달하므로 역시 방사원이 된다. 그들 신호의 불규칙한 특성으로 인해 그것들은 단위 밴드에 할당된 에너지보다 작은 에너지를 가진 광대역 잡음을 낸다. 버스와 라인 드라이버는 경로선과 근접해 있어야 하며, 보드

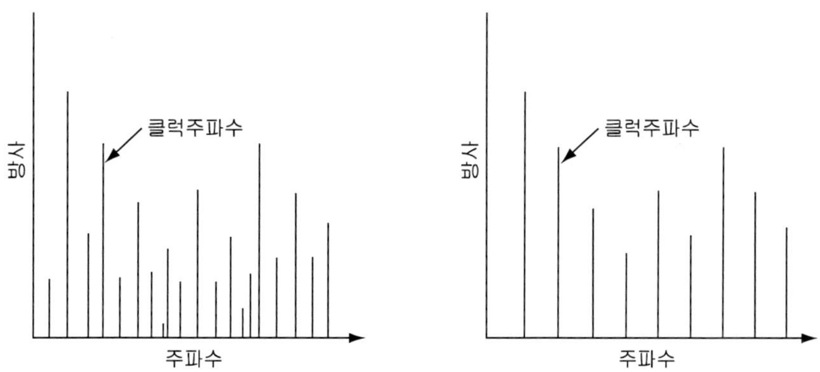

(a) 회로 전체 동작 (b) 클럭 회로 단일 동작

그림 4.8 PCB상의 복사성 방사 스펙트럼

를 나가는 선에서 드라이버는 커넥터와 가까이 있어야 한다. 또한 Off-board 부하로 흘러가는 데 쓰이는 선과 버스 드라이버는 다른 보드로 가는 데 쓰여서는 안 된다.

어드레스 버스, 데이타 버스 그리고 여러 다른 신호선은 방사의 두 번째 원인이다. 한 신호의 리드가 8개의 데이터 또는 어드레스 선에 대해 적어도 인접한 한 개의 신호 회귀접지가 주어지므로, 클럭 리드만큼은 중요하지 않더라도 그것의 루프 영역은 여전히 최소가 되어야 한다. 이 접지선은 어드레스 선에 근접하게 위치하는 것이 좋다. 왜냐하면 어드레스 선은 최고 주파수의 전류를 종종 흘려 보내기 때문이다. 가장 변화가 많은 신호 루프 영역은 접지 그리드나 평면을 이용하여 조정될 수 있고, 그것들은 내부발진잡음의 양을 최소화하기 위해서도 잘 고려되어야 한다.

방사의 또 다른 요인으로 스위칭하는 동안의 디지털 논리 게이트에 필요한 과도 전력공급 전류를 들 수 있다. 이와 같은 루프영역은 각 IC 다음에 위치한 디커플링(decoupling) 커패시터에 의해서 조정될 수 있다. 과도 전력공급 전류는 PCB에 가두어져야 하고 뒷면, 상호케이블과 떨어져 있어야 한다. 이것은 벌크 디커플링 커패시터와 함께 물리적으로 게이트에 가까이 있는 IC 디커플링 커패시터를 사용하여 극복할 수 있다.

만약 부가적인 필터링이 필요하다면 전력입력 보드에 위치한 페라이트 비드와 커패시터 필터를 그림 4.9처럼 사용할 수 있다. 이 필터의 대표치는 0.001 μF 커패시터이고 저항이 50 ~ 100 MHz에서 50 Ω 이상인 페라이트 비드이다. 이와 같은 응용에 있어 직류전류에 의해 페라이트 비드의 포화를 피하는 것이 중요하다.

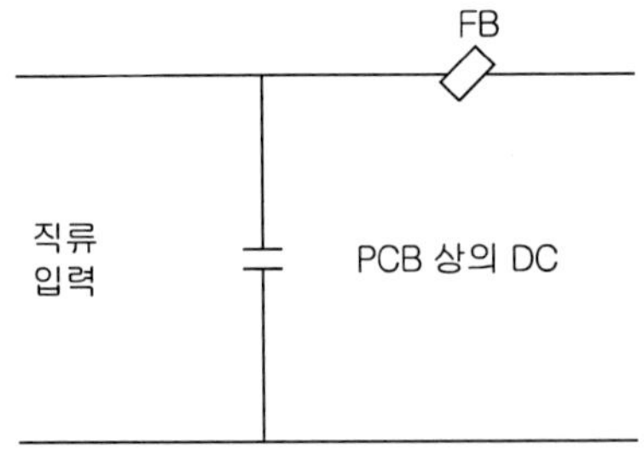

그림 4.9 PCB 전압 입력단에서 페라이트 비드(FB)와 커패시터 필터의 사용

(2) 다층 보드

위에서 서술된 기술은 다층과 이면 PCB 둘 다에 적합하다. 다층의 경우에 신호선과 같은 경로를 따라 회귀접지 전류는 접지평면에 흐를 것이다. 이것은 최소 인덕턴스를 내기 때문에 루프영역은 신호선 길이, 신호선층과 접지 평면 사이의 공간에 의해 결정된다. 가령 접지평면이 많은 상황이 바람직하지만 가격이 매우 비싸고 다른 EMC 대책 기술에 의해 방사를 조절하는 것이 가능하다.

상승시간이 3 ns보다 작은 고속 논리회로에서 접지면은 일정한 임피던스 신호를 상호접속에 공급하기 위하여 여러 가지 목적으로 사용된다. 이러한 경우에 EMC 접지평면을 이용하는 것은 부가적인 비용을 포함하지 않는다.

도선의 전파지연이 신호의 상승시간에 비해 작은 경우 발생되는 대부분의 반사는 상승시간에 의해 정해지며, 어쨌든 전파 지연이 신호 상승시간에 대해 적당해지면서 반사는 공진을 일으키면서 도선을 왔다 갔다 하게 된다. 이러한 조건에서 임피던스 조절과 도선의 종단이 필요하다. 이러한 공진주파수도 역시 방사를 증가시키는 한 요소가 된다.

광속의 60%의 전파 속도를 가질 경우 비종단 도선의 최대 허용길이 L_{max}는 이중 전파 지연 시간이 신호 상승시간과 동일할 때 나타낼 수 있다. 이는 그림 4.10과 같으며 식 (4.5)를 도식화한 것이다.

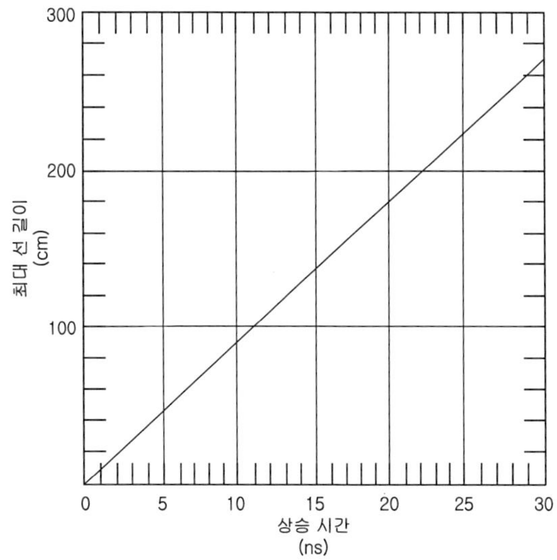

그림 4.10 신호 상승 시간에 따른 비종단 도선의 최대 길이

$$L_{max} = 9\,t_r \qquad (4.5)$$

여기서, t_r의 단위는 [ns]이고, L_{max}의 단위는 [cm]이다.

신호선의 임피던스는 이와 같은 특성임피던스의 도선을 종단시키기 위해 조절되어야 한다. PCB에 이와 같은 것을 구현하기 위하여 가장 널리 쓰이는 방법은 마이크로스트립 또는 스트립라인을 이용하는 것이다. 그림 4.11은 마이크로 스트립과 스트립라인의 구조를 나타낸다. *ns* 단위의 작은 상승 시간에 대한 잡음 문제를 최소화하기 위해서 PCB 논리회로는 다음에 설명하는 소자의 배치와 여러 대책방법으로 해결되어야 한다.

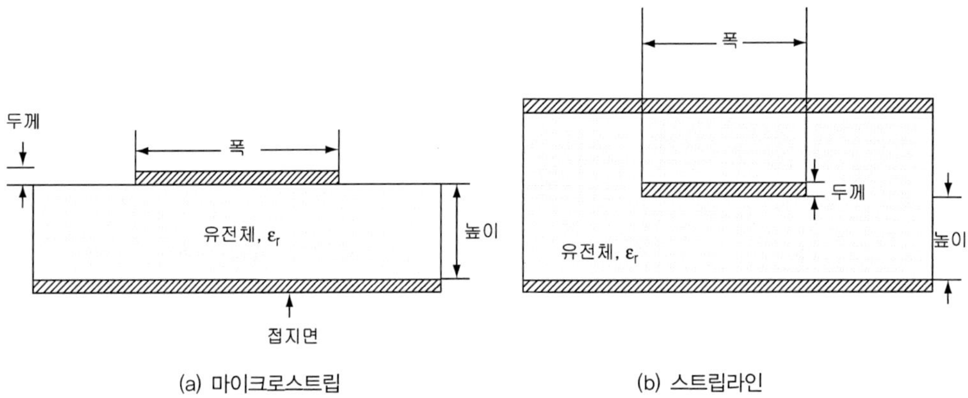

그림 4.11 PCB 기판의 구조

(3) 뒷면(backplanes)

만약 적합한 접지, 급전(power-supply) 디커플링의 사용과 적합한 설계가 된다면 PCB로부터의 방사는 그렇게 중요한 문제가 되지 않는다. 차동모드 방사의 주요 원인은 뒷면과 상호 접속 케이블에 있다. 디지털 시스템에서의 뒷면의 방사는 종종 차동모드 방사의 주요 원인이 되기도 한다. 리드선의 길이를 무시하고 뒷면이 디자인될 종종 방사 요소로 작용한다.

뒷면은 종종 많은 클럭과 신호선 그리고 단일 공통 접지선이 부착되어 있다. 심지어 다중 접지가 사용되면 근접한 핀 위에 여러 개가 모여 있다. 이런 접근은 큰 루프영역과 높은 레벨의 방사를 생성한다. 뒷면의 루프영역은 접지회귀평면을 가진 이중 또는 다중 뒷면 접지평면에 의해 조절될 수 있다. 만약 접지 평면이 실제 알맞지 않다면, 한

곳에 모여진 것보다 뒷면을 가로질러 분포되는 다중접지회귀가 루프영역을 최소화하기 위해 사용될 수 있다. 뒷면의 설계에 있어 특별히 고려할 점은 클럭 리드가 항상 인접한 접지 리턴 컨덕터를 가지고 있어야 하며, 이것은 예외가 없다.

4.1.6 상호접속 케이블

상호접속 보드 또는 케이블링 역시 차동모드 방사의 원인이 될 수 있다. 케이블링의 주요 디자인 목적은 페루프 영역을 최소화하는 신호경로에 인접한 회귀전류 경로를 제시하는 것이다. 어떻게 신호 접지가 종단되는지가 방사를 줄이기 위한 케이블의 능력을 결정한다. 부적절하게 종단된 회귀접지는 다른 좋은 케이블 디자인의 효율을 망칠 수 있나. 동축, 3극 리드신, 꼬인 두선(twistcd pair), 리본케이블의 순으로 방사를 줄일 때 효율을 낮추게 된다.

양끝이 접지되어 적절하게 차폐된 동축케이블은 고주파에서 가상적으로 제로 루프 영역을 구성한다. 차폐된 케이블이 사용될 때 특별한 고려가 차폐의 끝에 필요하며, 부적절한 차폐 마무리는 차동모드로부터 케이블에 공통모드 방사를 야기할 수 있는 공통모드 변환을 일으킬 수 있다.

그러나, 동축케이블은 몇 가지 단점을 가지고 있다. 그것은 부피가 크고 양 끝단의 처리가 어렵고 비싸다는 것이다.

3극 리드선은 동축케이블의 장점에 flat 케이블의 장점을 결합한 것이다. 그림 4.12(a)와 같은 유전체로 둘러쌓이고 같은 평면에 두 개의 보다 더 큰 접지 컨덕터 측면에 접하는 단일 신호 컨덕터를 소형화한 케이블이다. 이것의 커패시턴스, 특성임피던스, 전파지연은 동축케이블을 소형화한 것과 비슷하며, 누화잡음은 두 접지 컨덕터의 차폐 효과의 결과처럼 동축케이블보다 약간 나쁠 뿐이다. 그림 4.12(b)는 대표적인 종단을 보여준다. 3극 리드선은 복잡성이나 부피, 가격과 관계없이 동축케이블보다 이상적으로 고속 클럭 신호의 상호접속에 적합하다.

차폐된 꼬인 두선(twisted pair)은 컨덕터가 양 끝으로 양분되지 않는 한 작은 루프 영역을 구성한다. 만약 차폐된 꼬인 두선이 사용되고 단일 차폐가 많은 쌍 위에 위치될 수 있다면 두 도선 간의 누화는 문제가 없다. 고주파에서 꼬인 두선의 사용은 불균일한 특성임피던스와 그것에 의해 야기되는 반사에 의해 제한된다. 만약, 리본케이블이 사용된다면 다중 접지 컨덕터는 루프영역을 최소화하기 위해 케이블을 가로질러 분포되어야 한다. 컨덕터의 최상의 배열은 접지-신호-접지-신호-접지 같은 형식이다. 또

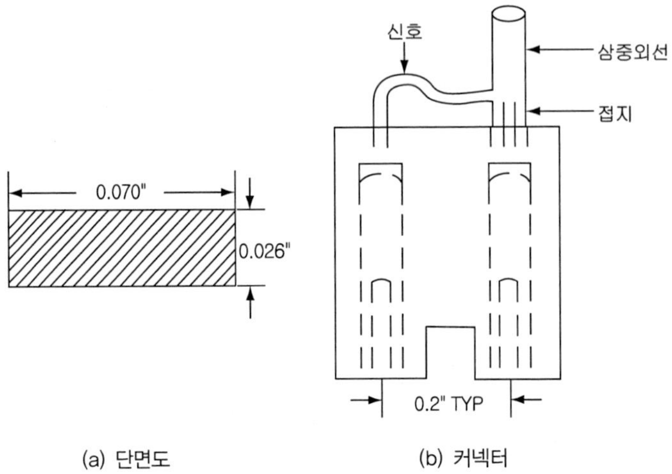

그림 4.12 3극 리드선

다른 방법은 접지-신호-신호-접지-신호-신호 순이다.

접지평면이 적절하게 마무리만 된다면 접지평면 위의 신호 컨덕터도 리본케이블로 이용될 수 있다. 적절한 마무리를 위하여 접지평면의 전체 너비를 접지에 연결하여야 하며 종단이 피그테일이나 드레인 선으로 이루어지지 않아야 한다. 리본 케이블은 역시 차폐되어야 하나 효율적인 360° 마무리가 어렵다.

광섬유의 이용은 디지털 회로의 상호접속, 특히 클럭신호에 대해 또 다른 가능성이 있는 선택이다. 광섬유는 광대역, 저전파지연 신호접속에 케이블을 포함한 어떤 감응이나 방사도 일으키지 않는다. 또한, 가격이 줄어들며 광섬유 시스템은 디지털 회로의 상호접속 특히 큰 시스템에서 더 좋은 효율을 가진다.

클럭신호를 다루는 최상의 방법은 동축케이블을 사용하는 것이다. 왜냐하면 동축케이블은 어떤 케이블보다 가장 큰 상호인덕턴스를 가지기 때문이다. 물론 3극 리드선이나 꼬인 두 케이블도 사용 가능하다.

4.1.7 차폐된 케이블

차폐된 케이블은 두 가지 일반적인 타입이 있다. 동축케이블처럼 차폐가 있는 곳에 신호에 대한 리턴 컨덕터가 있어 신호 리턴이 케이블 내에 있는 것과 차폐가 오직 잡음과 장해를 조절하는 데 사용되는 것이다.

디지털 신호의 경우에 차폐는 항상 양끝에 무잡음 접지가 연결되어야 하며, 다음 장에서 언급하겠지만 보통 섀시 또는 분리된 입출력 접지가 이 목적에 사용된다. 만약 차폐가 잡음 접지에 연결되었다면 접지 잡음은 차폐와 결합될 것이며 방사의 요인이 된다. 회로가 차폐된 구조물 안에 있다면 케이블 차폐는 360° 차폐구조에 연결될 것이다. 이것은 케이블 통과가 차폐구조의 차폐효율을 줄이는 것을 방지한다. 입력점에서 차폐 종단 없는 차폐구조 내의 차폐케이블은 허용되지 않는다.

동축케이블의 경우에 섀시접지에 연결된 차폐뿐만 아니라 회로접지도 역시 신호경로를 완성하기 위해 같은 점에 연결되어야 한다. 케이블의 양끝이 접지되어 형성된 접지루프에 의해 시스템에서 저주파잡음을 초래할 수 있는 긴 케이블의 경우에는 하이브리드 접지가 사용된다. 이것은 케이블 차폐의 수신단 끝에서의 접지와 커패시터에 의한 차폐 송신단 끝의 종단으로 이루어질 수 있다.

4.2 공통모드 방사

차동모드 방사는 제품의 배치와 설계에 있어 쉽게 조절될 수 있지만, 공통모드 방사는 제품의 전체 방사 동작을 전형적으로 결정하고 조절하기가 더 힘들다. 공통모드 방사는 시스템에서 케이블로부터 방사된다. 그림 4.2에 나타낸 공통모드 전위(대개 접지 전위)에 의해 방사 주파수는 결정되며, 방사되는 주파수는 케이블에서의 차동모드 방사와 같지는 않다.

공통모드 방사는 접지전압이 흐르는 1/4 파장보다 작은 짧은 모노폴 안테나(케이블)와 같이 모델화 될 수 있다. 접지 평면 위의 단극자 안테나 길이(l)에 대해 거리(r)에서 측정되는 전계강도의 절대치는

$$E = \frac{4\pi \times 10^{-7}(f\,Il)\sin\theta}{r} \tag{4.6}$$

이며, 여기서, E의 단위는 [V/m], f는 [Hz], I는 케이블 위의 공통 모드 전류 [A]이고, l과 r의 단위는 [m]이다.

식 (4.6)은 균일한 전류를 가정한 이상적인 안테나에 의해 발생한 것으로 가정한 전계강도이다. 실제 안테나의 전류는 도선의 개방단 끝에서 0이 된다. 이것은 커패시터 플레이트라고 불린다. 이 형태는 접지된 안테나(케이블)가 접지된 장비의 다른 부분에

연결되었을 때 또는 접지되지 않았다면 접지에 대한 충분한 용량성을 가질 때 근사적으로 해석된다. 그때 커패시터 플레이트 안테나는 근사적으로 이상적인 균일 안테나 모델에 가깝다.

방사를 극대화(θ=90°)로 가정하면 식 (4.6)은 식 (4.7)과 같이 쓸 수 있다.

$$E = 12.6 \times 10^{-7}(f l I)\frac{1}{r} \tag{4.7}$$

식 (4.7)은 방사가 주파수, 안테나의 길이, 공통모드 전류의 크기에 비례함을 보여준다. 이 방사를 최소화하는 주요 방법은 공통모드 전류를 제한하는 것이다. 식 (4.7)에서 주파수의 증가에 따른 방사 전계강도의 변화는 20 dB/decade이다. 만약 케이블이 일정 전류에 의해 유도된다면 $1/\pi t_r$의 주파수까지는 평평하고 그 이후로 20 dB/decade씩 감소하는 공통모드 방사 스펙트럼은 퓨리에 계수에 의해서 식 (4.4)와 결합할 수 있는 결과이다. 공통모드 방사 스펙트럼은 주파수 $1/\pi t_r$까지 평평하고 그 이후로 20 dB/decade씩 감소한다.

그림 4.13은 공통모드 방사의 포락선을 보여준다. 높은 주파수에서 강하하므로 공통모드 방사는 오직 $1/\pi t_r$보다 낮은 주파수에서의 문제이다. 그러므로 4~10 *ns* 사이의 상승시간은 공통모드 방사에서 정상적으로 30~80 MHz에서 일어난다.

같은 복사계의 발생에 필요한 차동모드 전류에 대한 공통모드 전류의 비는 식 (4.2)와 식 (4.7)의 비에 의해서 다음과 같이 결정된다.

$$\frac{I_d}{I_c} = \frac{48 \times 10^6 l}{f A} \tag{4.8a}$$

여기서, I_d과 I_c는 상대적으로 같은 방사의 양을 생성하는 데 필요하다. 만약 케이블 길이 l이 1 *m*라면 루프 영역 A는 10 cm^{2}이고 주파수는 50 MHz일 때, 식 (4.8a)는 식 (4.8b)와 같이 된다.

$$\frac{I_d}{I_c} = 1{,}000 \tag{4.8b}$$

이것은 같은 전계를 생성하기 위한 공통모드 전류보다 차동모드 전류가 10^3배만큼 더 커야함을 의미한다. 다른 말로 하면 μA 단위의 공통모드 전류는 차동모드 전류의 몇 mA 정도의 방사를 내는 것과 같다.

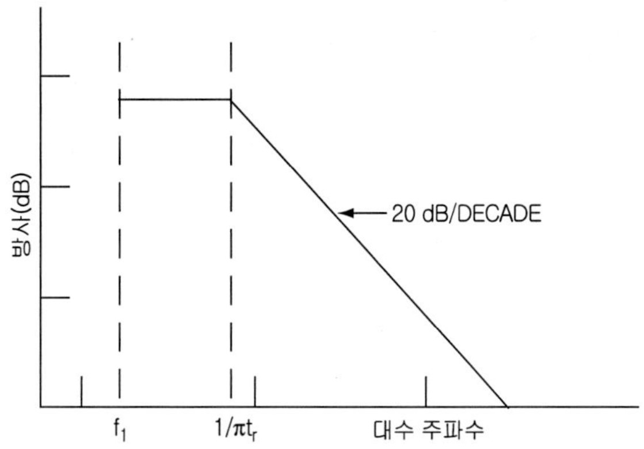

그림 4.13 공통모드의 복사성 방사

4.2.1 공통모드 방사 조절

차동모드 방사의 경우처럼 공통모드 방사를 줄이기 위해서 상승시간과 신호주파수 둘 다를 제한하는 것이 바람직하다. 케이블 길이는 상호 접속된 요소들 사이의 거리에 의해 결정되는 것이지 설계자의 조절에 의해 결정되는 것은 아니다. 더욱이 케이블 길이가 1/4 파장일 때에는 비동위상 전류의 존재 때문에 더 이상 케이블 길이로 방사를 조절할 수 없다.

설계자가 방사를 최소화할 수 있는 단 하나의 요소는 식 (4.7)의 공통모드 전류이다. 공통모드 전류는 방사의 조절손잡이(Control Knob)로 생각할 수 있다. 시스템 동작에 요구되는 공통모드 전류는 없다.

공통모드 전류는 다음에 의해 조절된다.

① 안테나로 유도되는 소스 전압을 최소화(정상적인 접지 전위에서).

② 케이블과 직렬연결에서 큰 공통모드 임피던스(쵸크)의 준비.

③ 전류를 접지에 흐르게 함.

④ 케이블의 차폐.

공통모드 억제요소는 기능상으로 요구된 차동모드 신호가 아니라 공통모드 전류(클럭 고조파)에 영향을 미치는 것을 이용한다. 상호접속 케이블은 보통 클럭주파수보다 낮은 신호를 옮기기 때문에 조절하기가 쉽다. 클럭신호와 같은 고주파 상호접속에서는 접지에 전류를 흐르게 하는 디커플링은 사용되지 못하고 공통모드 쵸크나 차폐와 같은 다른 억제방법을 고려해야 한다.

4.2.2 공통모드 전압

공통모드 방사를 조절하는 데 있어서 첫 번째 단계는 방사되는 안테나(케이블)에 유도되는 공통모드 전압을 최소화하는 것이다. 대개 차동모드 방사의 최소화 방법이나 공통모드 전압을 최소화하는 방법을 사용한다. 예로서 접지 그리드나 평면의 사용은 접지 시스템에서 전압강하를 줄이는 데 효과적이다.

공통모드 방사를 줄이는 접지 그리드의 효율은 그림 4.14와 같다. 그림은 PCB 위에 접지 그리드를 가질 때와 가지지 않을 때의 방사를 보여준다.

시스템에 연결된 외부(대지)접지가 있는 점에서의 적절한 접지의 선택은 역시 공통모드 전압을 줄일 수 있는 방법이다. 상호접속 케이블로부터 외부접지 연결이 멀어질수록 지점 사이의 잡음 전압은 더 커지게 된다. 심지어 접지 그리드나 평면에서도 공통모드 전압은 방사를 줄이기 위해 언제나 충분히 줄어들게 할 수 없다. 그러므로 부가적인 조절 기술이 필요하다.

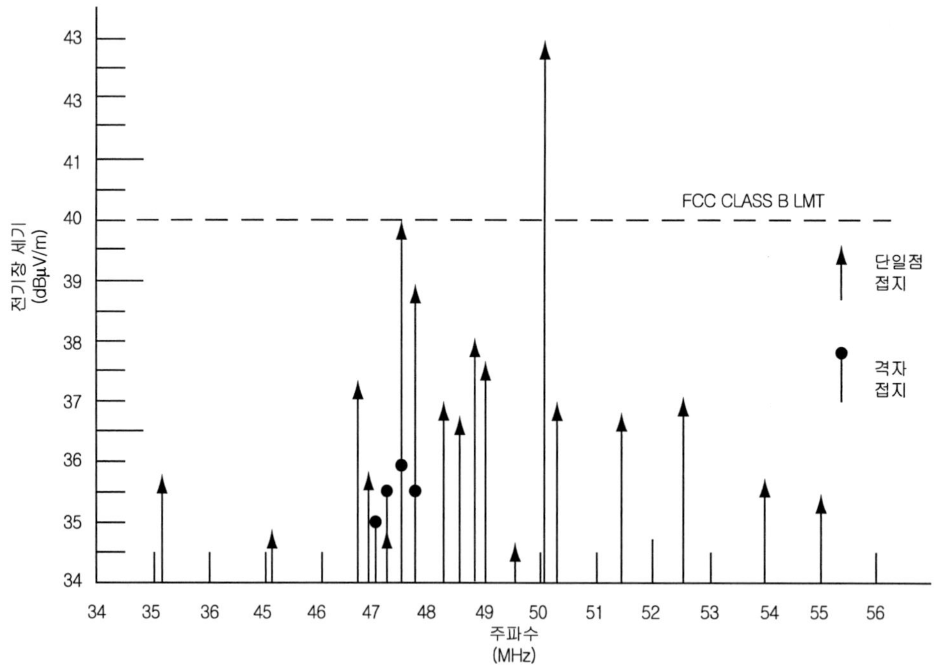

그림 4.14 PCB상의 복사성 방사 측정예

4.2.3 케이블의 디커플링과 차폐

케이블의 디커플링과 차폐는 디지털 논리잡음에 영향을 받지 않거나 잡음이 적도록 해야 한다. 만약 이러한 사항이 설계의 초기에 고려되지 않는다면 그 접지는 유용하지 않을 것이다. 공통모드 억제를 위한 디커플링 또는 차폐를 사용하기 위해 PCB는 이러한 방법으로 잡음이 적은 입출력 접지가 구성되어야 한다. 이것은 기판의 어느 한 부분에 모든 I/O리드선의 영역이 위치해야 하고, 이 영역에 단지 한 지점에서 디지털 논리접지와 연결되는 분리된 저임피던스 I/O접지 조건이 될 때 최상이다.

그림 4.15에서는 I/O접지에 미치는 악영향을 피하기 위해서 I/O리드 디커플링 커패시터와 외부 케이블 차폐와의 연결만을 허용한다. 대개 녹색 전력선 접지를 사용한 방법은 외부 접지로의 저임피던스 접속을 가져야 한다. I/O 접지는 그것의 인덕턴스를 최소화하기 위해 섀시접지에 다중 접속을 가져야 한다.

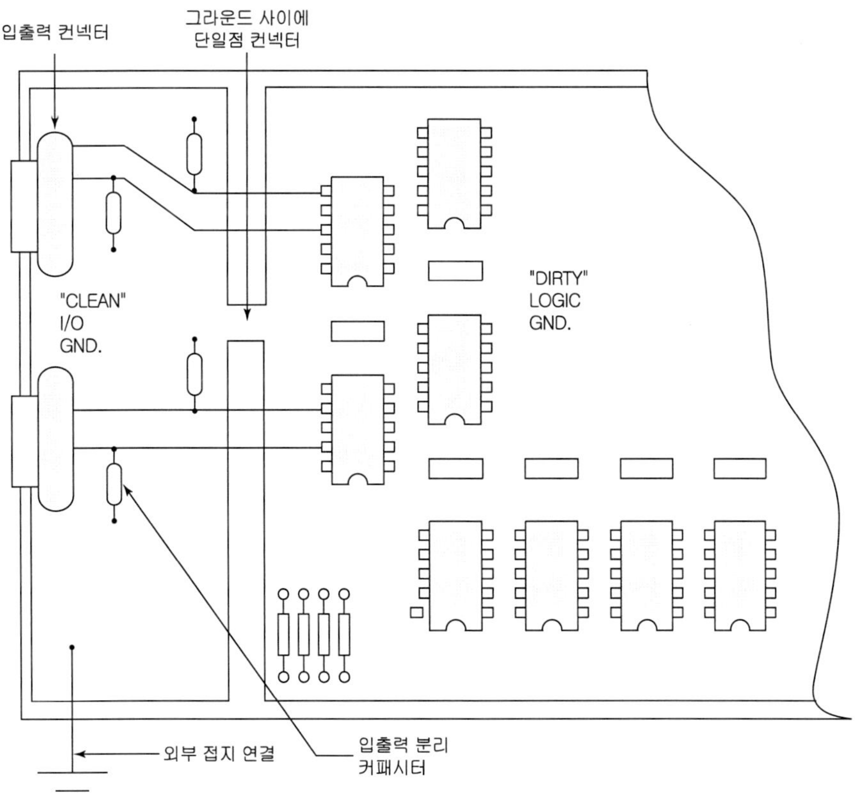

그림 4.15 PCB 기판상의 섀시접지 구현도

이러한 개념은 대부분의 시스템의 환경에서뿐만 아니라 심지어 큰 다중 보드 시스템에서도 적용된다. 시스템 어디에서나 가장 중요한 점은 잡음이 섞이지 않은 I/O접지를 가지게 하는 것이다. 모든 케이블은 그 시스템의 외부로 나가기 전에 이 접지와 커플링이 일어나서는 안 된다. 일단 잡음이 케이블로부터 제거되면 그들의 경로는 케이블로의 잡음 회귀현상을 피하기 위해서 주의 깊게 조절되어야 한다. 그러므로 I/O접지는 케이블이 시스템의 외부로 나갈 때의 지점에 있어야 한다.

케이블 디커플링 커패시터의 효율은 유도 회로의 공통모드 전원임피던스에 의존한다. 종종 케이블 디커플링 커패시터에 직렬저항이나 인덕터를 사용함으로써 더 나은 결과를 얻을 수 있다.

4.2.4 공통모드 쵸크

공통모드 쵸크는 EMC 대책방법 중 접지를 요구하지 않는 유일한 기술이며, 그것의 동작 특성에 의해 차동모드 전류에 영향을 미치지 않는다. 그래서 쵸크는 케이블로부터의 공통모드 방사를 제한하는 데 가장 많이 쓰인다. 공통 모드 쵸크의 효율은 전형적으로 20 *dB*보다 작게 제한된다. 왜냐하면 쵸크의 기생 커패시턴스의 bypass 효과 때문이다.

전형적인 공통모드 안테나처럼 작동하는 케이블은 몇 백 Ω의 공통 모드 임피던스를 가진다. 효율적이기 위해 공통모드 쵸크는 비교적 주목할 만큼의 더 큰 임피던스를 공급해야 한다. 그러므로 공통모드 쵸크는 100 ~ 1000 Ω 범위의 임피던스를 가져야 하며 이것보다 작은 임피던스를 가지는 쵸크는 거의 비효율적이다.

한 가지 기술에 의해 공통모드를 억제하는 것은 불가능 한 것은 아니지만 매우 어렵다. 반면, 둘 또는 셋의 다른 기술과의 결합으로 필요로 하는 억제효과를 보다 쉽게 얻을 수 있다. 비용을 고려할 때 케이블 디커플링 커패시터는 기계적 삽입 때문에 쵸크보다 보통 더 경제적이고, 공통모드 쵸크는 차폐된 케이블보다 가격이 더 저렴하다.

4.2.5 공통모드 전류의 측정

그림 4.16에서 보는 바와 같이 케이블 위의 공통모드 전류는 고주파에서 클램프 전류 프로브와 스펙트럼 분석기 또는 EMC 분석기로 측정할 수 있다. 공통모드 방사가 대부분의 제품에서의 주된 방사 메커니즘이므로 이러한 공통모드 전류에 의하여 최대

방사가 결정된다. 공통모드 전류는 식 (4.7)에 의해 결정된다. 식 (4.7)을 풀면, 식 (4.9)가 도출된다.

$$I = \frac{0.8Er}{fl} \tag{4.9}$$

여기서 I의 단위는 [μA]이고, E는 [μV/m], f는 [MHz], r과 l은 [m]이다.

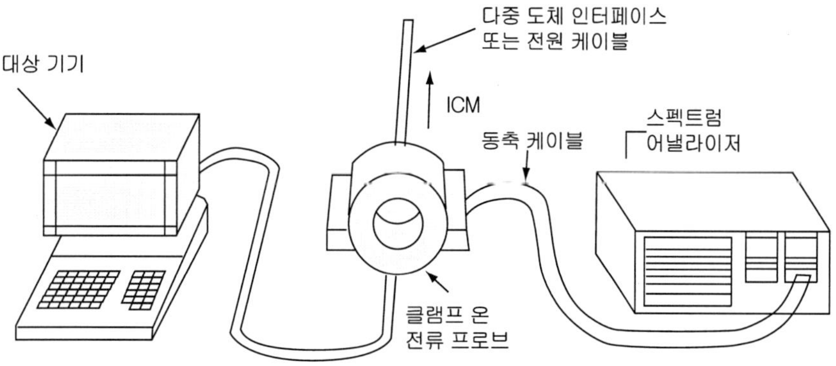

그림 4.16 케이블의 공통모드 전류 측정시스템

참고문헌

1. 김동일, 나정웅, 박동철, 전파공학, 청문각,2002.
2. 김기체, 김동일, 명노훈, 박동철, 이영훈, 전자파환경공학, 대영사, 2001
3. 한국기술연구소, EMC & 회로설계, 제1호, 1991.
4. 한국기술연구소, EMC & 회로설계, 제2호, 1994.
5. 민경찬, 보안용 회로기판의 EMC 대책 보고서, 2002.
6. 민경찬, 전자식 전력전산계 & 디지털 보호계전기 EMC 대책 보고서, 2002.
7. Milman & Halkias, Integrated Electronics, McGRAY-HILL, 1972.
8. Tim Williams 저, 이건용 역, 전자 방해의 원인과 대책, 기전연구사, 2006.
9. Henry W, Ott, Noise Reduction Techniques in Electronic Systems, 2nd ed., JOHN WILEY &SONS, 1988.
10. Reinaldo Perez, Handbook of Electromagnetic Compatibility, Academic Press, 1995.
11. Mimatsu Data System, 通信装置とEMC, MIMATSU, 1993.

12. Paul Chatterton, EMC Electromagnetic Theory Practical Design, Wiley, 1992.
13. Clayton R. Paul, Introduction to Electromagnetic Compatibility, JOHN WILEY & SONS, 1992.

노이즈 저감기법

Chapter 05

5.1 케이블링

모든 EMI 문제들은 장해의 원인이 되는 장해원, 장해를 받는 시스템, 그리고 결합 경로로 구성된다. 이러한 시스템들에는 케이블, PCB, 전류 루프 같은 것들이 포함된다. 다중 케이블로 이루어진 전송선 설비 내에서 한 케이블과 다른 케이블 사이의 에너지 전달은 그들이 서로 가까이 위치하여 자기장 결합을 이루기 때문이다. 자기장 결합은 한 전선에 흐르는 전류에 의해 발생하는 자속이 다른 전선과 그 전선의 전류 귀환 경로가 형성하는 루프를 통과하는 자속 결합으로 발생하며, 이러한 결합을 유도성 결합이라 한다. 전선 사이의 에너지 전달은 케이블 설비 내에서 전선간의 용량성 리액턴스로 인한 전기적인 결합으로 발생한다.

하나의 전송선으로부터 다른 전송선으로의 상호 전자기 결합, 또는 전자기적 에너지의 전달로 인하여 발생하는, 요구하지 않는 신호의 방해 현상을 누화(crosstalk)라 한다. 서로 근접한 도체와 케이블 간의 누화는 상호 커패시턴스를 통한 전기장 결합과 상호 인덕턴스를 통한 자기장 결합으로 나눌 수 있다. 누화 현상은 근역장 결합 문제(near-field coupling problem)로 안테나 결합 현상과는 구별된다. 케이블이나 PCB, 전류 루프와 같은 것들에 의한 복사 방출은 시스템 내에서 EMI 문제를 일으킬 뿐만 아니라 다른 시스템에도 EMI 문제를 야기한다.

케이블은 시스템의 큰 부분을 차지하고 있어 노이즈를 픽업하거나 방사하는 효율적인 안테나로 작용하므로 중요하다. 이 장은 전자기장과 케이블, 그리고 차폐된 케이블과 그렇지 않은 케이블 둘 다 고려하여 케이블과 케이블 사이에서 일어나는 결합 메커니즘(혼선)을 다룬다. 여기서 우리는 다음과 같이 가정한다.

① 실드는 비자성 물질로 만들어지고 해당 주파수에 대한 표피두께보다 훨씬 얇다.
② 수신기가 소스에 너무 가까이 결합되지 않고 소스 아래에 달려야 한다.
③ 수신기 회로 내의 유도전류는 본래의 전자기장이 찌그러지지 않을 정도로 충분히 작다. 이것은 수신 회로 주위를 차폐하는 것은 적용하지 않는다는 것을 의미한다.
④ 케이블은 파장에 비해 짧다.

케이블이 파장에 비해 짧다고 가정했으므로, 회로간의 결합은 도체간의 집중형 커패시턴스와 인덕턴스로 표현할 수 있다. 그러므로 이 회로는 일반적인 회로 이론으로 해석할 수 있다.

결합은 다음의 세 가지 형태로 나타난다.

① 회로간 전기장의 상호작용으로 인한 용량성 또는 전기적 결합

이 결합 형태는 보통 논문 등에서 정전결합과 동일시하나 전자기장이 정적이 아니므로 명백히 잘못된 견해이다.

② 두 회로간 자기장 사이의 상호작용으로 인한 유도성 또는 자기적 결합

이 결합 형태는 보통 전자기로 일컬어지나 전기장을 포함하지 않으므로 이 또한 잘못된 용어이다.

③ 전기장과 자기장의 결합이고 보통 전자기적 결합 또는 방사

전기적 결합에 대처하기 위하여 개발된 기술은 전자기 결합의 경우에도 사용된다. 근역장에서의 해석에서 보통 전기장과 자기장을 분리하여 생각하는 데 반해 원역장일 때에는 전자기장도 고려된다. 간섭을 일으키는 회로를 source라 부르고, 간섭에 의해 영향을 받는 회로를 수신기(receptor)라 부른다.

5.1.1 용량성 결합과 누화

전류 루프는 언제나 거기서 발생하는 전자기장과 연관되어 있다. 먼저 이러한 필드 성분 중에서 전기적 성분만을 살펴보도록 한다. 전류 루프가 전기장에 의해서만 결합이 되어 있을 때를 용량성 누화 또는 용량성 결합이라고 한다. 두 도체간 용량성 결합

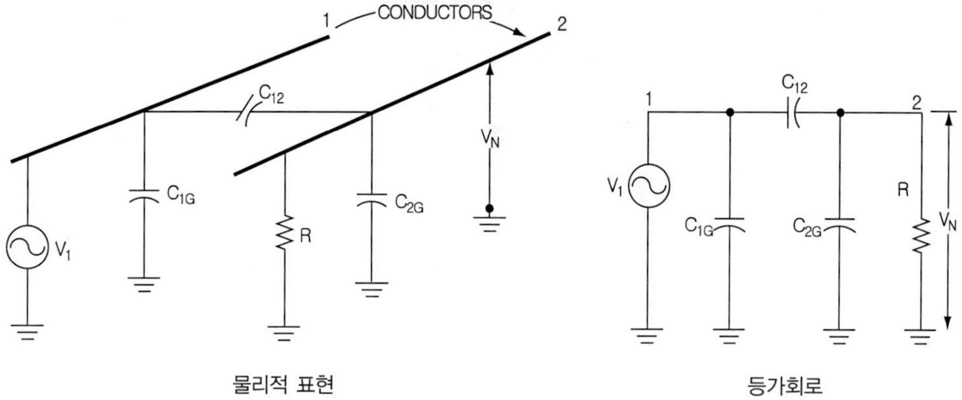

그림 5.1 두 도체간 용량성 결합

을 간단하게 그림 5.1에 나타내었다. 커패시턴스 C_{12}는 도체 1과 도체 2 사이의 기생 커패시턴스이다. 커패시턴스 C_{1G}는 도체 1과 접지 사이의 커패시턴스, C_{2G}는 도체 2와 접지 사이의 전체 커패시턴스이고 R은 접지로의 회로2의 저항이다. 저항 R은 도체 2에 연결되어 있는 회로로부터 생기고 기생소자는 아니다. 커패시턴스 C_{2G}는 접지로의 도체 2의 기생 커패시턴스와 도체 2로 연결된 어떤 회로소자의 효과 두 개로 구성되어 있다.

그림 5.1에 결합의 등가회로를 나타내었다. 장해원인 도체 1과 영향을 받은 회로 또는 receptor인 도체 2상의 전압 V_N을 생각해 보자. 그림 5.1의 C_{1G}과 같이 소스를 지나 직접적으로 연결된 어떤 커패시턴스도 노이즈 결합 상에 아무런 효과가 없으므로 무시될 수 있다. 도체 2와 접지 사이에 생성되는 노이즈 전압 V_N은 다음과 같이 표현된다.

$$V_N = \frac{jw[C_{12}/(C_{12}+C_{2G})]}{jw + 1/R(C_{12}+C_{2G})} V_1 \tag{5.1}$$

식 (5.1)은 어떻게 픽업 전압이 여러 파라미터들에 의존하는지를 명확하게 보여주지 못한다. 식 (5.1)은 부유 커패시턴스 C_{12}와 C_{2G}를 합한 임피던스보다 R이 더 작은 임피던스를 가질 경우에 대해 간략화 되어 있다. 실제로 대부분의 경우 이것은 사실일 것이다. 즉,

$$R \ll \frac{1}{j\omega(C_{12}+C_{2G})},$$

이므로 식 (5.1)은 다음과 같이 간단히 나타낼 수 있다.

$$V_N = j\omega R C_{12} V_1 \tag{5.2}$$

전기장(커패시티브) 결합은 수신기 회로와 접지 간에 $j\omega C_{12}V_1$의 크기를 가지고 연결된 전류발전기로써 만들어질 수 있다.

식 (5.2)는 두 도체 사이의 용량성 결합을 설명하는 가장 중요한 식이고, 어떻게 픽업전압이 파라미터들에 의존하는지를 명확하게 보여준다. 식 (5.2)는 노이즈 전압은 노이즈 소스 주파수($\omega = 2\pi f$), 접지에 영향을 받는 회로의 저항 R, 도체 1과 도체 2 사이의 커패시턴스 C_{12}, 그리고 전압 V_1의 진폭에 직접적으로 비례함을 보여준다.

노이즈 소스 주파수와 전압이 변하지 않는다고 가정함으로써 용량성 결합을 감소시키는 두 파라미터만 남긴다. 수신회로는 낮은 저항 레벨이거나 커패시턴스 C_{12}가 감소될 때 동작될 수 있다. 커패시턴스 C_{12}는 도체들의 적절한 조절에 의해, 또는 차폐에 의해, 또는 물리적으로 분리되는 도체들에 의해 줄여질 수 있다. 만약 도체들이 보다 멀리 떨어진다면 C_{12}는 감소하므로 도체 2상의 유도 전압이 감소된다. 커패시티브 결합상의 도체 간격의 효과를 그림 5.2에 나타내었다. 자료에 의하면, 0 dB는 도체들이 도체지름 3배로 분리되어 있을 때의 결합이다. 그림 5.2에서 보이듯이, 도체간의 간격이 지름보다 40배 이상 떨어져 있으면 부가적인 잡음은 발생하지 않는다(22 gauge wire의 경우).

만약 도체 2로부터 접지로의 저항이 크다면,

$$R \gg \frac{1}{j\omega(C_{12}+C_{2G})}$$

이므로 식 (5.1)은 다음과 같이 간단히 나타낼 수 있다.

$$V_N = \left(\frac{C_{12}}{C_{12}+C_{2G}}\right) V_1 \tag{5.3}$$

이러한 조건 아래 도체 2와 접지 간에 발생되는 노이즈 전압은 전압 분배 커패시턴스 C_{12}와 C_{2G}에 기인한다. 노이즈 전압은 주파수에 의존하지 않고 R이 작을 때 보다 큰 진폭을 갖는다.

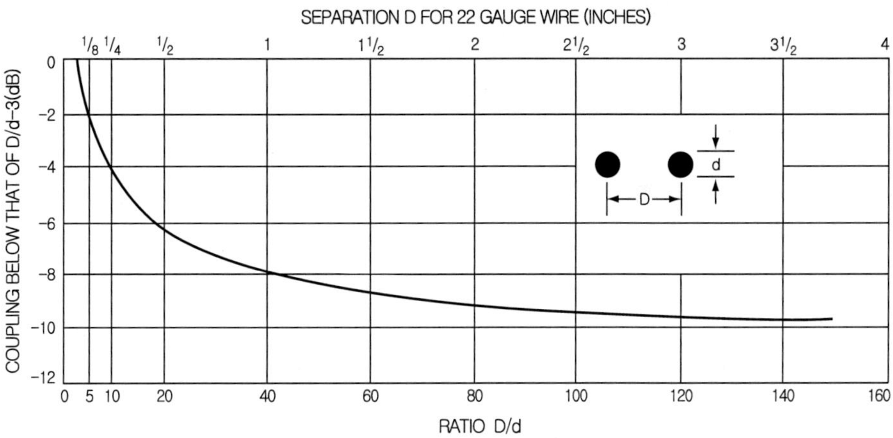

그림 5.2 용량성 결합에서 도체 간격의 효과(22 gauge wire인 경우에 대부분의 감쇠는 첫 번째에서 발생)

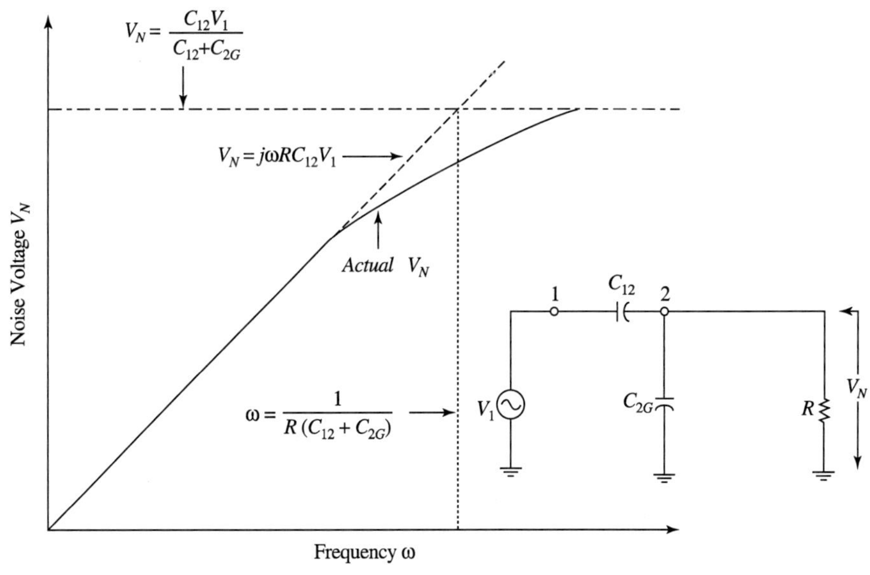

그림 5.3 용량성 결합으로 된 노이즈 주파수 응답

식 (5.2)에 대한 ω의 그래프를 그림 5.3에 나타내었다. 그림에서 보듯이 노이즈 결합의 최고치는 식 (5.3)에 의해 주어진다. 그림은 또한 실제 노이즈 전압이 식 (5.2)에서 주어지는 값보다 항상 작거나 같다는 것을 보여준다. 주파수가 식 (5.4)와 같을 때

$$\omega = \frac{1}{R(C_{12}+C_{2G})} \tag{5.4}$$

식 (5.2)는 실제 값보다 1.41배 큰 노이즈 값을 준다.

5.1.2 용량성 결합상의 차폐의 효과

첫 번째로 수신기 (도체 2)가 접지로 무한저항을 가지는 경우를 생각해 보자. 만약 실드가 도체 2 주위에 위치한다면 구성은 그림 5.4와 같이 된다. 도체간 용량결합의 등가회로도 포함된다. 실드에 의해 픽업된 전압은 다음과 같다.

$$V_S = \left(\frac{C_{1S}}{C_{1S}+C_{SG}}\right)V_1 \tag{5.5}$$

C_{2S}를 통해 전류가 흐르지 않으므로 도체 2에 의한 픽업 전압은 다음과 같다.

$$V_N = V_S \tag{5.6}$$

만약 실드가 접지된다면 도체 2 상의 전압 $V_S = 0$와 노이즈 전압 V_N 또한 0으로 줄일 수 있다. 이 경우, 중심도체가 실드를 넘어서 펼쳐지지 않는 한 이상적 상태이나 일반적이지는 않다.

실제로 중심도체는 보통 실드 이상으로 펼쳐지고 상태는 그림 5.4처럼 된다. C_{12}는 도체 1과 실드 도체 2 사이의 커패시턴스이고, C_{2G}는 도체 2와 접지 사이의 커패시턴

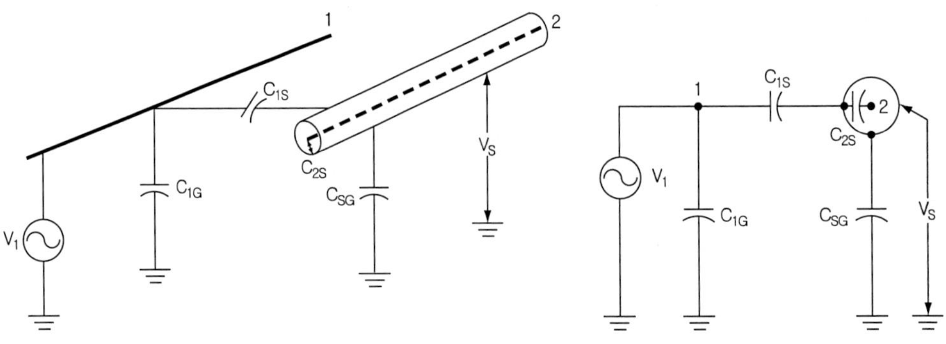

그림 5.4 수신도체 주위에 놓여진 실드를 가진 용량성 결합

스이다. 이 두 커패시턴스는 도체 2의 끝이 차폐를 넘어서기 때문에 존재한다. 비록실드가 접지되었다 하더라도 노이즈 전압은 도체 2로 결합된다. 이것의 진폭은 다음과 같이 표현될 수 있다.

$$V_N = \frac{C_{12}}{C_{12}+C_{2G}+C_{2S}} V_1 \tag{5.7}$$

그러므로 식 (5.7)에서 C_{12}의 값과 V_N은 실드 이상으로 펼쳐져 있는 도체 2의 길이에 의존한다.

따라서 전계 차폐(Shielding)를 좋게 하기 위해서는 (1) 실드 이상으로 펼쳐져 있는 중심도체의 길이를 최소화하고, (2) 실드에 좋은 접지를 제공하는 것이 필요하다. 단일 접지 연결은 좋은 차폐 접지를 만들고 파장에 1/20 이하의 케이블을 제공한다. 너 긴 케이블 상에서는 다중 접지가 필요할 것이다. 그림 5.5는 중심도체를 차폐 이상으로 확장했을 때의 용량성 결합을, 그림 5.6은 수신 도체가 접지에 저항 성분을 가질 때의 용량성 결합을 각각 나타낸다.

만약 실드가 접지된다면 등가회로는 그림에서 보이는 것처럼 긴략회 될 것이다. 소스를 직접적으로 지나는 어떤 커패시턴스도 노이즈 결합 상에 아무런 영향을 주지 못하므로 무시될 수 있다. 간략화된 등가회로는 그림 5.1과 같은 회로로 해석된 것처럼 간주할 수 있고, 주어진 C_{2G}는 C_{2G}와 C_{2S}의 합에 의해 대체될 수 있다.

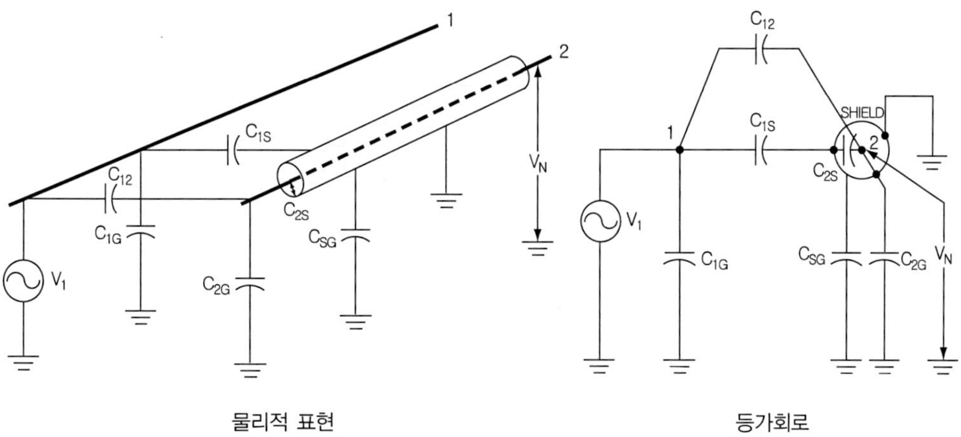

그림 5.5 중심 도체를 차폐 이상으로 확장했을 때 용량성 결합(차폐는 한 점을 접지)

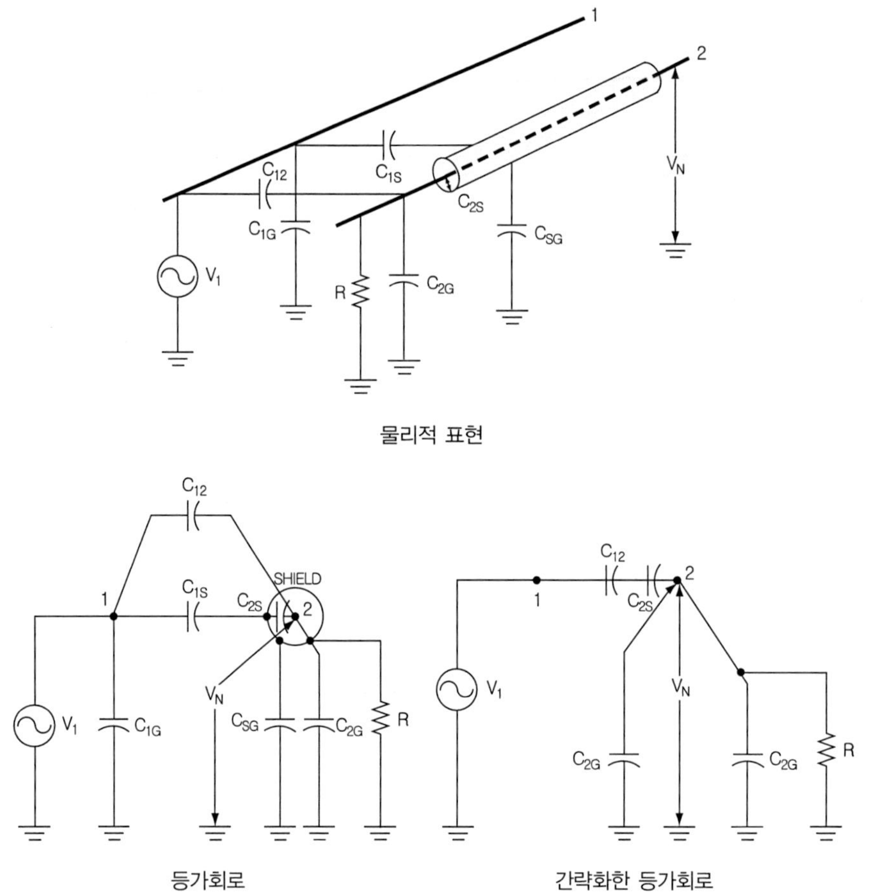

그림 5.6 수신 도체가 접지에 저항 성분을 가질 때의 용량성 결합

그러므로 만약

$$R \ll \frac{1}{j\omega(C_{12}+C_{2G}+C_{2s})}$$

이라면, 이것은 일반적으로 사실이므로 도체 2에 결합된 노이즈 전압은 다음과 같다.

$$V_N = j\omega R C_{12} V_1 \tag{5.8}$$

이것은 C_{12}가 차폐로 인해 크게 감소되는 것을 제외하면 실드 되지 않은 케이블의 식 (5.2)와 같다. 커패시턴스 C_{12}는 이제 도체 1과 도체 2의 실드 되지 않은 부분 간의 축된 커패시턴스를 구성한다.

만약 실드가 꼬였다면 도체 1로부터 도체 2까지 실드의 구멍을 통해 존재하는 어떤 커패시턴스도 또한 C_{12}에 포함될 것이다.

5.1.3 유도성 결합

폐회로에 전류 I가 흐를 때, 전류에 비례하여 자속 ϕ가 생긴다 . 비례상수를 인덕턴스 L이라 하고 다음과 같이 쓸 수 있다.

$$\phi = LI \tag{5.9}$$

인덕턴스 값은 회로의 구조와 전자기장을 포함하고 있는 매질의 자기적 성질에 의존한다. 한 회로에 전류가 흘러 두 번째 회로에 자속이 생길 때, 회로 1과 2간의 상호 인덕턴스를 M_{12}라 정의하면,

$$M_{12} = \frac{\phi_{12}}{I_1} \tag{5.10}$$

기호 ϕ_{12}는 회로 1의 전류 I_1에 의해 발생하는 회로 2의 자속을 표시한다.

자속밀도 $\overline{B}$의 자계에 의해 영역 $\overline{A}$의 폐루프에 유도되는 전압 V_N은 페러데이 법칙으로부터 다음과 같이 유도될 수 있다.

$$V_N = -\frac{d}{dt}\int_A \overline{B} \cdot d\overline{A} \tag{5.11}$$

여기서 $\overline{B}$와 $\overline{A}$는 벡터이다. 만약 폐루프가 고정되어 있고 자속밀도가 유동적으로 시간에 따라 변할지라도 루프 영역 밖에서 일정하다면, 식 (5.11)은 다음과 같이 간략히 표현된다.

$$V_N = j\omega BA\cos\theta \tag{5.12}$$

식 (5.12)은 MKS 단위를 사용할 때 옳다. 자속 B는 $[W/m^2]$(또는 *tesla*)이고, 면적 A는 $[m^2]$이다. B가 가우스(Gauss), A가 제곱센티미터(CGS단위계)일 때, 식 (5.12)의 올바른 식은 10^{-8}이 곱해져야 한다.

그림 5.7에서 보이듯이 A는 폐루프의 면적, B는 각 주파수 ω[rad/s]의 자속밀도가 정현적으로 변하는 실효치이고 V_N은 유도전압의 실효 값이다.

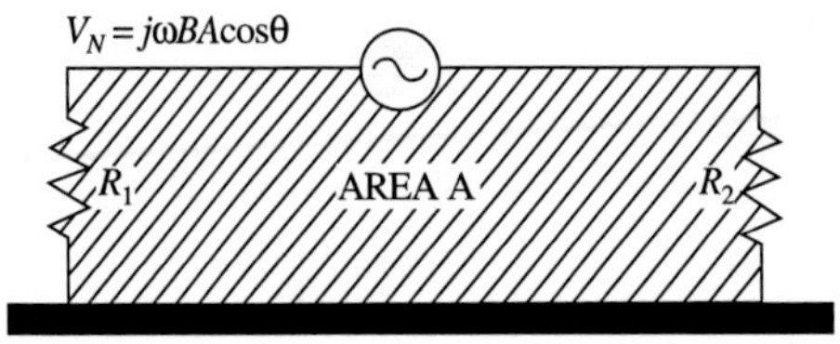

그림 5.7 분산 회로에 의해서 유도된 잡음

$BAcos\theta$가 수신회로에 결합된 전체 자속밀도(ϕ_{12})로 표현되기 때문에 아래와 같이, 식 (5.11)과 식 (5.12)는 두 회로간 상호 인덕턴스 M의 항으로 유도전압 표현을 위해 결합될 수 있다.

$$V_N = j\omega MI_1 = M\frac{di_1}{dt} \tag{5.13}$$

식 (5.12)와 (5.13)은 두 회로간 유도성 결합을 설명하는 기본 식이다. 그림 5.8은 식 (5.13)에 의해 설명되는 두 회로간 유도성(magnetic) 결합을 보여준다. I_1은 간섭회로의 전류이고, M은 두 회로간 매질의 자기적 성질과 기하학적 구조를 설명하는 항이다. 식 (5.12)와 (5.13)에서 ω의 존재는 결합이 주파수에 직접적으로 비례한다는 것을 나타낸다. 노이즈 전압을 줄이려면 B, A, $\cos\theta$가 감소해야 한다. B항은 트위스트 페어에 전류 흐름을 제공할 때와 접지면을 통해서 전류흐름을 제공하지 않을 때에는 회로의 물리적 분리 또는 소스 와이어를 비틀어줌으로써 줄일 수 있다. 이런 조건의 필요성은 뒷장에서 다룰 것이다. 이러한 조건 아래 트위스트하는 것은 각 와이어로부터 자기장(field)을 상쇄시킬 수 있다. 수신 회로의 면적은 접지면 가까이에 도체를 놓거나(만약 반사전류가 접지평면을 통한다면) 두 도체들을 함께 꼬아 사용하는 것에 의해(만약 반사전류가 접지평면을 대신해 페어 중 한 선에 흐른다면) 줄일 수 있다. $\cos\theta$항은 소스와 수신회로의 적절한 조작으로써 줄일 수 있다.

자계와 전계 결합 사이에 몇 가지 다른 점을 주의하는 것은 도움이 될 것이다. 자계 결합의 경우 노이즈 전압이 수신 도체와 함께 직렬로 만들어지는 데 반해, 전계 결합의 경우에는 노이즈 전류가 수신 도체와 접지간에 만들어진다. 이 차이점은 전계 결합과 자계 결합 간의 구별을 위한 다음 실험에 사용될 수 있다. 케이블의 반대편 끝에서 임피던스가 줄어드는 동안 케이블의 한쪽 끝에서 임피던스를 통해 흐르는 노이즈 전압을 측정하자. 만약 측정된 노이즈 전압이 감소한다면 픽업은 전계 결합이고, 측정된 노이즈 전압이 증가한다면 픽업은 자계 결합이다. 그림 5.8은 두 회로 사이의 자기적 결합을 나타내며, 그림 5.9는 전자계 결합을 등가회로와 함께 나타낸다.

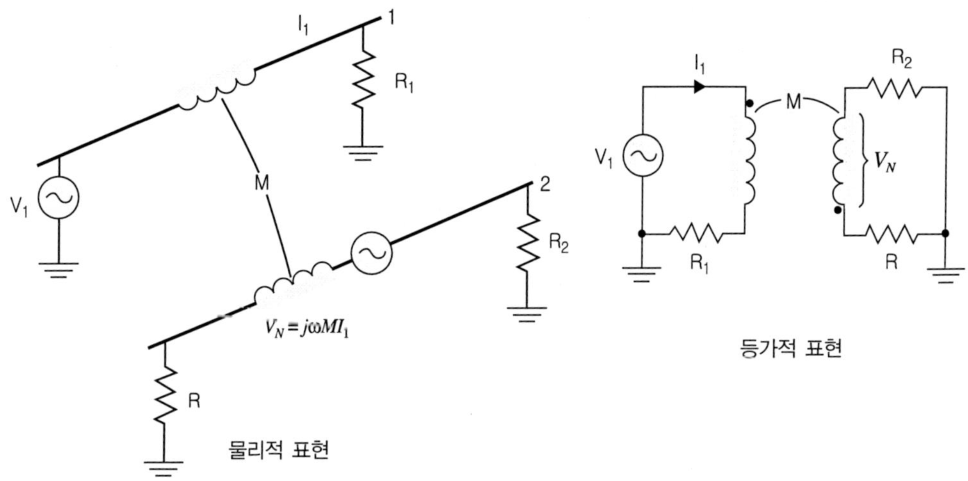

그림 5.8 두 회로 사이의 자기적 결합

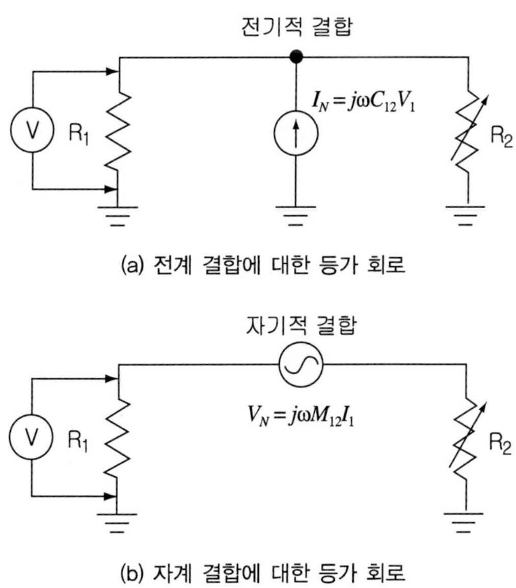

그림 5.9 전자계 결합

5.1.4 상호 인덕턴스 계산

식 (5.13)을 구하려면 소스와 수신 회로 간 상호 인덕턴스를 알아야만 한다. 대부분의 책들은 실제적인 회로의 기하학적 구조에 대해 상호 인덕턴스 계산에는 별로 신경을 쓰지 않고 있다. 그러나, Grover(1973)는 그 문제를 넓게 다루는 것을 제시하였고 Ruehli(1972)는 부분적 상호 인덕턴스 유용한 개념을 개발하였다. 이런 부분적 상호 인덕턴스 개념은 Paul에 의해 더욱 더 발전하였다. 상호 인덕턴스를 계산하기 전에 전류 도통 도체(current-carrying conductor)로부터 거리의 함수로써 자속밀도의 크기를 나타낼 필요가 있다. 비오-사바르 법칙을 사용하여 긴 도체 캐리 전류로부터의 거리 r에서 자속밀도 B를 쓰면

$$B = \frac{\mu I}{2\pi r} \tag{5.14}$$

r은 도체의 반지름보다 크다. 그러므로 전자장은 전류 I에 직접적으로 비례하고 거리 r에 반비례한다. 식 (5.14)와 (5.10)을 사용하여 각 도체 캐리 전류로부터 픽업 루프로 결합된 자속을 계산한 다음, 전체 자속 결합을 포함하는 모든 결합을 중첩시킴으로써 도체들의 어떤 임의의 배치에 대해서도 상호 인덕턴스를 결정할 수 있다.

그림 5.10(a)의 두 개의 동일 평면상의 루프 간의 상호 인덕턴스를 계산하라. 루프의 측면은 끝보다 훨씬 길다고 가정한다. (즉, 도체 끝에 의해 제공되는 결합은 무시될 수 있다.) 도체 1과 도체 2는 도체 3과 도체 4에 의해 루프 모양으로 전압 V_N을 유도시켜 전류 I_1을 운반한다. 그림 5.10(b)는 두 도체 간격의 횡단면을 보여준다. 도체 3과 도체 4간 루프를 가로질러 도체 1상의 전류에 의해 형성된 자속은

$$\theta_{12} = \int_a^b \frac{\mu I_1}{2\pi r} dr = \frac{\mu I_1}{2\pi} \ln\left(\frac{b}{a}\right) \tag{5.15}$$

도체 2 또한 도체들의 대칭에 의해 같은 자속을 만든다. 이 자속은 도체 1상의 전류에 의해 형성된 자속과 같은 방향이다. 그러므로 도체 3과 4에 의해 형성된 루프에서 결합된 전체 자속은 식 (5.15)에 의해 주어지는 것의 두 배이거나, 또는

$$\theta_{12} = \left[\frac{\mu}{\pi} \ln\left(\frac{b}{a}\right)\right] I_1 \tag{5.16}$$

이다.

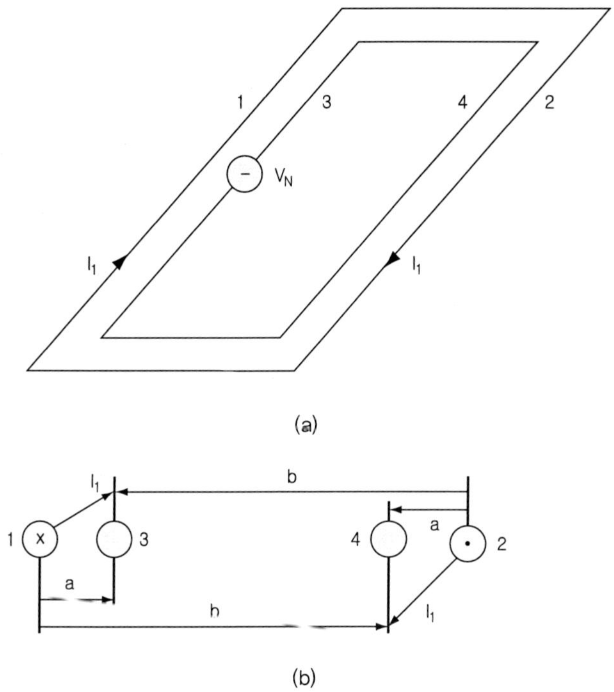

그림 5.10 (a) 포개어 넣은 동일 평면상의 루프, (b) (a)를 횡단면에서 보았을 때의 모습

전류 I_1에 의해 식 (5.16)이 나누어지고 μ를 $4\pi\times10^{-7}$ $[H/m]$로 쓰면, 상호 인덕턴스를 아래와 같이 얻게 된다.

$$M= 4\times10^{-7}\ln\left(\frac{b}{a}\right) \tag{5.17}$$

두 루프간에 결합된 전압은 식 (5.13)에 식 (5.17)을 대입함으로써 계산될 수 있다.

5.1.5 자기적 결합상의 차폐의 효과

만약 접지되지 않고 비자기적인 실드가 도체 2 주위에 위치한다면, 회로는 그림 5.11이 된다. 여기서 M_{1S}는 도체 1과 실드 사이의 상호 인덕턴스이다. 실드는 회로 1과 2 사이의 매개물의 구조적 또는 자기적 특성에 영향이 없으므로 도체 2의 유도전압에도 영향이 없다. 그러나 실드는 도체 1 내의 전류에 의한 전압을 픽업한다.

$$V_S= j\omega M_{1S}I_1 \tag{5.18}$$

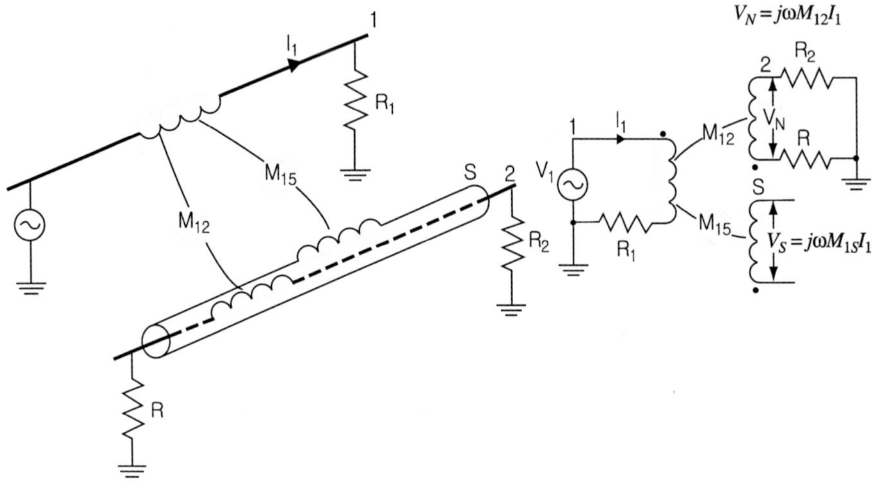

그림 5.11 차폐가 수신 도체 주위에 놓일 때의 자기적 결합

실드의 한쪽 끝만 접지하면 상황은 변하지 않는다. 비자기적인 실드가 도체 주위에 위치하고 한쪽 끝만 접지하는 것은 그 도체의 자기적인 유도전압에 영향을 주지 못한다.

그러나 만약 실드가 양끝에 접지된다면 그림 5.11에서처럼 M_{1S}에 의해 실드 내에 유도되어진 전압이 실드 전류를 흐르게 할 것이다. 실드 전류는 도체 2 내에 두 번째 노이즈 전압으로 유도될 것이고 이것을 고려해야 된다. 이 전압이 계산되기 전에 실드와 중심도체 간 존재하는 결합이 결정되어야 한다.

이러한 이유 때문에 유도 결합의 논의가 계속되기 전에 속이 빈 도체 튜브(실드)와 튜브 속에 위치한 어떤 도체간의 자기결합을 계산하는 것이 필요하다. 이러한 개념은 자기적 차폐의 논의에 있어 기본이 된다.

5.1.6 실드와 내부도체 간의 자기적 결합

(1) 노이즈 전압과 실드 차단주파수

먼저 그림 5.12에서처럼 일정한 축의 전류를 운반하는 튜브모양의 도체에 의해 형성되는 자계를 생각해 보자. 만약 튜브 내의 구멍이 튜브의 바깥과 함께 동심원이라면 구멍 속에는 자계가 없으며 전체 자계는 튜브의 바깥이다.

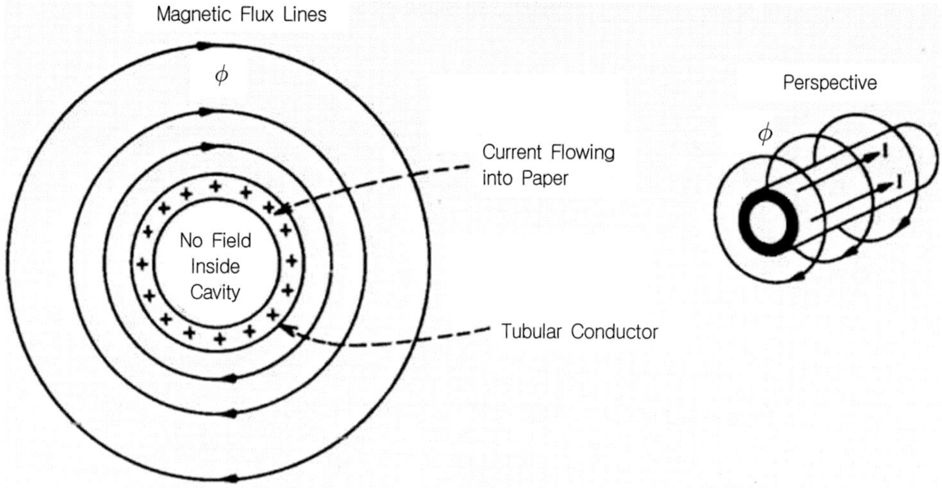

그림 5.12 관 모양의 도체에서 전류로 인해 형성된 제공되는 자계

이제 그림 5.13처럼 동축선로 형태로 튜브 내부에 도체를 놓으면, 실드 튜브 속의 전류 I_S에 의한 모든 자속 ϕ는 내부 도체를 둘러싼다. 실드의 인덕턴스는 다음과 같다.

$$L_S = \frac{\phi}{I_S} \tag{5.19}$$

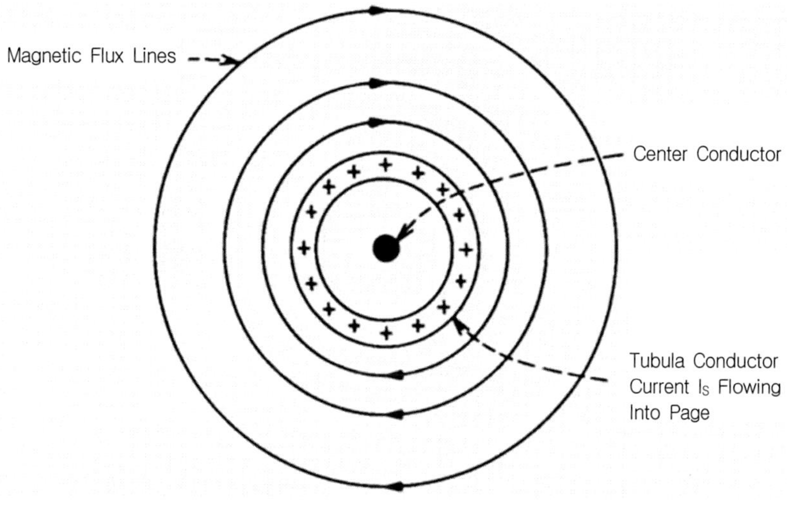

그림 5.13 실드 전류의 흐름이 있는 동축케이블

실드와 내부도체 간의 상호 인덕턴스는 다음과 같다.

$$M = \frac{\phi}{I_S} \tag{5.20}$$

실드 전류에 의해 만들어진 모든 자속이 중심도체를 둘러싸고 있으므로 식 (5.19)와 (5.20)의 자속 ϕ는 같다. 그러므로 실드와 중심도체 간 상호 인덕턴스는 실드의 자기 인덕턴스와 같다.

$$M = L_S \tag{5.21}$$

식 (5.21)은 매우 중요한 결과로 종종 주어지는 특별한 경우이다. 이것은 실드와 중심도체 간의 상호 인덕턴스는 실드 인덕턴스와 같다는 것을 보여주기 위해 유도되었다. 상호 인덕턴스의 상호 작용에 기초하므로 그 역도 물론 참이 되어야 한다. 그것은 중심도체와 실드 간 상호 인덕턴스는 실드 인덕턴스와 같다는 의미이다.

식 (5.21)의 타당성은 실드전류에 의한 튜브 공간에는 자계가 없다는 사실에 있다. 이것이 참이 되기 위해서는 튜브는 원통이고, 튜브 원주 주위의 전류밀도를 일정해야 한다. 식 (5.21)은 튜브 내 도체의 위치에 관계없이 적용된다. 바꾸어 말하면 두 도체들은 동축이 될 필요는 없다.

실드 전류 I_S에 의해 중심 도체 내에 유도된 전압 V_N은 이제 계산될 수 있다. 실드 전류는 어떤 다른 회로로부터 실드에 유도된 전압 V_S에 의해 만들어진다고 가정하자. 그림 5.14는 예상되는 회로를 보여준다.

L_S와 R_S는 실드의 인덕턴스와 저항이다. 전압 V_N은 다음과 같다.

$$V_N = j\omega M I_S \tag{5.22}$$

전류 I_S는 다음과 같다.

$$I_S = \frac{V_S}{L_S}\left(\frac{1}{j\omega + R_S/L_S}\right) \tag{5.23}$$

그러므로

$$V_N = \left(\frac{j\omega M V_S}{L_S}\right)\left(\frac{1}{j\omega + R_S/L_S}\right) \tag{5.24}$$

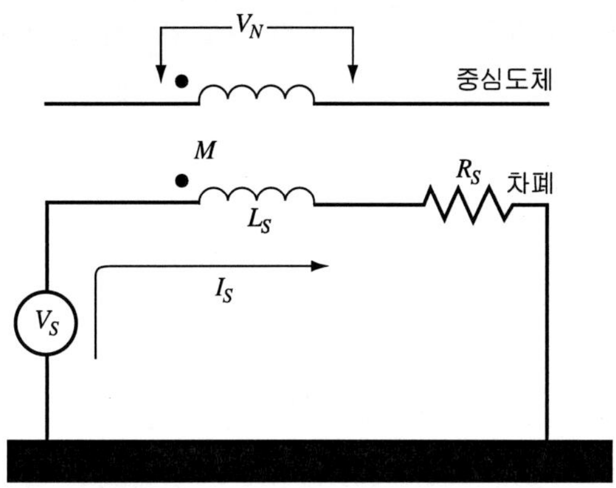

그림 5.14 차폐된 도체의 등가 회로

식 (5.21)로부터 $L_S = M$이므로

$$V_N = \left(\frac{j\omega}{j\omega + R_S / L_S} \right) V_S \tag{5.25}$$

식 (5.25)을 도식화하면 그림 5.15와 같이 된다.

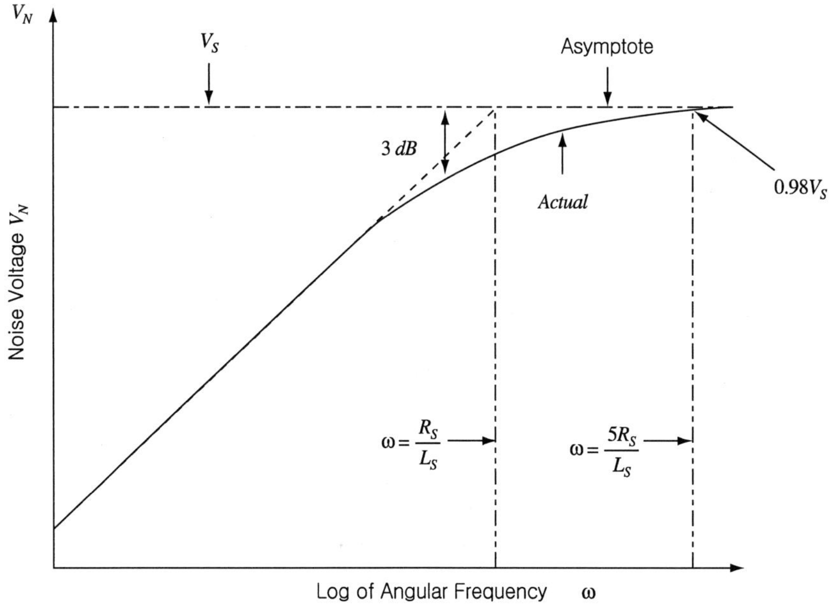

그림 5.15 차폐 전류로 인한 동축케이블의 중심도체에서의 노이즈 전압

이 곡선에 대한 항복주파수는 실드 차단주파수로 정의되며 다음과 같다.

$$\omega_c = \frac{R_S}{L_S} \quad \text{or} \quad f_c = \frac{R_S}{2\pi L_S} \tag{5.26}$$

중심도체 내에 유도된 노이즈 전압은 dc일 때 0이고 $5R_S/L_S\,[rad/s]$의 각 주파수일 때 거의 V_S로 증가한다. 그러므로 만약 실드 전류가 흐른다면 전압은 실드 차단주파수의 5배 보다 큰 주파수에서 거의 실드 전압과 같게 중심도체에 유도된다. 이것은 실드 내부도체의 아주 중요한 특성이다. 대부분 케이블에서 실드 차단 주파수의 5배는 오디오주파수 밴드의 끝에 가깝다. 알루미늄박 실드 케이블은 다른 것보다 더 높은 차단 주파수를 가진다. 이것은 얇은 알루미늄박 실드의 증가된 저항에 기인한다.

(2) 자기적 결합 – 실드 도체에 대한 오픈 와이어

그림 5.16은 비자기적인 실드가 도체 2 주위에 위치하고 실드가 양끝에 접지될 때 존재하는 자기결합을 보여준다. 이 그림에서 차폐된 도체를 단순하게 그리기 위해 도체 2와 분리되어 보인다. 실드가 양끝에 접지되어 있으므로 실드 전류가 흐르고 도체

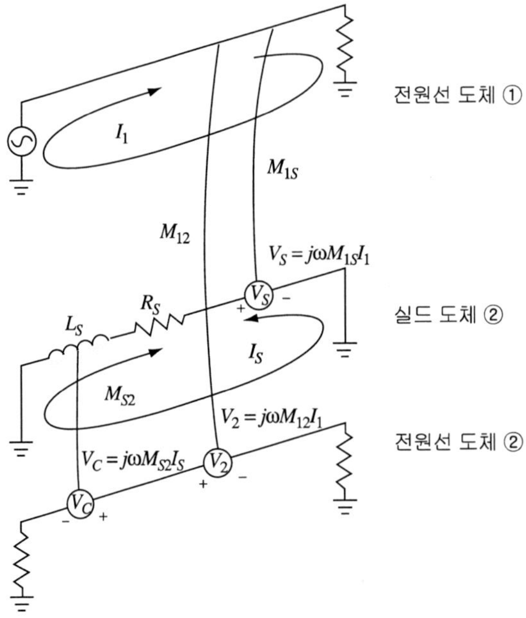

그림 5.16 양쪽 끝에 접지된 차폐를 가지는 차폐된 케이블에서의 자기결합

2 내에 전압이 유도된다. 그러므로 도체 내의 전압은 도체 1로부터 직접 유도에 의한 전압과 실드 전류 유도에 의한 전압 두 가지로 구성된다. 이들 두 전압은 반대 극성임에 주목하자. 따라서, 도체 2에 유도되는 전체 노이즈 전압은

$$V_N = V_2 - V_C \tag{5.27}$$

만약 식 (5.21)의 동일성을 사용하고 도체 1로부터 실드로의 상호 인덕턴스 M_{1S}가 도체 1로부터 도체 2로의 상호 인덕턴스 M_{12}와 같다는 것(실드와 도체 2는 도체 1에 대하여 공간에서 같은 곳에 위치하므로)을 사용하면, 식 (5.27)은 다음과 같이 된다.

$$V_N = j\omega M_{12} I_1 \left[\frac{R_S / L_S}{j\omega + R_S / L_S} \right] \tag{5.28}$$

만약 식 (5.28)에서 ω가 작다면 괄호 안의 항은 1과 같고, 노이즈 전압은 실드 되지 않은 케이블과 같다. 만약 ω가 크다면 식 (5.28)은 다음과 같이 간략화될 수 있다.

$$V_N = M_{12} I_1 \left(\frac{R_S}{L_S} \right) \tag{5.29}$$

그림 5.17은 식 (5.28)을 그래프로 나타낸 것이다. 저주파일 때 차폐된 케이블에서의 노이즈 픽업은 실드되지 않은 케이블과 같다. 그러나 실드 차단주파수 이상의 주파수

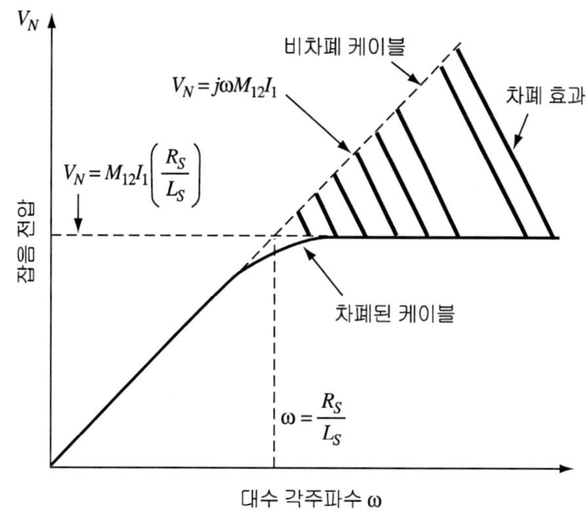

그림 5.17 주파수에 대해 차폐 되지 않은 케이블과 차폐된 케이블(양쪽 끝이 접지된 차폐)의 노이즈 전압이 결합된 자계

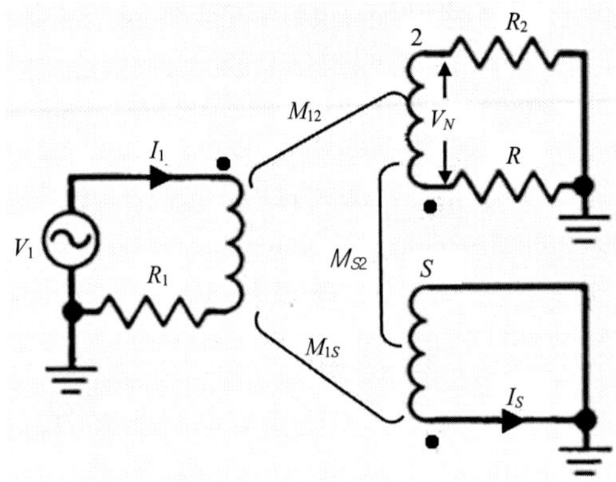

그림 5.18 차폐가 양쪽 끝이 접지되었을 때 차폐된 선로에서 자계 결합을 유추한 변압기 (M_{s2}는 M_{12} 또는 M_{1s}보다 매우 큼)

일 때 픽업전압은 증가를 멈추고 일정하게 된다. 그러므로 차폐의 효과(그림 5.17에서 나타낸 빗금 영역)는 실드되지 않은 케이블에서의 곡선과 차폐된 케이블의 곡선의 차와 같다.

그림 5.18은 그림 5.16의 구성에 대한 유사 등가회로 변성기를 보여준다. 그림에서 보듯이 실드는 변성기의 짧은 턴(권선)처럼 거동한다.

5.1.7 자기적 방사를 막기 위한 차폐

방사를 막으려면, 방사원을 차폐해야 한다. 그림 5.19는 자유공간에 있는 전류운반 도체를 둘러싸는 전기장과 자기장을 보여준다. 만약 한 점이 접지된 실드가 도체 주위

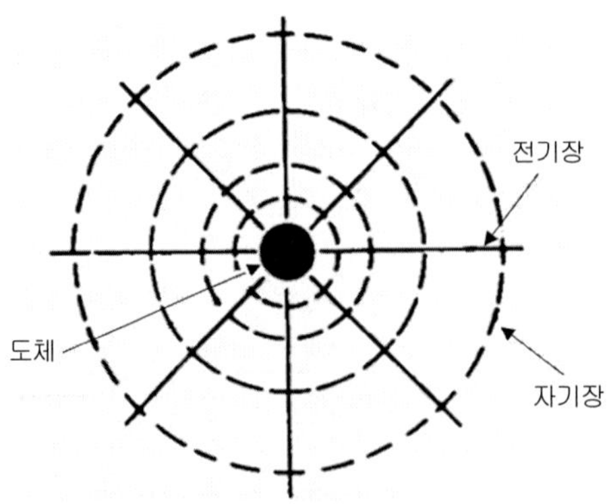

그림 5.19 전류가 흐르는 도체 주위의 전자기장

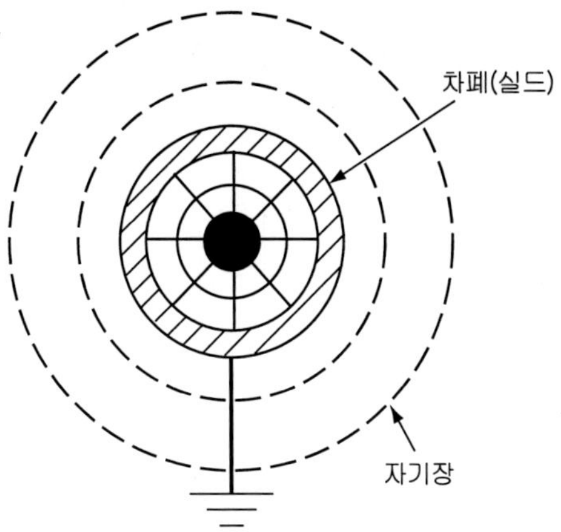

그림 5.20 차폐된 도체 주위의 장(차폐는 한 쪽이 접지됨)

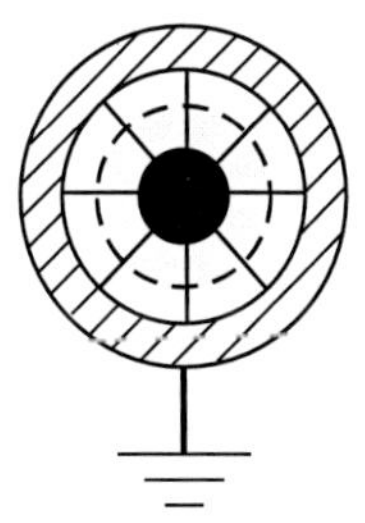

그림 5.21 차폐된 도체 주위의 장(차폐는 접지되었고, 흐르는 전류는 도체 전류와 같고 방향은 반대임)

에 있다면, 전기력선은 실드 상에 한정될 것이다. 그러나 자기장에는 매우 작은 영향을 미칠 것이다. 이를 그림 5.20에 나타내었다. 만약 실드 전류가 같고 중심도체에서 잔류가 실드에 흐르게 되는 전류와 반대라면, 전류는 같은 것을 발생시키고 자기장 바깥은 반대되는 것을 발생시킨다. 이 자기장은 실드 외부의 중심도체에 의해 야기된 자기장을 상쇄시킨다. 이 결과가 외부 실드로 자기장이 없는 것에 해당되는 경우를 그림 5.21에 나타내었다.

그림 5.22는 양끝이 접지되고 전류 I_1을 가진 회로를 보여준다. 회로로부터 자기장 복사를 막으려면 실드는 양쪽 끝이 접지되어야만 하고, 반사전류는 접지면(그림의 I_G)을 대신해 실드(그림의 I_S) A에서 B로 흘러야만 한다. 그러나 왜 제로임피던스 접지평면을 통하는 대신 실드를 통해 A점으로부터 B점으로 전류가 흘러야 하는가? 등가회

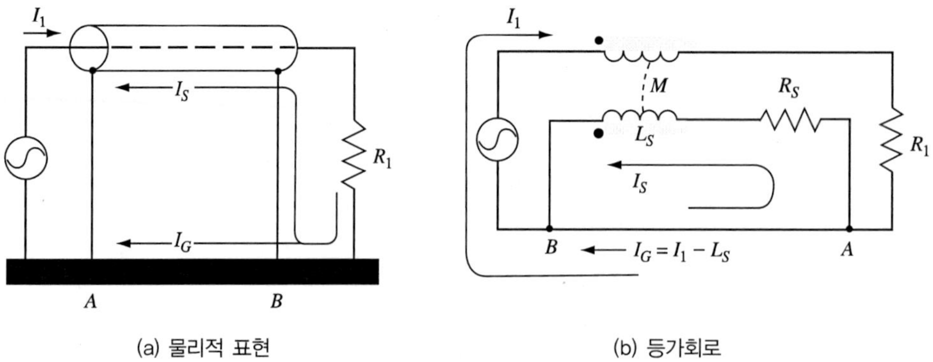

그림 5.22 실드와 접지면 간의 전류의 구분

로는 이 구성을 해석하는 데 사용될 수 있다. 접지 평면(*A-Rs-Ls-B-A*) 주위에 매쉬 방정식을 세우면, 실드 전류 I_S는 다음과 같이 결정될 수 있다.

$$0 = I_S(j\omega L_S + R_S) - I_1(j\omega M) \tag{5.30}$$

M은 실드와 중심 도체간 상호 인덕턴스이고 식 (5.21)에서 보았듯이 $M = L_S$이다. 이 정리를 이용하여 I_S에 대해 다시 쓰면,

$$I_S = I_1\left(\frac{j\omega}{j\omega + R_S/L_S}\right) = I_1\left(\frac{j\omega}{j\omega + \omega_c}\right) \tag{5.31}$$

식의 전개로부터 알 수 있듯이, 만약 주파수가 실드 차단 주파수 ω_C 이상 커지면, 차폐와 중심도체 간 상호 인덕턴스 때문에 차폐 전류는 중심도체 전류에 가깝게 된다. 동축 케이블은 공통모드 쵸크(common-mode choke)처럼 동작하고 실드는 높은 주파수일 때 접지평면보다 낮은 전체 회로 인덕턴스를 가진 귀환 경로를 제공한다. 주파수가 $5\omega_C$ 이하에서 감소될 때 케이블은 전류가 접지면을 경유하여 되돌아오는 것보다 점점 더 적은 자기장 차폐를 제공한다.

양끝이 접지된 도체로부터 전자장의 복사를 막으려면 도체는 실드 되어야 하고, 실드 양끝은 접지되어야 한다. 이것은 실드 차단 주파수 이상의 상당히 큰 주파수에서 좋은 자기장 실드를 제공한다.

이 방사되는 자장의 감쇠는 실드 같은 것의 자기적 차폐 특성 때문이라기보다는 실드 상의 반사 전류가 도체의 장을 상쇄시키는 자기장을 발생하기 때문이다.

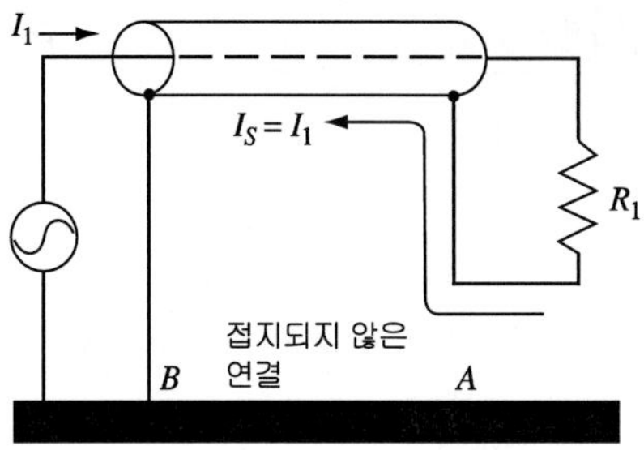

그림 5.23 가장자리에 접지되어 있지 않은 실드(모든 귀환전류는 차폐를 통해 흐름)

만약 그림 5.23과 같이 접지가 회로의 한쪽 끝에서 제거된다면 반사 전류가 실드 상에 모두 흘러야 하므로 그 끝에서 접지되지 않아야 한다. 이것은 특히 실드 차단 주파수보다 주파수가 작을 때 성립한다. 이 경우에서 실드 양끝을 접지 하는 것은 어떤 전류가 접지평면을 경유하여 되돌아오므로 실딩을 감소시킨다.

5.1.8 자기장에 대한 수신기 차폐

수신기에서 자기장을 막는 최선의 방법은 수신기 루프의 면적을 줄이는 것이다. 동작 영역은 수신기 회로에서 전류의 흐름에 의해 에워싸인 전체 면적이다. 중요하게 고려할 사항은 소스로 되돌아오는 전류에 의해 경로를 빼앗기는 것이다. 종종 설계자가 의도하지 않은 다른 경로로 전류가 되돌아가 루프의 면적이 바뀌기도 한다. 만약 도체 주위에 놓여진 비자기적 실드가 더 작은 면적의 경로를 통해 전류를 되돌린다면, 자기장에 대한 어떤 보호는 실드에 의해 공급되어질 것이다.

그림 5.24는 회로의 루프 영역 상에 실드의 효과에 대해 설명한다. 그림 5.24(a)에서 소스 V_S는 접지 귀환 경로를 이용하여 단일 도체에 의한 부하 R_L에 연결되어 있다. 전류에 의해 에워싸인 면적은 도체와 접지평면 간의 직사각형이다. 그림 5.24(b)에서 실드는 도체 주위에 위치하고 양끝에 접지된다. 만약 전류가 접지 평면보다 실드를 통해 되돌아온다면 루프의 면적은 감소되고 자기적 보호도 제공된다.

만약 주파수가 앞에서와 같이 실드 차단 주파수의 5배 이상이면 전류는 실드를 통해 되돌아온다. 실드가 도체 주위에 위치하고 그림 5.24(c)처럼 오직 한쪽 끝만 접지되면 루프 면적은 줄어들지 않으므로 자기적보호가 되지 않는다.

그림 5.24(b)의 배열은 실드 차단주파수 이하의 주파수일 때 전류의 대부분이 차폐를 통하지 않고 접지 평면을 통해 되돌아오므로 자기장에 대해 보호되지 않는다. 저주

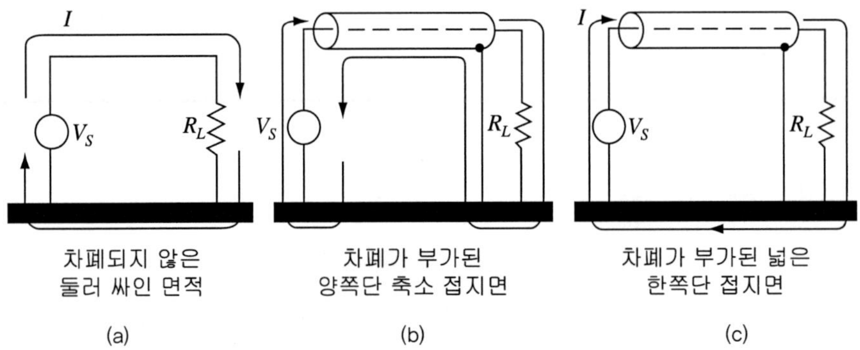

그림 5.24 수신기 루프 면적에서 차폐의 효과

파일 때 회로는 다른 두 가지 이유에서 피해야만 한다. (1) 실드가 회로 도체들 중 하나이므로 차폐 내의 어떤 노이즈 전류는 노이즈 전압으로써 회로에 나타나며 실드 내의 IR 강하도 만들어진다. 그리고 (2) 만약 실드의 양끝 단에서 접지 전위가 다르다면 이것 역시 회로 내의 노이즈 전압으로 나타난다.

회로 양끝이 접지될 때는 언제나 접지 루프에 큰 노이즈 전류가 유도되기 때문에 오직 한정된 자기장 보호만이 가능하다. 이 전류가 시그널 도체를 통해 흐르기 때문에 노이즈 전압은 실드에 만들어지며, 실드 전류와 실드 저항의 곱과 같다. 이것을 그림 5.25에 나타내었다. 전류 I_S는 접지간의 차이 또는 외부 노이즈 결합에 의한 실드 내의 노이즈 전류이다. 만약 전압이 입력 루프 주위에 더해진다면 다음과 같이 표현할 수 있다.

$$V_{IN} = -j\omega M I_S + j\omega L_S I_S + R_S I_S \tag{5.32}$$

앞서 보였듯이 $L_S = M$이므로

$$V_{IN} = R_S I_S \tag{5.33}$$

실드 전류가 흐를 때는 언제나 노이즈 전압이 $I_S R_S$ 전압강하에 의해 실드에 만들어진다.

비록 실드가 한쪽 끝에 접지되었어도 실드 노이즈 전류는 여전히 실드로의 용량성 결합에 의해 흐른다. 그러므로 낮은 주파수에서 최고 노이즈 보호를 위해서는 실드가 신호 도체 중의 하나가 아니어야 하고, 회로의 한쪽 끝은 접지로부터 떨어져야 한다.

높은 주파수에서 동축 케이블은 고립된 3개의 도체(중심도체, 실드 도체의 내부 표면, 실드 도체의 외부 표면)를 포함한다. 실드의 내부와 외부의 표면은 표피효과에 의

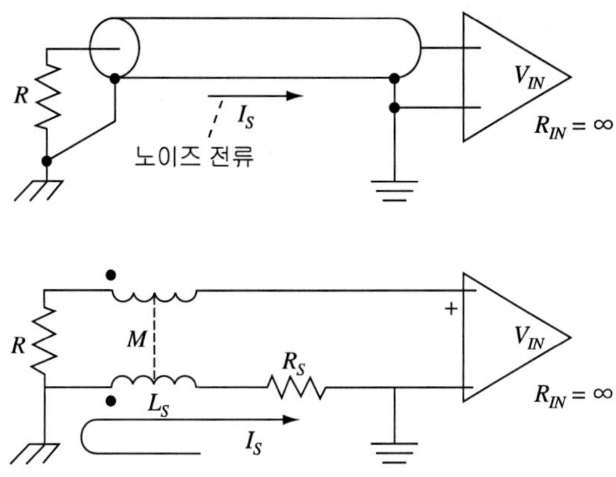

그림 5.25 동축케이블 차폐에서의 노이즈 전류 효과

해 각각으로부터 분리된다. 그러므로 앞에서 논의된 노이즈 결합은 일어나지 않는다. 왜냐하면 실드의 내부 도체 상에는 신호 전류가 흐르고, 외부에는 노이즈 전류가 흐르며, 사이에는 공통 임피던스가 없기 때문이다.

5.1.9 실드 전송 임피던스

케이블의 실딩 효과는 실드 전송 임피던스(shield transfer impedance)에 의해 표시할 수 있다. 실드 전송 임피던스는 실드전류에서 중심도체와 실드 사이에서 형성된 개방회로 전압(단위 길이당)과 관계있는 실드의 특성이다. 실드 전송 임피던스는 다음과 같이 쓸 수 있다.

$$Z_T = \frac{1}{I_S}\left(\frac{dV}{dl}\right) \tag{5.34}$$

Z_T는 전송 임피던스(Ω/m), I_S는 실드전류, V는 내부 도체와 실드 간에 유도되는 전압, 그리고 l은 케이블의 길이(m)이다.

낮은 주파수에서 전송 임피던스는 실드의 dc 저항과 같다. 이것은 식 (5.33)에서 얻은 결과와 같다. 높은 주파수에서(전형적인 케이블에 대해 메가헤르츠 이상) 전송 임피던스는 표피 효과에 의해 감소하고 케이블의 실딩은 증가한다. 표피효과는 실드의 바깥 표면에 노이즈 전류를, 내부에는 신호 전류를 남게 하므로 두 전류 간 공통 임피던스 결합을 제거한다.

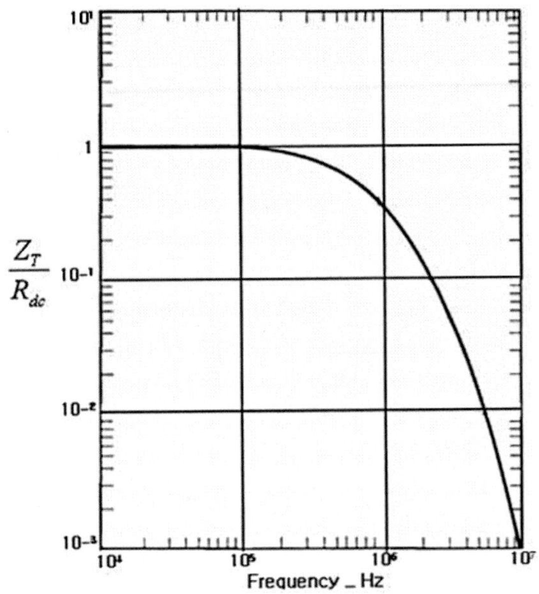

그림 5.26 곧은 도체 차폐에 대한 정규화된 전송 임피던스의 진폭

그림 5.26은 곧은 관 모양의 실드에 대한 전송 임피던스(dc 저항 R_{dc}의 값으로 정규화)의 크기를 그린 것이다. 만약 실드가 곧은 도체가 아니고 꼬여졌다면, 전송 임피던스는 그림 5.32에서 처럼 대략 1 MHz 이상의 주파수에서 증가한다.

5.1.10 실험 데이터

여러 가지 케이블 구성의 자기장 실딩 특성 측정 결과를 비교하여 보자. 테스트 장비 구성은 그림 5.27과 같이 하고 테스트 결과는 그림 5.28, 5.29에서 노이즈 감쇠량을 나타내는 표로 만들어졌다. 실험 주파수는 50 kHz로서 테스트되는 모든 케이블의 실드 차단주파수의 5배 이상 큰 것이다. 그림 5.28, 5.29에서 보는 케이블은 그림 5.27에서 L_2로 나타낸 테스트 케이블을 대신한다.

그림 5.28 (a)에서 (f)회로는 모두 회로 양끝이 접지되어 있다. 그것들은 오직 한 끝만 접지되어 있는 그림 5.29의 회로 (g)에서 (k)보다 훨씬 더 적은 자기장 감쇠가 얻어질 뿐이다. 즉, 그림 5.28의 회로 (a)는 자기장 실딩을 전혀 제공하지 않고 있다. 현재 이 경우에 1 MΩ 저항을 지나서 측정되는 노이즈 전압은 0.8 V이다. 구성 (a)에서의 픽업은 기준치로 사용되고, 나든 보든 회로와 성능 비교를 위해 0 dB로 되어 있다. 회

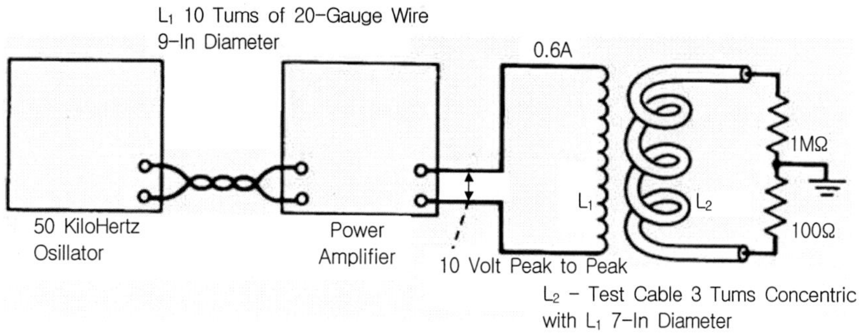

그림 5.27 유도성 결합 실험의 테스트 장비 구성

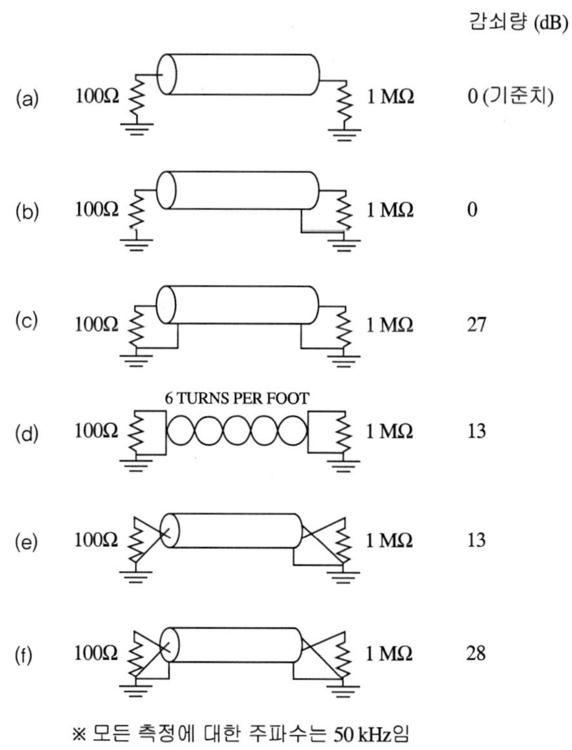

그림 5.28 유도성 결합 실험의 결과(모든 회로는 양쪽 끝이 접지)

로 (b)에서 실드는 한 쪽 끝만 접지되어 있으며, 이것은 마그네틱 실드 상에 아무런 효과가 없다. 구성 (c)에서 실드 양끝이 접지되어 있는 것은 주파수가 실드 차단주파수 이상이기 때문에 약간의 자기적 보호가 된다. 그 보호는 회로의 양끝을 접지함으로써

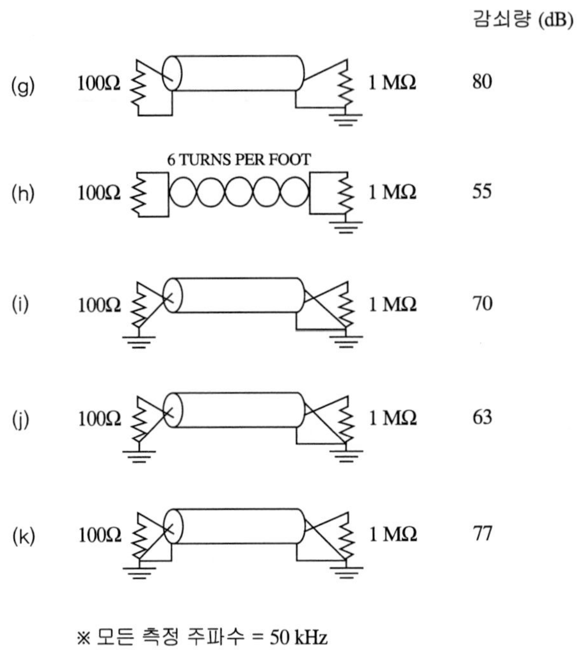

그림 5.29 유도성 결합 실험의 결과(모든 회로는 단지 한쪽 끝만 접지)

형성된 접지 루프가 아니었더라면 더 커진다. 자기장은 케이블 실드와 두 접지를 구성하는 낮은 임피던스 접지 루프에 큰 노이즈 전류를 유도한다. 그러므로 실드 노이즈 전류는 위에서 언급했듯이 실드에 노이즈 전압을 만든다. 회로 (d)처럼 트위스트 페어의 사용은 보다 큰 자기장 노이즈 감쇠를 제공하지만, 그것의 효과는 양끝에 회로 접지로 형성된 접지 루프에 의해 거의 없어지게 된다. 이것은 회로 (d)에서 회로 (h)의 감쇠를 비교함으로써 명확히 보여진다. 실드의 한 쪽 끝이 접지되어진 실드를 추가하여도 (e)에서도 트위스트 페어는 아무런 영향이 없다. 낮은 임피던스 실드는 신호 도체로부터 떨어져서 자기적으로 유도된 접지 루프 전류의 약간을 분로시키기 때문에 (f)에서처럼 양끝에 실드를 접지함으로써 더 많은 보호를 받는다. 그러나 실제로 그림 5.28의 회로 구성의 어느 것도 접지루프 때문에 좋은 자기장 보호는 제공하지 못한다. 만약 회로의 양끝이 접지되어야만 한다면 (c) 또는 (f) 구성이 사용되어야 한다.

그림 5.29의 회로 (g)는 자기장 실딩에서 상당한 개선을 보인다. 이것은 동축 케이블에 의한 매우 작은 루프면적과 실딩을 저해하는 어떤 접지 루프도 없다는 사실에 기인한다. 동축케이블은 실드가 실드의 중심축에 위치한 동등한 도체로 나타내어질 수 있으므로 매우 작은 접지면적을 제공한다. 그것은 실드에 또는 중심도체 축과 매우 가

까운 것에 효과적으로 위치한다.

회로 (h)의 트위스트 페어는 55 dB보다 현저히 큰 실딩을 제공할 것으로 기대되지만, 실딩 효과가 55 dB 밖에 얻어지지 않는 것은 회로 (h)의 구성에서는 실딩 효과를 감소시키는 어떤 전기장 결합이 일어나기 때문이다. 이러한 현상은 트위스트 페어 주위에 실드를 놓아서 감쇠가 70 dB로 증가하는 회로 (i)에 볼 수 있다. 회로 (g)의 감쇠가 회로 (i)에서 보다 더 좋다는 사실은 특정 동축 케이블이 트위스트 페어에서 보다 자기장에서 더 작은 루프면적을 보여준다는 것이다.

그러나 이것은 실제로 절대적인 것은 아니다. 트위스트 페어((h) 또는 (i))의 foot당 권선(턴) 수의 증가는 픽업을 감소시킨다. 실제로 회로 (i)는 실드가 신호 도체들 중 하나가 아니므로 저주파의 자기적 실딩에서는 회로 (g)가 더 낫다. 회로 (j)처럼 실드의 양끝을 접지하는 것은 실딩을 점진적으로 감소시킨다. 이것은 두 중심 도체에서 같지 않은 전압을 유도한 실드에 의해 형성된 접지루프에서의 높은 실드 전류 때문이다.

회로 (k)는 트위스트 페어 (i)의 특징을 동축케이블 (g)의 모양으로 결합하므로 (i)보다 더 큰 실딩을 제공한다. 회로 (k)는 차폐를 저해하는 어떤 노이즈 전압 또는 전류가 신호 도체로 흐를 수도 있기 때문에 보통 비람직하지 못하다. 실드와 신호 도체가 함께 한 점에 연결된 것이 보다 낫다. 차폐에서 발생한 노이즈 전류는 접지에서 얻을 수 있는 신호 도체로 흐르지 않는 것이어야 한다.

5.1.11 선택적 실딩의 예

실드된 루프 안테나는 자기장이 영향을 미치지 않는 동안 전기장이 선택적으로 실드 된 예이다. 이런 안테나는 무선 방향 탐지기에 유용하다. 또한 방송 수신기에 안테나 노이즈 픽업을 감소시킨다. 후자의 효과는 공간에서 노이즈 소스의 대부분이 주로 전기장을 발생시키기 때문에 중요하다. 그림 5.30(a)는 기본적인 루프 안테나를 보여준다. 식 (5.12)로부터 자기장에 의해 루프에 제공되는 전압의 진폭은 다음과 같다.

$$V_m = 2\pi f BA \cos\theta \tag{5.35}$$

각 θ는 자기장과 루프 평면의 수직면 사이에서 측정된다. 그러나 루프는 또한 수직 안테나처럼 동작하고, 발생하기 쉬운 전기장으로 인해서도 전압이 유도된다. 이 전압은 전계와 안테나의 유효 높이의 곱과 같다. 단일 원형 루프 안테나에 대한 유효 높이는 $2\pi A/\lambda$이다.

전기장에 의한 유도전압은 다음과 같다.

$$V_e = \frac{2\pi AE}{\lambda} cos\theta' \tag{5.36}$$

각 θ'는 전기장과 루프의 평면간에 측정된다. 전기장으로부터의 픽업을 제거하기 위해서 루프는 그림 5.30(b)에 보이는 것처럼 실드 되어야 한다. 그러나 이런 구성은 전기장뿐만 아니라 자기장을 상쇄시키는 전류를 흐르게 한다. 루프의 자계 감도를 유지하기 위해서 실드는 실드전류의 흐름을 막기 위해 끊어져야만 한다. 이것은 실드 윗부분이 끊어진 그림 5.30(c)에서 보여진다. 결과적으로 안테나는 오직 제공되는 전파(wave)의 자기장의 성분에만 응답한다.

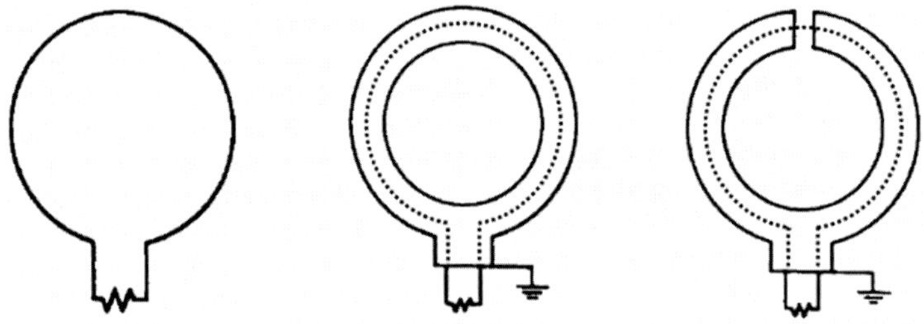

(a) Basic Loop (b) Loop with Shield (c) Loop with Split Shield

그림 5.30 루프 안테나에서 스플릿 실드(선택적으로 자계가 자나는 동안 전계는 감소)

5.1.12 동축케이블 대 실드된 트위스트 페어

실드된 트위스트 페어와 함께 동축케이블을 비교할 때 실드 특성에 상관없이 전파의 관점에서 케이블의 두 형태의 유용성을 인지하는 것은 중요하다. 이 점은 그림 5.31에서 보여진다. 실드된 트위스트 페어는 100 kHz 이하 주파수에서 매우 유용하다. 몇몇 응용에서 주파수는 10 MHz 정도로 높일 수 있다. 1 MHz 이상에서 실드된 트위스트 페어의 손실은 상당히 크게 증가한다. 이에 반해, 동축케이블은 저손실을 갖는 더 일정한 특성 인피던스를 갖는다. 그러므로 주파수 0(dc)에서 VHF 주파수까지 (몇몇 응용에서는 UHF까지 확장) 유용하다.

수백 MHz 이상에서는 동축케이블의 손실이 커지고 도파관이 더 실용적이 된다. 실드된 트위스트 페어는 동축케이블보다 더 큰 커패시턴스를 가지므로 고주파 또는 높은 임피던스 회로에서는 사용되지 않는다. 한 점에서 접지된 동축케이블은 커패시턴스 픽

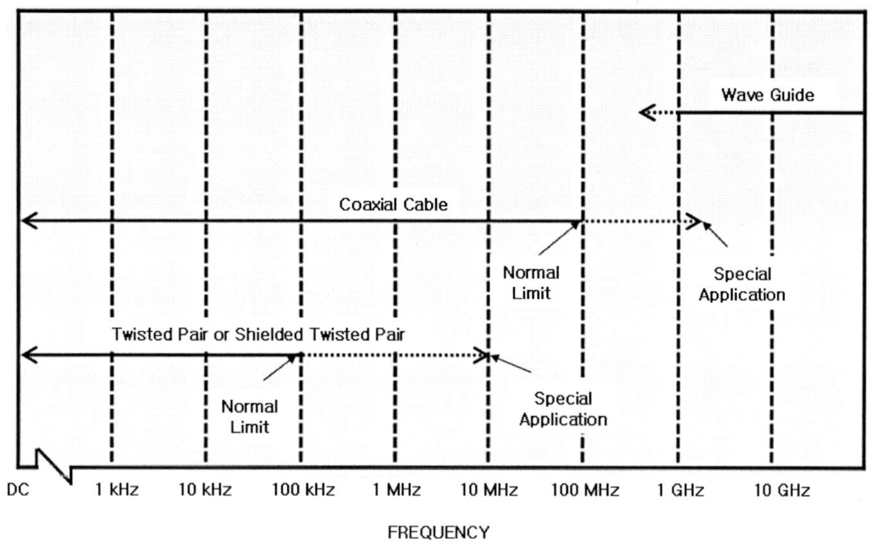

그림 5.31 다양한 전송선에 대한 유용한 주파수 범위

업으로부터 높은 보호를 기대할 수 있다. 그러나 만약 실드 내부에 노이즈 전류가 흐른다면 노이즈 전압이 만들어지며 그것의 진폭은 실드 전류와 실드 저항의 곱과 같다. 실드가 시그널 경로의 한 부분이므로 이 노이즈 전압은 입력 시그널과 함께 노이즈로 나타난다. 두 실드간 절연된 두 배 실드 혹은 triaxial 케이블은 실드 저항에 의해 형성된 노이즈를 제거한다. 노이즈 전류는 실드 바깥으로 흐르고 시그널 전류는 실드 안쪽으로 흐른다. 그러므로 두 전류(시그널과 노이즈)는 공통 임피던스를 통해 흐르지 않는다. 불행히도 3동축(triaxial) 케이블은 가격이 비싸고 사용하기도 힘들다. 그러나 고주파에서 동축케이블은 표피 효과에 의해 triaxial 케이블처럼 동작한다.

전형적인 실드 케이블에 대해 표피효과는 대략 1 MHz에서 중요하게 나타난다. 노이즈 전류는 안쪽 표면 상에 신호 전류가 흐르는 동안 실드의 바깥 표면에 흐른다. 이러한 이유로 동축케이블은 고주파에서 더욱 유용하다. 실드된 트위스트 페어는 triaxial 케이블과 비슷한 특성을 가지고 값이 비싸거나 사용하기 힘들지도 않다. 신호 전류는 두 내부 도체에 흐르고 어떤 노이즈 전류도 실드에 흐른다. 공통저항 결합은 제거되며, 어떤 실드 전류도 상호 인덕턴스에 의해 내부도체 둘 다 같게 결합되므로 전압은 상쇄된다. 실드 되지 않은 트위스트 페어에서 만약 끝이 균형이 맞지 않는다면 커패시티브 픽업에 대해 매우 작은 보호가 제공되나 마그네틱 픽업에 대해서는 매우 좋다. 실드된 트위스트 페어는 마그네틱 픽업에 대해서는 매우 좋다. 저주파 신호에 대해 좋은 실딩을 제공하나 마그네틱 픽업이 가장 큰 문제이다. 단위 길이당 트위스트의 수에 따라 트위스트 효과도 증가한다.

5.1.13 BRAIDED 실드

대부분의 케이블이 실제로 곧은 도체보다 꼰 실드 된 것을 사용한다. 꼰 실드의 이점은 유연성, 내구성, 강도 그리고 긴 flex 수명이다. 그러나 꼰 도체는 전형적으로 단지 60~98% 범위를 제공하고 곧은 도체보다 실드로서 덜 효과적이다. 꼰 실드는 보통 전기장 실딩을 점차적으로 감소시키는 것(UHF 주파수일 때 제외)을 제공하지만 자기장 실딩을 크게 감소시킨다. 이러한 이유는 꼰 것은 실드 전류의 균일성을 왜곡하기 때문이다. 꼰 것은 일반적으로 자기장에 대해서 곧은 실드 보호보다 5에서 30 dB 적은

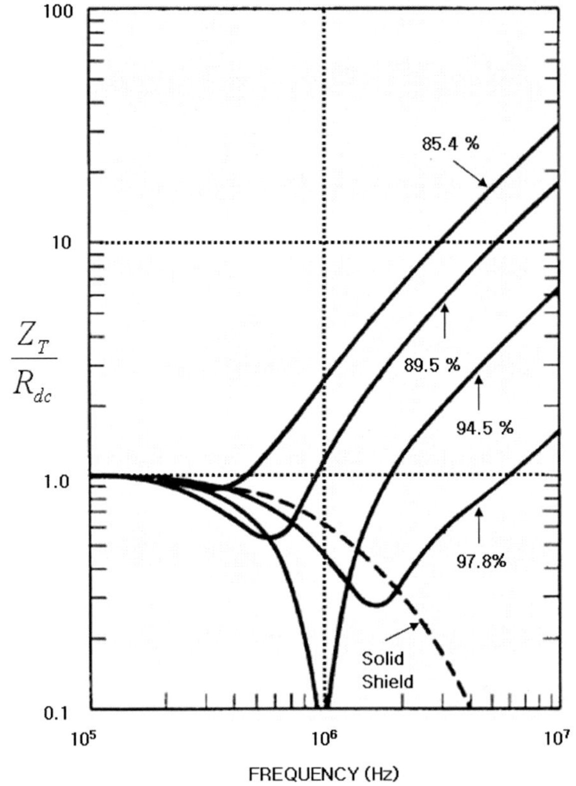

그림 5.32 백분율로 나타낸 브레이드 와이어(braided-wire) 실드의 정규화된 전송 임피던스

효과를 가진다. 고주파에서 꼰 것의 효과는 더 감소한다. 이것은 주파수 증가에 따라 braid 구멍이 파장과 비교해 커지기 때문이다. 다중 실드는 더 많은 보호를 제공하지만 높은 비용과 적은 유연성을 갖는다. 두 배 또는 세 배 실드 된 케이블은 몇 가지 주요한 응용에 사용된다. 그림 5.32는 실드의 dc 저항으로 정규화되고 braid 실드 된 일반적인 케이블에 대한 전송 임피던스를 보여준다. 1 MHz 주변에서 전송 임피던스의 감소는 실드의 표피효과에 의한다. 1 MHz 이상에서 전송 임피던스 그 뒤의 증가는 braid의 구멍에 의한다. 곡선은 braid의 여러 가지 백분율 범위로 보여준다. 그림에서 보는 바와 같이 최고 실딩에 대한 braid는 적어도 95% 이상 범위를 제공해야 한다.

매우 얇은 solid 알미늄박으로 된 케이블실드는 유용하고 거의 100% 범위를 제공하며 전기장 실딩에 더 효과적이다. 이것은 높은 실드 저항에 의한 높은 실드 차단 주파수를 갖는 braid처럼 강하지 않고 석낭하세 끝을 맺기도 불가능한 것은 아니지만 매우 어렵다.

실드는 또한 braid foil 실드와 결합되는 것이 유용하고 이들 실드는 손실이 최소화되는 동안 각각 최고 특성의 이점을 이용하게 된다. braid는 실드의 360° 종단 처리를 제공하고 foil은 braid의 구멍을 막는다.

5.1.14 Pigtail 효과

앞서 논의된 자기적 실딩은 실드 환경 주위에 흐르는 장기적인 실드 전류의 일정한 분배에 의존한다. braid 방법에 의존한 케이블 끝 주위 자기적 실딩 효과는 없어지게 된다. 그림 5.33과 같은 피그테일(pigtail) 연결은 실드를 한 방향으로 집중시켜 실드 전류의 원인이 된다. 최대 보호를 위해 실드는 십자 부분 주위에 일정하게 끝을 맺어야 한다. 이것은 BNC, UHF, 또는 Type N 커넥터들과 같은 동축 커넥터를 사용함으로써 가능해진다.

그러한 커넥터는 실드로 360°전기적으로 접촉을 제공한다. 동축 종단은 또한 전기장 실딩을 완전히 보존하는 내부 도체의 완벽한 범위를 제공하고 전기장보호의 완전한 보존을 한다.

그림 5.34는 커넥터를 사용하지 않고 360°실드 종단처리 제공의 한 방법을 보여준다. 전체 실드 된 케이블 길이의 단지 작은 부분인 피그테일 종단의 사용은 케이블로의 전체 노이즈 결합에 중요한 영향을 미친다. 한 예로, 8cm 피그테일 종단을 가지고 양끝이 접지된 실드를 한 3.66-m 실드된 케이블에서의 결합을 그림 5.35에 나타내었다.

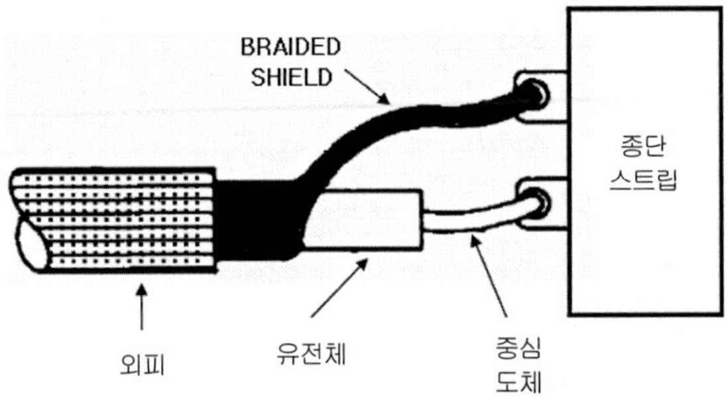

그림 5.33 실드의 한쪽 끝에 전류를 접지시킨 피그테일 실드 연결

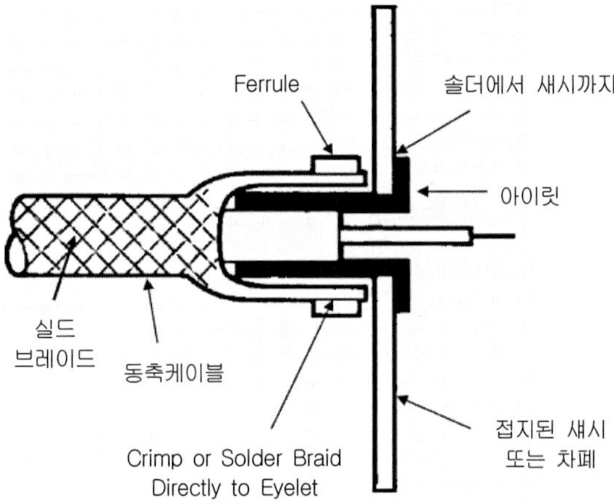

그림 5.34 실드로 360°접촉으로 끝맺는 케이블의 한 방법

실드된 도체의 한계 인피던스는 50 Ω이다. 이 그림은 케이블의 실드 된 부분으로의 자기적 결합, 케이블의 실드되지 않은 부분(pigtail)에서의 자기적 결합, 케이블의 실드되지 않은 부분(pigtail)으로의 전기적 결합의 각각의 분포를 보여준다. 케이블의 실드된 부분으로의 커패시티브 결합은 실드가 접지되고 한계 임피던스가 적으므로 무시해도 좋다. 그림 5.36에서 보듯이 100 kHz에서 케이블의 주된 결합은 피그테일 내의 인덕티브 결합이다.

만약 실드된 도체의 한계 임피던스가 50에서 1000 Ω으로 증가한다면 그 결과는 그림 5.37과 같다. 여기서 피그테일로의 커패시티브 결합은 10 kHz 이상에서 주된 결합 매커니즘이다. 이러한 조건 아래에서 1 MHz에서의 결합은 케이블이 완벽하게 실드되어신 것(no pigtail)보다도 40 dB 더 크다. 잘 실드 된 케이블의 최고 이득은 만약 실

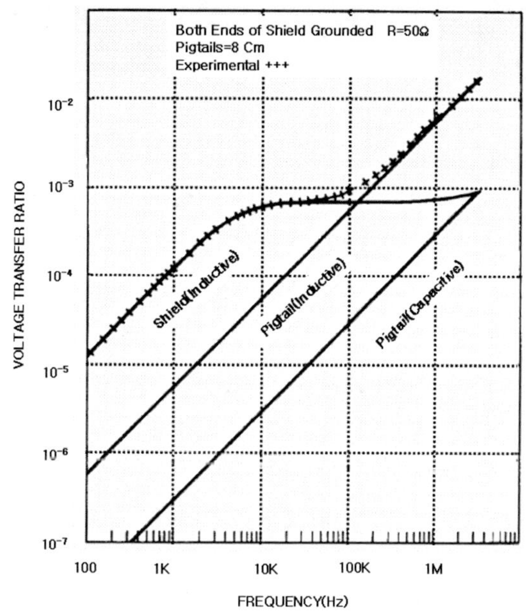

그림 5.35 8 cm 피그테일 터미네이션이 있는 3.7-m 실드 케이블에서의 결합 (종단의 50 Ω)

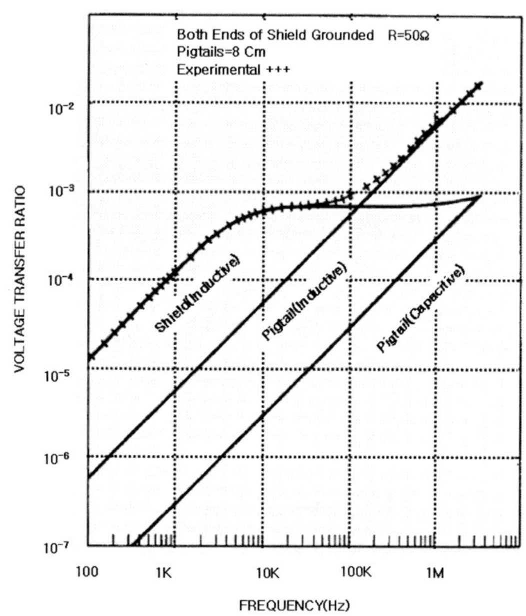

그림 5.36 8 cm 피그테일 터미네이션이 있는 3.7-m 실드케이블에서의 결합 (회로 종단은 1,000 Ω)

드가 적당히 끝맺어졌다면 실현될 것이다. 적절한 실드 종단처리의 요구사항은 매우 작은 임피던스 접지 연결과 실드와 360° 접촉이다.

5.1.15 리본 케이블

케이블 사용에 관계되는 주된 비용은 케이블의 종단처리 비용에 관계된 것이다. 리본 케이블의 이점은 낮은 비용으로 다중 종단처리가 가능하다는 것이다. 이것은 리본 케이블 사용의 주된 이유이다. 리본 케이블은 또 다른 이점을 가진다. 리본 케이블은 케이블 내에 도선의 위치나 방향이 고정되어 있기 때문에 인쇄된 도선판의 도체들과 같은 'controlled cables'이다. 보통 와이어 장치는 와이어의 위치와 방향이 불규칙적이고 하나의 장치에서 다음 장치로 변화가 많기 때문에 'random cable'이다. 그러므로 'random cable'의 노이즈 동작도 한 유니트에서 다음 유니트로 변할 수 있다.

리본 케이블 사용에 있어서 주된 문제는 각각의 도체들이 신호 도선과 접지에 주의를 가지고 결정되어야 한다는 것이다.

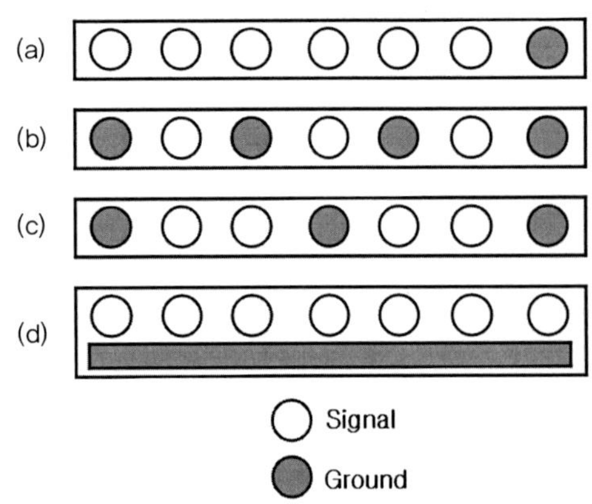

그림 5.37 리본 케이블 구성; (a) 단일접지, (b) 교차접지, (c) 접지/신호/신호/접지, (d) 접지선 위의 신호

그림 5.37(a)는 한 도체가 접지되고 나머지 모든 도체는 신호(signal) 리드인 리본 케이블을 보여준다. 이 구성은 필요한 도체의 수가 최소이기 때문에 사용된다. 그러나 이것은 세 가지 문제가 있다.

첫 번째는 신호 도체와 접지 귀환 간 복사와 내성(자화율)으로 인해 큰 루프 면적을 만든다. 두 번째는 모든 시그널 도체가 같은 접지 귀환을 사용할 때 만들어지는 공통 임피던스 결합이다. 세 번째는 커패시티브와 마그네틱 모두에 대한 각 도체들간 누화이다. 그러므로 이 구성은 드물게 사용된다. 만약 이것이 사용된다면 신호 접지는 최소 루프 면적으로 중심도체들 중 하나를 결정해야 한다.

그림 5.37(b)는 좀 더 나은 구성을 보여준다. 이런 구성에서 루프 면적은 각 도체들의 분리된 접지 귀환을 가지기 때문에 작다. 각 도체가 분리된 접지 귀환을 가지므로 공통 임피던스 결합은 제거되고 리드들 간의 누화도 최소화된다. 이것은 비록 그림 5.37(a)의 도체보다 두 배 필요하지만 리본 케이블은 오히려 더 좋은 구성이다. 이 방법에서 케이블 간의 누화는 두 접지가 신호 도체들 간 사이에 필요할 수도 있어 문제가 된다. 그림 5.37(b)는 약간 열등한 구성이고 25% 적게 도체를 사용한 것이 그림 5.37(c)이다. 이 구성은 또한 모든 신호 도체 다음에 접지 도체를 가지므로 작은 루프 면적을 가진다. 두 신호 도체가 한 섭지를 공유하므로 공통 인피던스 결합을 가지며, 인접한 도체들 간에 접지가 없으므로 그림 5.37(b)에서 보다 큰 누화를 가지지만 이 구성은 몇몇 적용에서 충분히 유용한 방법이 된다.

리본 케이블은 또한 그림 5.37(d)에서 보는 바와 같이 케이블의 폭을 가로지르는 접지 평면을 가지는 것이 가능하다. 이 경우 루프 면적은 신호 도체와 접지 평면간 간격에 의해 결정된다. 이 면적은 케이블 내 도선과 도선 사이의 간격보다 작으므로 루프 면적은 그림 5.37(b)의 접지 구성보다 더 작다. 만약 이렇게 하는 것이 가능하다면, 접지 전류를 신호 도선 아래로 흐를 것이고 같은 이유로 전류는 그림 5.22처럼 실드에 귀환된다. 그러나 만약 케이블이 전체 폭으로 접지 평면에 접촉되어 끝을 맺지 않는다면 반사전류는 신호 도선 아래로부터 몰려질 것이고, 루프 면적도 증가할 것이다. 이런 종류의 케이블은 적당히 끝을 맺기가 힘들기 때문에 종종 사용이 제한된다.

실드된 리본 케이블은 유용하지만 만약 실드가 360° 접속을 가지고 적당히 끝맺어지지 않으면 (매우 난해함), 그것의 효과는 현저히 감소한다. 리본 케이블로부터 방사에 미치는 실드 종단 효과는 Palmgrem에 의해 1981년에 논의되었다. Palmgrem의 요점은 실드 된 리본 케이블에서 외부 도체가 케이블의 중심으로부터 가까이 위치한 도체가 실드 된 것보다 좋지 않다는 것이다(일반적으로 7 dB 적게 실딩). 이 효과는 실드의 외부 모서리에서 실드 전류의 불규칙함에 기인한다. 그러므로 중요한 신호들은 실드된 리본 케이블은 외부 도체 상에 위치하면 안 된다.

5.1.16 전기적으로 긴 케이블

앞에서 우리는 케이블의 길이가 파장보다 짧다고 가정했다. 이것의 실제 의미는 케이블 상의 모든 전류가 같은 위상에 있다는 것이다. 이런 환경 아래에서 이론은 막연히 주파수를 자기고 증가하는 전기장과 자기장 결합 둘 다를 예측한다. 그러나 실제로 결합은 몇몇 주파수 이상에서 안정상태가 된다.

케이블이 길이의 1/4 파장에 접근함에 따라 케이블 내 몇몇 전류는 위상에서 벗어난다. 케이블이 반파장일 때 위상을 달리하는 전류는 효과의 상쇄에 의해 0이 되는 외부 결합이 야기될 것이다. 이것은 문제의 다양한 파라미터 상 결함의 의존을 바꾸지 못 한다. 이것은 단지 수적인 결과를 바꾸기 때문에 결합을 결정하는 파라미터는 케이블의 길이에 개의치 않고 같게 남는다.

그림 5.38은 케이블이 짧다는 가정을 가지는 또는 가지지 않는 두 케이블 간 결합을 보여준다. 결과는 위상 효과가 일어나기 시작하는 파장의 1/10 정도까지 비슷하다. 이 점 이상에서 실제 결합은 전류가 모두 동위상이 아니기 때문에 감소한다.

짧은 케이블일 때 근사값이 결합에서 증가한 것을 예측했듯이, 만약 짧은 케이블일 때 근사값에 의해 예측된 결합 상승이 1/4 파장에서 생략되었다면 실제 결합에서 근사값을 제공한 것이다. 전류의 위상에 의해 만들어진 널(null)과 최대치(peak)는 이런 환

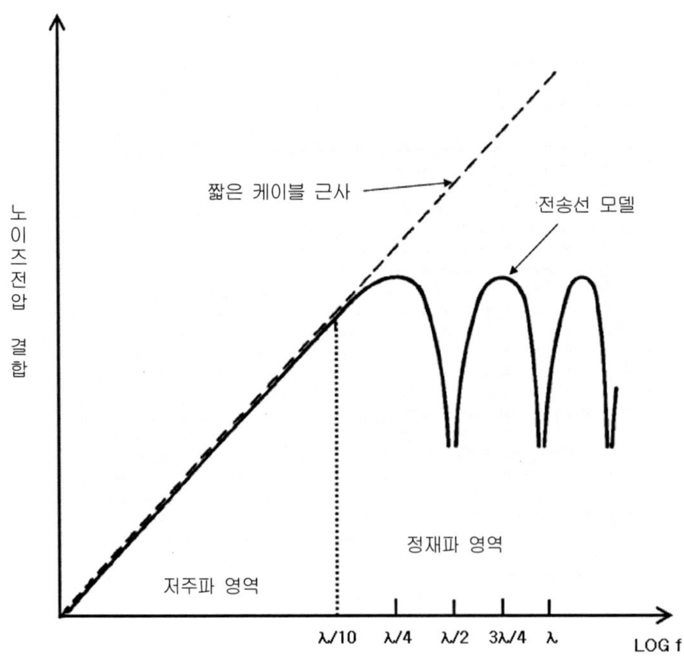

그림 5.38 짧은 케이블 근사치와 전송선 모델을 사용한 케이블 간의 전계 결합

경에서 계산에 포함되지 않는 것에 주목하라. 그러나 만약 장비의 설계에서 이들 널과 최대치의 이점을 계획하지 않는다면 일치하기 힘들며, 그들 위치는 중요하지 않다.

5.2 접지

접지(grounding)는 원하지 않는 잡음과 자극을 최소화하는 기본적인 방법 중 하나이다. 접지와 케이블 링을 적절하게 사용하여 잡음문제의 많은 부분을 해결할 수 있다. 좋은 접지 시스템은 반드시 설계되어야 하며, 설계에 대한 고려 없이 좋은 접지 시스템의 구현을 기대하는 것은 단지 희망적인 생각일 뿐이다. 많은 구현 시간을 회로 접지의 미세한 것을 선별하는 데 소비하는 것은 바람직하지 않지만, 결국은 그것이 미심쩍은 잡음문제를 해결하지 못하기 때문에 일단 만들어지고 테스트되는 장비들을 구현하게 되면 시간과 비용 양쪽 모두를 낭비하게 된다.

설계가 잘 된 접지 시스템의 한 가지 이점은 어떤 부가적인 단위 비용 없이도 원하지 않는 간섭과 방사에 대해 보호할 수 있다는 것이다. 시스템을 설계하기 위한 유일한 비용은 구현 시간 뿐이다. 이에 비해 부적절하게 설계된 접지 시스템은 간섭과 방사를 일으키는 주요한 원인이 될 수 있다. 그래서 그 문제를 해결하기 위해 상당한 구현 시간이 요구된다. 그러므로 올바른 접지 시스템의 설계는 진정한 비용절감 효과를 가져 온다.

접지는 안전성 접지와 신호 접지의 두 가지 범주로 분류한다. 만약 접지가 낮은 임피던스 경로로 연결되었다면 대지 접지(earth ground)라고 하며, 안전성 접지는 보통 대지전위를 갖는다. 반면에 신호 접지는 대지전위일 수도 있고, 아닐 수도 있다. 많은 경우 안전성 접지는 신호 접지가 부적절한 곳에 필요하고, 이것은 잡음문제를 복잡하게 할 수도 있다.

5.2.1 안전성 접지

안전성에 대한 고려를 할 때에는 접지된 전기장비의 섀시나 덮개가 요구된다. 그림 5.39에서 그 이유를 알 수 있다. 왼쪽 다이어그램에서 Z_1은 전위 V_1과 섀시 사이의 표유 임피던스(stray impedance)이고, Z_2는 섀시와 접지 사이의 표유 임피던스이다. 섀시의 전위는 전압분배기와 같이 작동하는 임피던스 Z_1과 Z_2에 의해 결정된다. 섀시 전위는

$$V_{chassis} = (\frac{Z_2}{Z_1 + Z_2}) V_1 \tag{5.37}$$

이다. 섀시는 상대적으로 높은 전위이고, 쇼크 위험이 있을 수 있다. 왜냐하면, 섀시 전위는 그의 제어되지 않는 표유 임피던스의 상대적인 값으로 결정되기 때문이다. 그러나 만약 섀시가 접지되었다면, Z_2가 0이 되어서 그것의 전위는 0으로 된다.

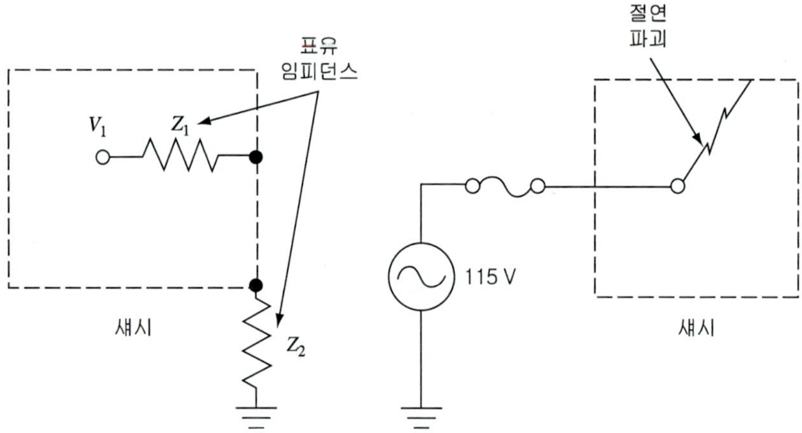

그림 5.39 안전성 확보를 위한 섀시의 접지

그림 5.39의 오른쪽 다이어그램은 두 번째의 훨씬 더 위험한 상황을 보여준다. 퓨즈를 통과한 교류선이 덮개로 들어가고 있는 경우, 만약 절연파괴로 인하여 섀시와 접촉되었을 때 섀시는 퓨즈를 통해 연결된 회로의 총 전류용량을 흐르게 할 수도 있다. 누군가가 섀시와 그라운드 사이에 접촉된다면 교류 전력선이 곧장 가로질러 연결될지도 모른다. 그러나 만약 섀시가 접지되었다면, 그러한 절연파괴는 교류선으로부터 큰 전류를 흐르게 하여 퓨즈를 끊어 버릴 것이다. 그러므로 섀시로부터 전압을 제거시킨다.

미국에서는 National Eclectical Code에 교류 전력 분배와 배선 표준이 포함되어 있다. 이 코드의 한 가지 요구사항은 그림 5.40에서 보이는 바와 같이 집이나 빌딩에서의 115 V 교류 파워 분배는 3선 시스템이어야 한다는 것을 지정한 것이다. 부하전류는 퓨즈된 Hot wire(흑색)를 통해 흐르고, 중립선(백색)을 따라 되돌아간다. 부가적으로 안전성 접지선(녹색)은 모든 장비의 덮개나 하드웨어에 접속되어야 한다. 녹색선에 전류가 흐르는 유일한 시간은 사고가 났을 때부터 퓨즈나 차단기가 회로를 차단할 때까지의 순간적인 시간이다. 안전성 접지에는 부하 전류가 흐르지 않기 때문에 그것은 전압강하를 가지지 않고, 그것에 연결된 덮개는 항상 대지전위이다. National Electrical

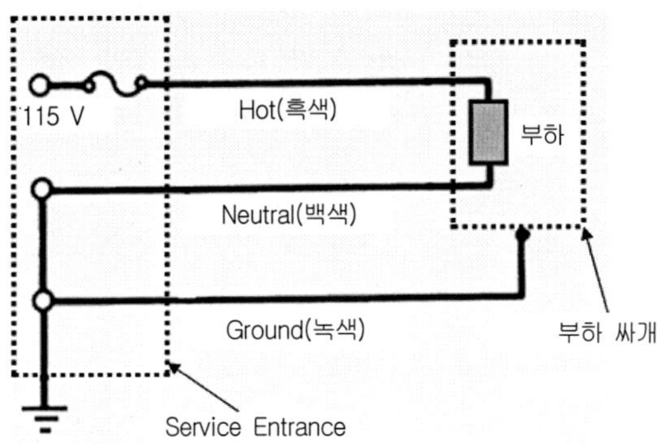

그림 5.40 115 V 교류 분배 3극 리드선

Code는 중립과 안전성 접지가 단지 한 점에 같이 접지되어야 하고, 이 점은 main service entrance에 있어야 한다는 것을 지정하고 있다. 만약 그렇지 않다면 접지도체에 약간의 중립전류를 되돌려 보내는 것을 허용할지도 모른다. 115/230 V 결합(조합) 시스템은 그림 5.41과 같이 부가적인 Hot wire(적색)를 더하는 것만 빼고는 유사하다. 만약 부하가 230 V만 필요로 한다면 그림 5.41의 중립선(백색)은 필요하지 않다.

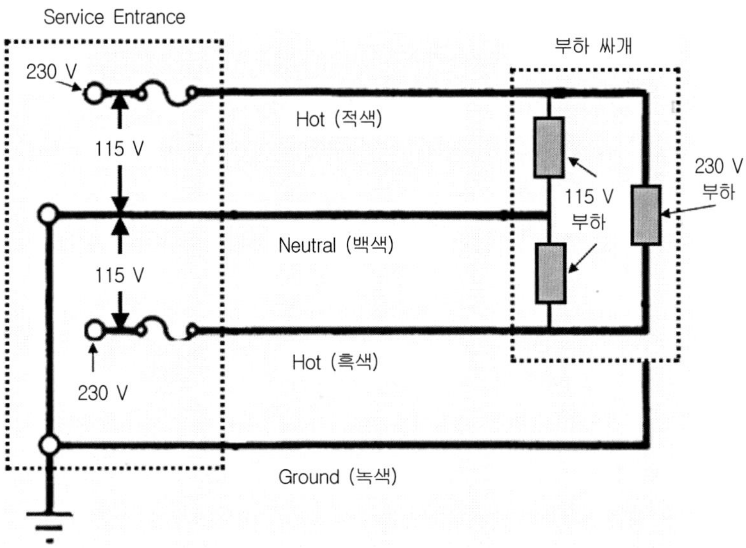

그림 5.41 115/230 V 교류 분배 4극 리드선

5.2.2 신호 접지

접지는 보통 회로나 시스템에 대한 기준 전위 역할을 하는 등전위점 혹은 면으로 정의된다. 그러나 이런 정의는 그것들이 등전위가 아니고 또한 소스로 돌아가는 전류의 실제 경로의 중요성을 강조하지 않기 때문에 실제 접지시스템에서 나타내지 않는다. 회로의 방사 또는 내성을 결정하기 위해 설계자는 실제 전류의 경로를 알아야 한다. "실제 환경"에서의 접지 시스템의 한계와 문제점을 이해하기 위해 실제 상태를 더 잘 나타내는 정의를 사용하는 것이 나을 것이다. 그리므로 신호 접지에 대한 더 좋은 정의는 소스로 되돌아가는 전류의 낮은 임피던스 경로이다. 이 접지의 "전류 개념"은 전류흐름을 중요시한다. 그것은 전류가 어떤 유한 임피던스를 통하여 흐르기 때문에 두 개의 물리적으로 독립된 점 사이의 전위가 다르다는 것을 암시한다. 등전위 개념은 이상적인 접지의 정의이고, 반면에 전류개념은 실제적인 정의이다. 접지 전류에 의한 실제 경로는 회로 사이의 자기결합을 결정할 때 중요하다. 자기 혹은 유도 결합은 루프면적에 비례한다. 그러나 다중 접지경로를 포함하는 시스템에서 루프 면적은 실제 전류가 흐르는 것에 의해 감싸진 전체 면적이다. 이 면적을 결정하는 중요한 사항은 소스로 되돌아오는 전류의 접지경로이다. 그러나 종종 그 경로는 설계자 의도대로 되지 않는다.

접지 설계를 할 때 중요한 관건은 '어떻게 전류가 흐르는가?'이다. 접지전류가 흐르는 경로가 정해지면 어떤 도체-반송전류도 전압강하를 일으키기 때문에 접지와 접속된 다른 회로의 동작에서 이 전압강하의 영향을 반드시 고려해야 한다.

올바른 신호 접지 시스템은 회로 형태, 동작주파수, 시스템의 크기, 그리고 안전성 같은 다른 제한들에 의해 결정된다. 어떤 접지 시스템도 모든 요구를 충당할 수는 없다. 신호 접지는 보통 (1) 단일점 접지 (2) 다중점 접지, 그리고 (3) 하이브리드 접지의 세 가지로 분류한다.

단일점 접지와 다중점 접지를 각각 그림 5.42와 그림 5.43에 나타내고, 하이브리드 접지방식을 그림 5.47 및 그림 5.48에 나타낸다. 단일점 접지에는 두 개의 하위분류가 있다. 그림 5.42에서와 같이 직렬연결을 가지는 것과 병렬연결을 가지는 직렬연결은 공통접지 혹은 연속접지라고 하고, 병렬연결은 독립접지 시스템이라 불린다. 일반적으로 병렬접지 구조의 방법은 전력분배에 바람직한 방법이다. 대개 접지 시스템이 먼저 설계되고 그 다음 전력이 유사한 방법으로 분배된다.

접지기술의 토의에서 다음의 두 가지 중요한 점을 명심해야 한다.

① 모든 도체는 유한의 임피던스를 가지며, 일반적으로 임피던스는 저항과 인덕턴스로 구성된다. 11 kHz에서, 접지면 위 22인치 단위 길이 선은 저항보다 유도성 리액턴스를 더 많이 가진다.

② 두 개의 물리적으로 분리된 접지 점은 같은 전위라 할 수 없다.

교류전력 접지는 신호 접지로서의 실제적인 값이 거의 없다. 전력접지에서 두 점 사이의 측정 전압은 대표적으로 수백 mV이고, 어떤 경우에는 수 볼트이다. 이것은 저레벨 신호 회로에서는 과도한 것이다. 그러나 전력 접지에 대한 단일접지 연결은 보통 안전성이 요구된다.

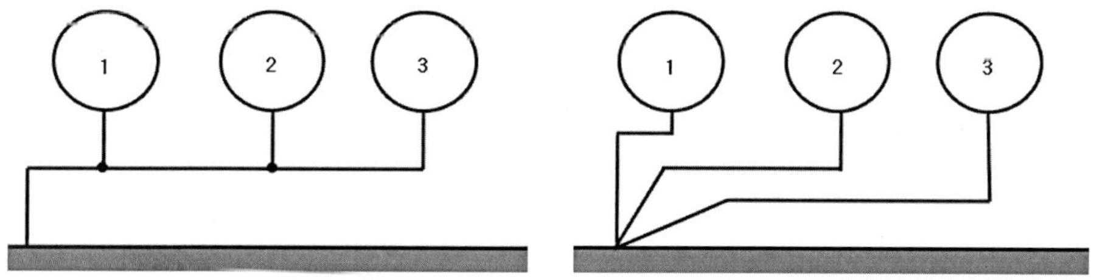

(a) 직렬연결(공통접지) (b) 병렬연결(독립접지)

그림 5.42 단일점 접지방식의 두 가지 형태

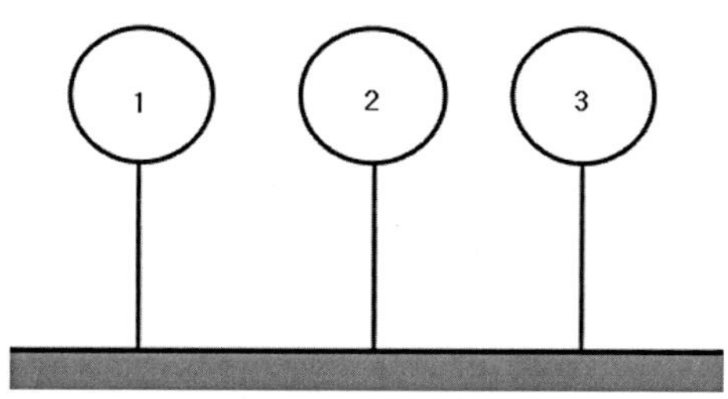

그림 5.43 다중점 접지 연결

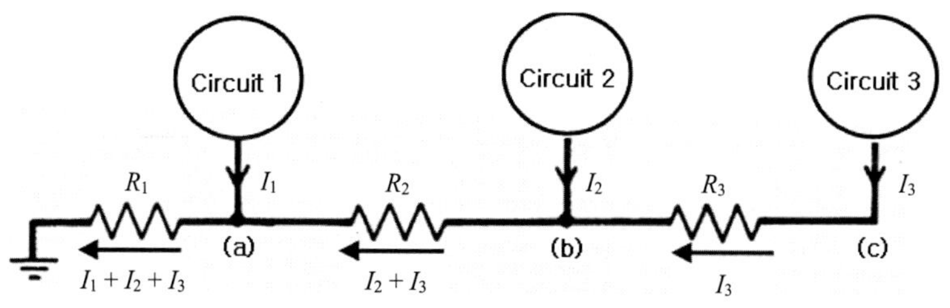

그림 5.44 공통접지 시스템

(1) 단일점 접지 시스템

잡음에 대해서 가장 바람직하지 않은 단일 점 접지 시스템은 그림 5.44에서 보는 바와 같이 공통접지 시스템이다. 이것은 모든 각각의 회로가 직렬로 접속되어 있다. 저항은 접지 도체의 임피던스이고, I_1, I_2, 그리고 I_3는 각각의 회로 1, 2, 3의 접지전류이다. 점 (a)는 0전위가 아니라 식 (5.38)의 전위이다. 그리고 점 (c)는 식 (5.39)의 전위이다.

$$V_a = (I_1 + I_2 + I_3)R_1 \tag{5.38}$$

$$V_c = (I_1 + I_2 + I_3)R_1 + (I_2 + I_3)R_2 + I_3R_3 \tag{5.39}$$

이 회로가 가장 바람직하지 못한 단일점 접지 시스템이긴 하지만 그 간결성 때문에 널리 사용되고 있다. 임계회로가 아닌 경우에는 거의 완벽하게 만족할 것이다. 그러나, 이 시스템은 크게 차이가 나는 전력레벨에서 작동하는 회로에는 사용해서는 안 된다. 왜냐하면 고레벨 회로가 큰 접지전류를 만들어 저레벨 회로에 좋지 않은 영향을 줄 수 있기 때문이다. 이 시스템이 사용될 때, 가장 민감한 회로는 주 접지 점에 가장 가까이 있어야 한다. 그림 5.44에서 점 (a)가 점 (b)나 점 (c) 보다 더 낮은 전위라는 것에 주목하라.

그림 5.45에서 보인 독립접지 시스템(분리접지 또는 병렬접속)은 낮은 주파수에서 가장 바람직하다. 왜냐하면 다른 회로로부터 접지 전류 사이에는 교차 결합(Cross coupling)이 없기 때문이다. 예를 들면, 점 (a)와 (c)에서 전위는 다음과 같다.

$$V_a = I_1R_1 \tag{5.40}$$

$$V_c = I_3R_3 \tag{5.41}$$

이제 어떤 회로의 접지전위는 그 회로 자신만의 접지 전류와 임피던스의 함수이다. 그러나, 이 시스템은 기술적으로 까다롭다. 왜냐하면 큰 시스템에서는 비합리적으로 많은 선로가 필요하기 때문이다.

단일점 시스템의 한계는 높은 주파수에서 생긴다. 높은 주파수에서는 접지도체의 인덕턴스가 접지 임피던스를 증가시키기 때문이다. 더 높은 주파수에서 접지선의 길이가 1/4파장의 홀수배일 경우 접지선의 임피던스는 매우 높아질 수 있다. 이러한 접지는 큰 임피던스를 가질 뿐 아니라 안테나로 동작하여 잡음을 방사한다. 따라서 접지

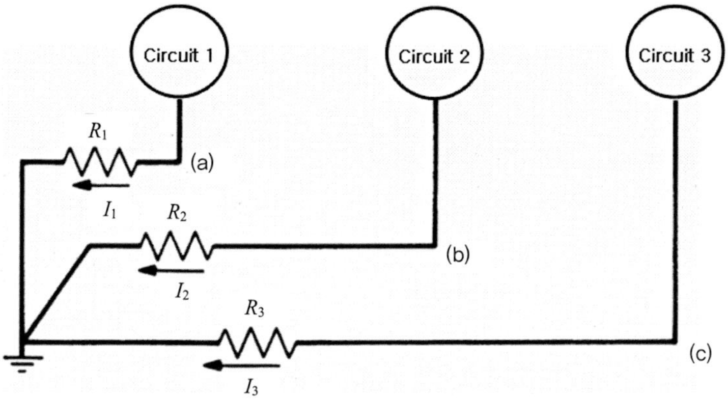

그림 5.45 분리접지(독립접지 또는 병렬접속) 시스템

리드는 항상 방사를 막고 낮은 임피던스를 유지하기 위해서 파장의 1/20보다 짧게 유지시켜야 한다. 높은 주파수에서는 단일점 접지로는 이를 유지할 수 없다.

(2) 다중점 접지 시스템

다중점 접지 시스템은 높은 주파수나 디지털 회로에서 접지 임피던스를 최소화시키기 위해서 사용된다. 이 시스템에서 그림 5.46에서 보여주는 바와 같이 회로는 가장 가까운 유효 저 임피던스 접지면에 연결된다. 보통 새시에 연결시키는데, 낮은 접지 임피던스는 접지면의 낮은 인덕턴스 때문이다. 각 회로와 접지면 사이의 연결은 가능한

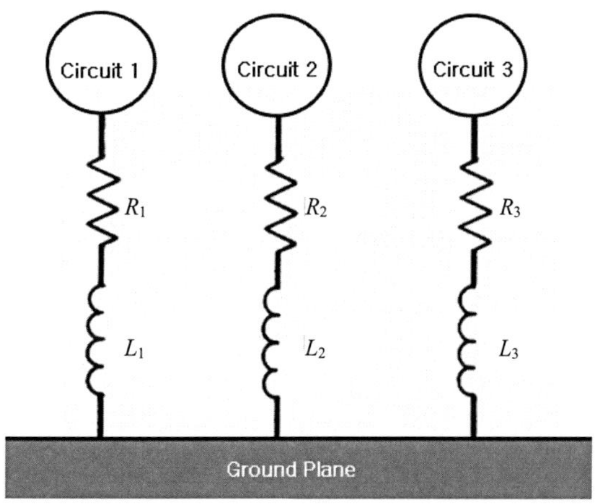

그림 5.46 다중접지 시스템

한 짧게 하여 그들의 임피던스를 최소화해야 한다. 아주 높은 주파수 회로에서 이러한 접지리드의 길이는 반드시 낮은 비율의 인치로 유지시켜야 한다. 다중점 접지는 모든 회로로부터 접지전류가 공통접지 임피던스-접지면을 따라 흐르기 때문에 낮은 주파수에서는 피해야 한다. 높은 주파수에서 표면에 은을 증착시켜 접지면의 공통 임피던스를 줄일 수 있다. 접지면의 두께를 증가시키는 것은 높은 주파수의 임피던스에 효과를 줄 수 없다. 왜냐하면 표피효과에 의해 단지 전류가 표면을 따라 흐르기 때문이다.

일반적으로 단일점 접지 시스템은 1 MHz 이하의 주파수에서 바람직하며, 10 MHz 이상에서는 다중점 접지시스템이 최적이다. 1~10 MHz 사이에서 보통 단일점 접지가 사용된다. 가장 긴 접지 도체의 길이는 파장의 1/20보다 적게 해야 한다. 만약 파장의 1/20보다 크다면 다중점 접지 시스템이 사용되어야 한다.

많은 접지 시스템의 문제는 공통 임피던스 결합의 결과로 일어난다. 공통 임피던스 결합은 한 가지 혹은 그 이상의 다음 조건 아래에서 문제가 된다.

① 높은 임피던스 접지 (보통 매우 큰 인덕턴스)
② 큰 접지전류 (종종 전력주파수 전류나 자계 자극에 기인)
③ 매우 민감한 (낮은 잡음한계) 회로를 접지에 연결했을 때

단일점 접지는 다른 도체를 간섭하고 다른 도체에 그 자신을 흐르게 하는 접지전류를 분리시켜 이러한 문제를 해결할 수 있다. 이것은 낮은 주파수에서 효과적이다. 그러나 단일 전류경로와 긴 리드의 길이는 높은 주파수에서 유해한 인덕턴스를 증가시킨다. 부가적으로 높은 주파수에서 단일 점 접지는 접지 루프 내에 갇힌 기생용량 때문에 수행이 불가능하다.

다중점 접지는 매우 낮은 접지 임피던스를 만들어 내어 이러한 문제를 해결할 수 있다. 접지 시스템은 많은 수의 병렬 경로(grid) 혹은 견고한 금속판(plane)에 의해 상호 연결된다. 다중점 접지는 자계자극을 일으키기 쉬운 접지루프를 만든다. 분명한 해는 그리드 혹은 판을 사용하여 접지루프 면적을 작게 하고 낮은 잡음 한계(낮은 mV 또는 μV) 회로에 사용을 피하는 것이다.

디지털 논리 회로는 높은 주파수를 만들어 내는 것에 기인하여 고주파수 회로처럼 취급된다. 좋은 저 인덕턴스 접지는 많은 디지털 논리 회로들을 포함하는 보드에 필요하다. 그 접지는 저-임피던스 접지 판이나 접지 그리드가 될 수 있다. 접지 판은 파워 서플라이와 신호 전류의 귀환에 낮은 인덕턴스를 공급하고, 신호 상호 연결에 일정한 임피던스 전송선로의 사용 가능성을 부여한다.

접지 그리드는 접지 귀환 전류의 많은 병렬 경로를 부여함으로써 접지 인덕턴스를 최소화시키는데 거의 접지판만큼 효과적이다. 비록 디지털 논리 보드는 다중점 접지를 해야 하지만 그것은 보드에 공급되는 전력이 다중점 접지가 되어야 한다는 것을 의미하는 것은 아니다. 왜냐하면 높은 주파수 디지털 논리회로의 전류가 보드에 전력을 공급하는 도체를 따라 흘러서는 안 되고, 또 그 전력이 저 주파수(또는 DC)이기 때문이다. 비록 논리 보드 접지가 다중점이라 해도 그것은 단일점 접지처럼 가설될 수 있다.

(3) 하이브리드 접지

하이브리드 접지는 주파수 선택적으로 다르게 나타나는 접지 시스템의 한 형태이다. 그림 5.47은 일반적인 형태의 하이브리드 접지 시스템을 나타내고, 그것은 저주파수에서 마치 단일점 접지처럼 동작한다. 그리고 고주파수에서는 다중점 접지와 같이 농작한다. 저주파수에서 케이블 차폐는 단일점 접지가 되고, 고주파수에서 케이블 차폐는 다중점 접지가 된다.

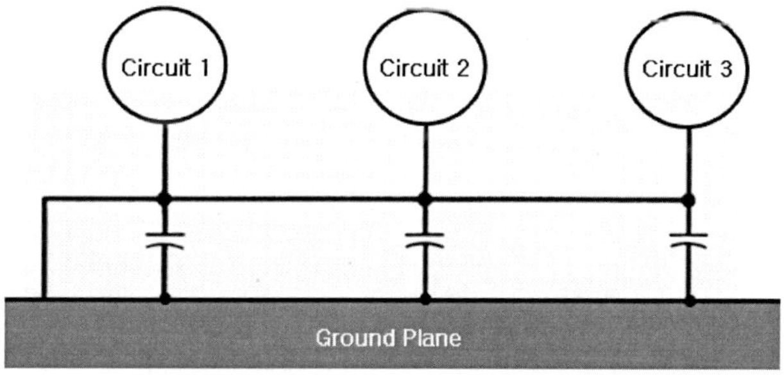

그림 5.47 하이브리드 접지 방식 1

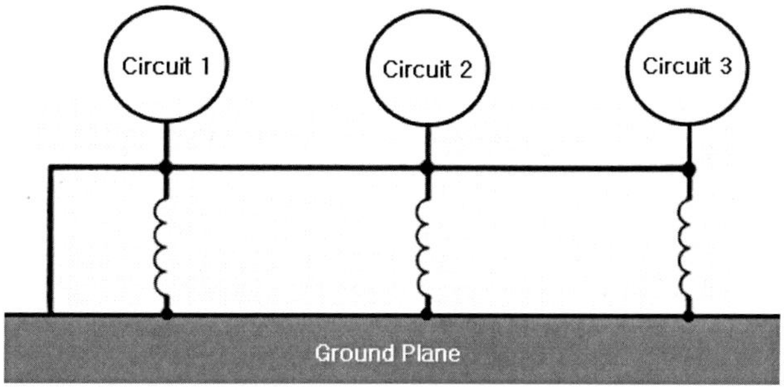

그림 5.48 하이브리드 접지 방식 2

그림 5.48은 하이브리드 접지의 다른 형태이다. 이것은 위에서 언급한 접지만큼 일반적인 접지는 아니지만, 안전성의 이유로 많은 수의 섀시를 파워 시스템의 녹색선 접지를 시켜야 할 때 사용된다. 그러나 회로적으로는 단일점 접지가 바람직하다. 쵸크(choke)는 전력선 주파수에서 낮은 임피던스 안전성 접지를 제공하고 고주파에서 접지를 분리시킨다.

5.2.3 기능 상의 접지 설계

다른 형태의 회로(낮은 레벨의 아날로그, 디지털, 잡음, 기타)들은 같은 시스템 혹은 보드에서 사용되고, 각각은 회로 형태에 적절한 방법으로 접지되어야 한다. 일반적으로 한 점에 다른 회로들이 함께 묶여져 있어야 한다. 그림 5.49는 보드에서의 예이다.

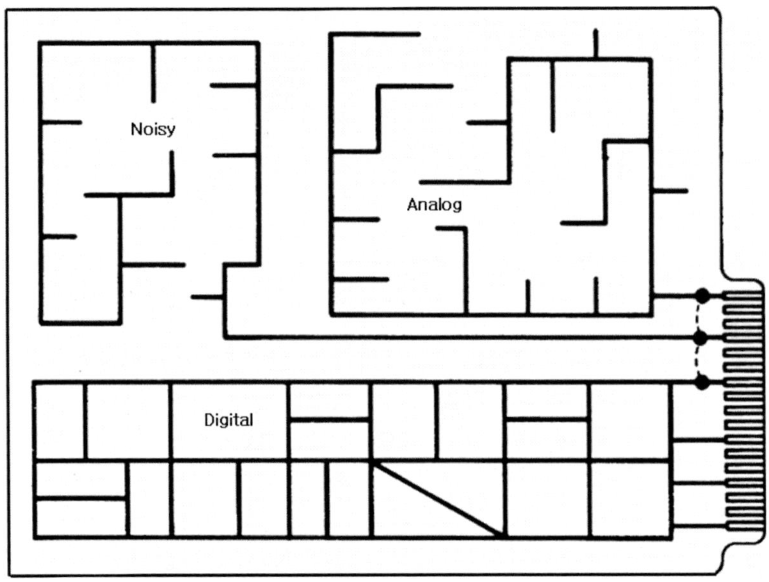

그림 5.49 PCB 기판 접지시스템의 세 가지 구분

(1) 실제 낮은 주파수 접지

저주파수에서 대부분 실제적인 접지시스템은 직렬과 병렬의 단일 점 접지의 조합이다. 그런 조합은 전기적인 잡음 임계 치와 필요 이상의 선로 복잡성을 피하기 위한 것의 절충이다. 이러한 요소들을 잘 조절하기 위해서 중요한 것은 선택적으로 접지 리드군을 이루는 것이다. 그래서 크게 차이 나는 전력과 잡음 레벨 회로는 같은 접지 귀환선으로 나누지 않는다. 그러므로 몇몇 낮은 레벨 회로는 공통 접지 귀환 선으로 나누는 반면에 다른 높은 레벨의 회로는 다른 접지 귀환 도체로 나눈다.

그림 5.50에서 보는 바와 같이 대부분의 시스템은 최소한 세 개의 접지 귀환을 요구한다. 저레벨 전기회로의 신호 접지는 릴레이와 모터와 같은 회로에 사용되는 'noisy' 접지로부터 분리되어야 하며, '하드웨어' 접지는 기계적인 덮개, 섀시, 케이스 등에 사용되어야 한다. 만약 교류전력이 그 시스템을 통해 분배된다면, 전력접지(녹색 선)는 하드웨어 접지에 연결되어야 한다. 세 개의 분리된 접지 귀환회로는 단지 한 점에서 연결되어야 한다. 모든 장비에 대해 이런 기본접지 형태를 사용하는 것은 접지를 훌륭히 최소화시킬 수 있을 것이다.

이러한 접지 원리는 그림 5.51과 같이 9개의 트랙 디지털 테이프 리코더에 적용될 수 있다. 그곳에는 세 개의 신호 접지, 한 개의 잡음 접지, 그리고 하나의 하드웨어 접지가 있다. 가장 민감한 회로, 아홉 개의 읽기용 증폭기들은 두 개의 독립된 접지 귀환을 사용하여 접지된다. 다섯 개는 한 선에 연결시키고, 네 개는 다른 선에 연결시켰다. 읽기 증폭기보다 훨씬 높은 레벨에서 동작하는 아홉 개의 쓰기 증폭기와, 인터페이스와

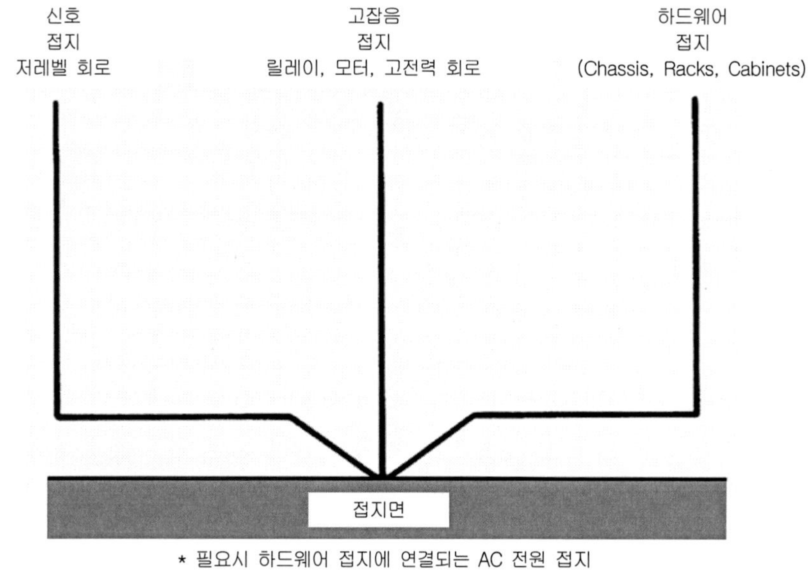

그림 5.50 노이즈 커플링을 피하기 위한 접지 시스템

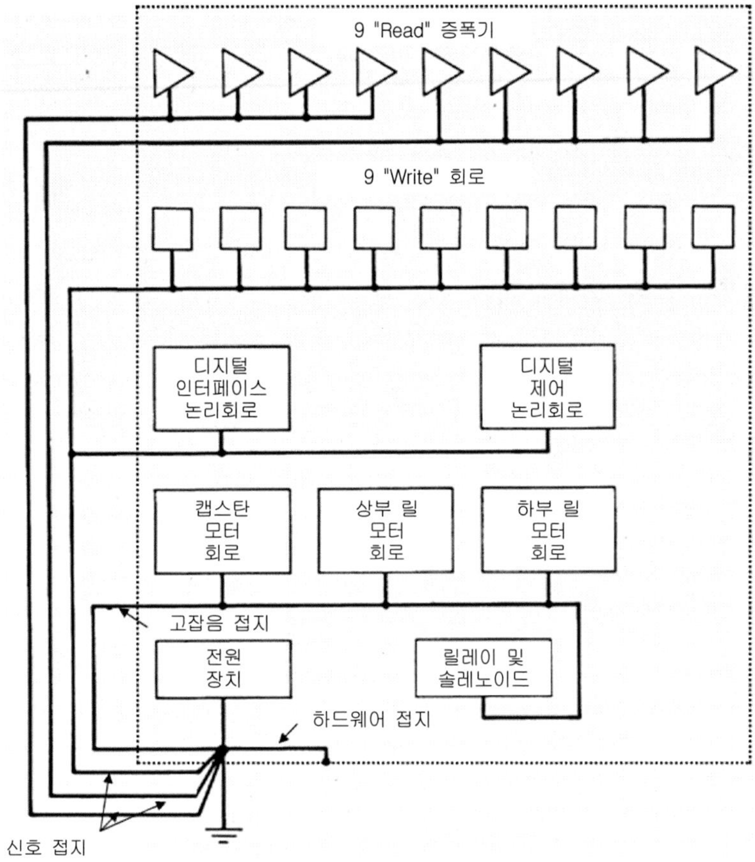

그림 5.51 전형적인 접지 시스템

논리 제어회로는 세 번째 접지 귀환에 연결시켰다. 세 개의 직류 모터와 그들의 제어 회로, 릴레이와 솔레노이드는 노이즈 접지에 연결되었다. 이런 소자들 중에 캡스턴 모터 제어 회로는 가장 민감하다. 그것을 초기 접지 점에 가장 가깝게 연결하는 것이 올바르다. 하드웨어 접지는 덮개와 케이스를 접지시키는 것이다. 신호접지, 잡음접지 그리고 하드웨어 접지는 파워서플라이라고 하는 주요 전력원에 함께 연결되어야 한다.

몇 개의 장비에 대해 접지시스템을 설계할 때, 그림 5.51과 유사한 블록다이어그램은 다양한 회로 접지의 올바른 상호 접속을 결정할 때 매우 유용하다

(2) 하드웨어 접지

어떤 큰 시스템의 전자회로는 보통 Relay racks나 캐비닛에 설치한다. 이러한 Racks

와 캐비닛은 안전성 접지를 해야 한다. 전자 기계적인 전화국과 같은 몇몇 시스템에서 Racks는 릴레이 스위칭 회로에 대해 귀환도체처럼 된다. Rack 접지는 종종 Rack의 이음부나 접합부 또는 서랍에서 기인하는 매우 높은 저항과 잡음이 있다.

그림 5.52는 두 개의 Relay racks에 설치된 패널 위에 전자 세트로 이루어진 전형적인 시스템을 보여준다. Rack 1은 좌측에 보는 바와 같이 올바른 접지이다. 그 패널은 Rack에 연결되어 좋은 접지를 이루고, 그 Rack은 서로 연결되어 초기 전력 소스에 밀접하게 접지된다. 그 전자회로 접지는 패널 또는 Rack에 접촉시키지 않는다. 이런 방법으로 Rack의 잡음 전류는 전자회로 접지를 통하여 접지귀환 할 수 없다. 고주파수에서 약간의 Rack 잡음 전류는 선반과 전자회로 사이의 용량성 결합에 기인하여 전자회로 접지로 귀환한다. 이 커패시턴스는 가능한 한 적게 해야 한다. 오른쪽의 Rack 2에서는 회로접지가 Rack 접지와 연결되어 부적절하게 설치된 것을 보여준다. Rack의 잡음전류는 회로 접지로 귀환하게 된다. 그리고 지점 1, 2, 3, 4, 1로 접지루프를 이룬다.

만약 설치가 Rack이나 패널에 좋은 접지 연결을 하지 않으면 미심쩍은 접지를 제거하는 것이 최선책이고, 이때 몇몇 다른 방법으로 명확한 접지를 제공하여야 한다. 만약 그렇지 않다면, 거기에는 어떤 접지가 있다고 신뢰할 수 없다. 신뢰할 수 있는 접지를 위해서는 슬라이딩 서랍, 경첩 등에 접지하지 말아야 한다. 접지가 자연적인 문제일 때는 동작이 시스템 대 시스템 혹은 시간 대 시간으로 변화할지도 모르고, 어쩌면 설계

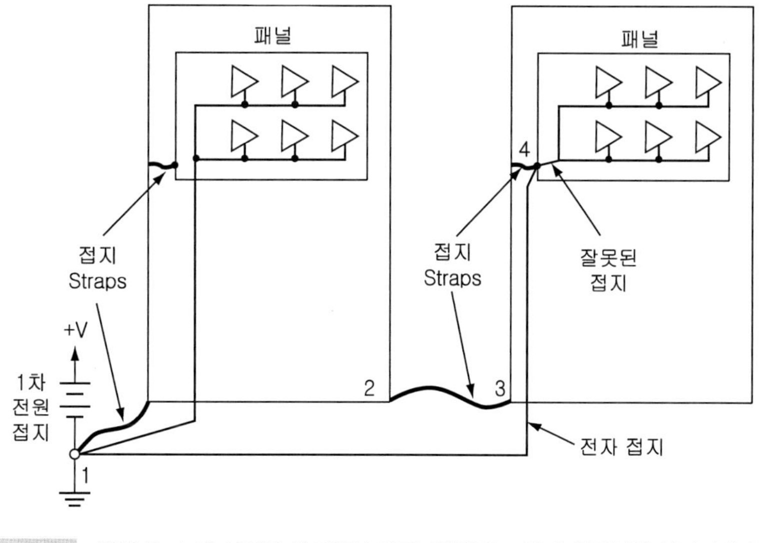

그림 5.52 장비 Rack에 실장된 하드웨어 접지 예(회로는 접지 연결부와 분리되어야 한다)

된 접지나 접지가 아닌 곳에서 동작될지도 모른다.

하드웨어 접지는 스크루나 볼트에 의한 결합보다는 용접이나 납땜과 같이 더 밀접한 결합이 좋다. 다른 종류의 금속을 접합할 때의 접지는 주의할 점은 갈바니 부식이 일어나 갈바니 전압이 발생되지 않도록 확실히 해야 한다는 점이다. 부적절하게 만들어진 접지 연결은 새로운 장비 상에서는 완벽하게 잘 수행될 수는 있지만, 후에 의심스러운 문제의 원인이 될 수 있다.

전기적 연결이 섀시 같은 금속표면에서 일어날 때 금속은 전도성 코팅으로 부식을 방지해야 한다. 예를 들어, 비전도성으로 증착된 칠 대신에 전도성의 증착의 알루미늄으로 칠을 하거나 크롬 산염 칠을 한다. 섀시가 접지 면으로 사용될 때에는 접합부, 연결부, 그리고 개방의 전기적 특성에 유의해야 할 것이다.

(3) 회로에서 한 점 접지의 기준

두 접지 점은 같은 전위일 가능성이 거의 없기 때문에 만약 회로가 한 점 이상에서 접지된다면 접지 전위의 차이는 회로에 결합될 것이다. 이 조건은 그림 5.53에 보여준다. 신호 소스는 점 A에서 접지되고, 그리고 증폭기는 점 B에서 접지된다. 여기에서 증폭기는 일반적으로 부하로서 언급됨을 주목하라. 그러나 그 증폭기는 간단한 예이고 또 접지 방법은 어떤 형태의 부하에도 알맞다. 전압 V_G는 점 A와 B 사이의 접지 전위의 차로 나타난다. 그림 5.53과 차후의 예로, 두 개의 다른 접지의 심벌은 두 개의 물리적으로 분리된 접지가 같은 전위가 아님을 강조한다. 그림 5.53에서 증폭기의 입력 전압은 $V_S + V_G$와 같다. 잡음을 제거하기 위해, 접지 연결 중 하나는 반드시 제거되어야 한다. B에서 접지 접속을 제거하는 것은 접지되지 않은 파워 서플라이로부터 증폭기가 동작해야 하는 것을 의미한다. 차동증폭기 또한 이 장의 뒷부분에 언급된 바와 같이 사용될 수 있다. 그러나 소스 쪽의 A에 접지를 하는 것이 보통 더욱 쉽게 사용된다. 소스 쪽과 증폭기 입력 한 쪽이 접지되어 있으므로 $R_{C_2} << R_S + R_{C_1} + R_L$의 경우, 증폭기 단자에서 잡음 전압 V_N은 다음과 같다.

$$V_N = \left[\frac{R_L}{R_L + R_{C1} + R_S}\right]\left[\frac{R_{C2}}{R_{C2} + R_G}\right] V_G \qquad (5.42)$$

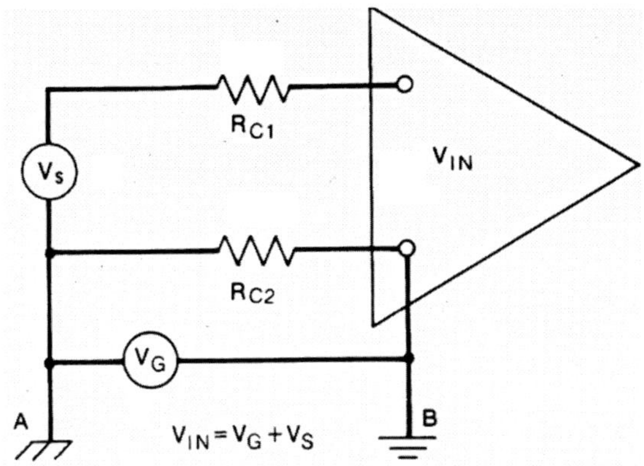

그림 5.53 2점 접지의 경우 (2점 접지 이상이 되면 잡음이 증폭기에 침투한다.)

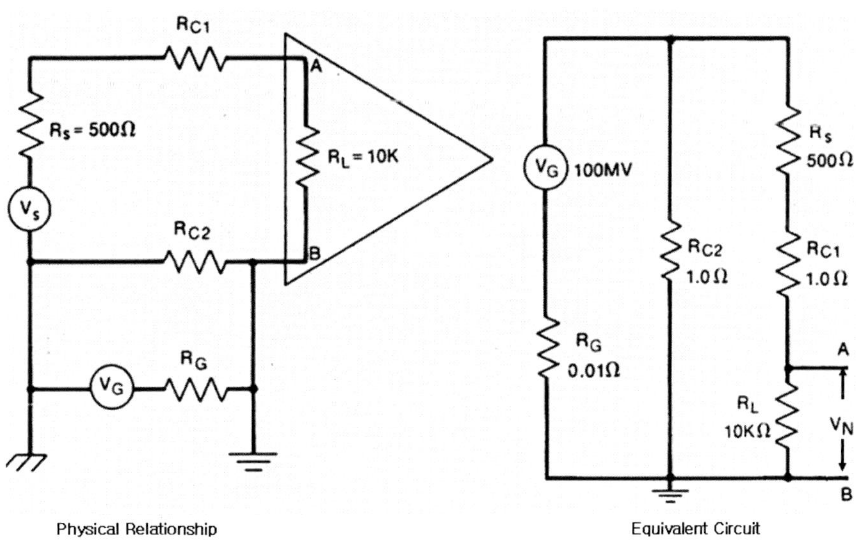

그림 5.54 접지와 잡음의 잠재성

예제 그림 5.54에서 접지전위는 100 mV이고, 0.01 Ω이 접지 저항을 따라 흐르는 접지 전류가 등가 값으로 10 A인 경우를 고려하라. $R_5 = 500\ \Omega$, $R_{C_1} = R_{C_2} = 1\ \Omega$ 그리고 $R_L = 10\ \text{k}\Omega$ 이라면, 식 (5.42)에서 증폭기단자의 잡음 전압은 95 mV이다. 거의 모든 100 mV 차의 접지 전압이 증폭기에 결합된다.

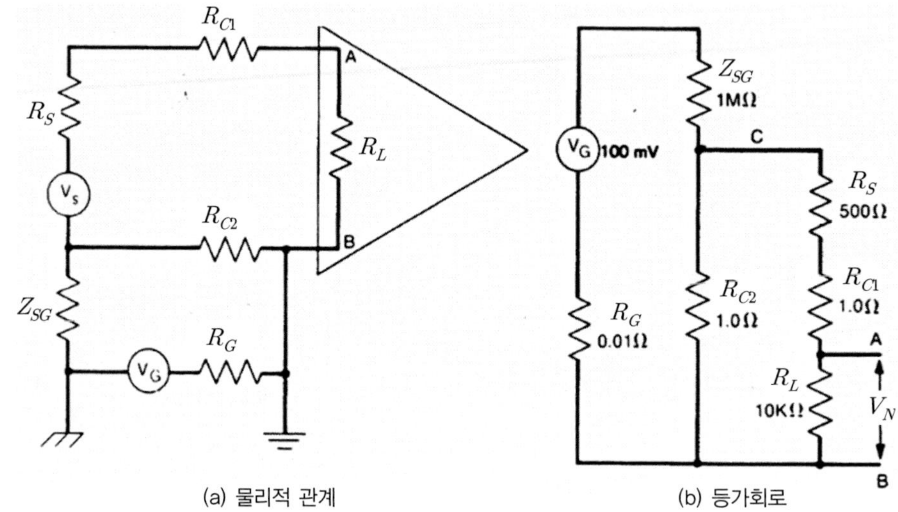

(a) 물리적 관계　　　(b) 등가회로

그림 5.55 전원과 접지 사이에 큰 임피던스를 둔 경우

그림 5.55처럼 소스에 임피던스 Z_{SG}를 더함으로써 접지로부터 분리시킬 수 있다. 이상적으로, 임피던스 Z_{SG}는 무한대이지만 누설 저항과 커패시턴스에 기인하여 약간 큰 유한 값을 가진다. $R_{C_2} << R_5 + R_{C_1} + R_L$과 $Z_{SG} \gg R_{C_2} + R_G$의 경우, 증폭기 단자에서 잡음 전압 V_N은 다음과 같다.

$$V_N = \left[\frac{R_L}{R_L + R_{C1} + R_S} \right] \left[\frac{R_{C2}}{Z_{SG}} \right] V_G \tag{5.43}$$

대부분의 잡음 감소는 식 (5.43)의 두 번째 항에 의해 소스를 분리시켜 얻을 수 있다. 만약 Z_{SG}가 무한대이면 증폭기에 결합되는 잡음 전압은 없어진다. 소스로부터 접지면까지 임피던스 Z_{SG}가 1 MΩ이고, 다른 모든 값이 앞의 예제와 같다면, 증폭기에서의 잡음 전압은 식 (5.43)로부터 단지 0.095 μV이다. 이것은 소스를 접지시킨 앞의 경우보다 120 dB이 감소되었다.

5.2.4 증폭기 차폐

고 이득 증폭기는 전계로부터 보호하기 위해 종종 금속 차폐로 둘러싼다. 차폐는 접지되어야 하는가에 대한 의문이 그내 발생한다. 그림 5.56은 기생 용량이 증폭기와 차

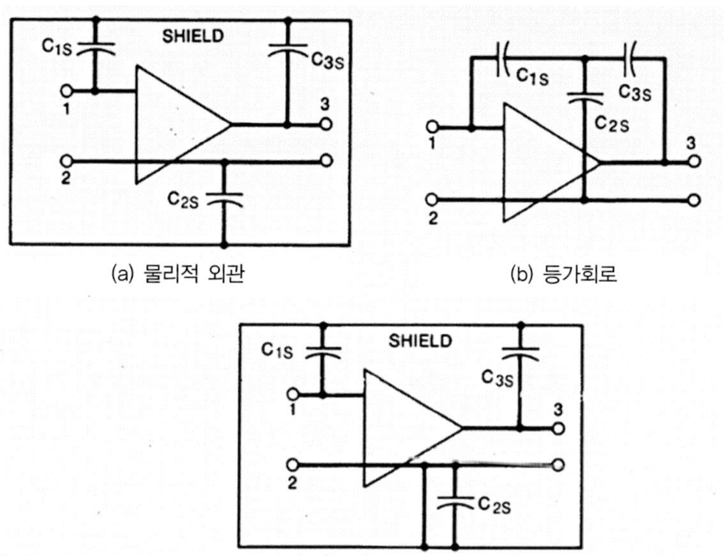

(a) 물리적 외관

(b) 등가회로

(c) Common에 연결된 실드

그림 5.56 증폭기 차폐 방법

폐 사이에 존재함을 보여준다. 등가 회로로부터, 표유용량 C_{3S}와 C_{1S}는 출력에서 입력까지의 피드백 경로를 제공하는 것을 볼 수 있다. 만약 이 귀환이 제거되지 않으면, 증폭기는 발진할 수도 있다. 원하지 않는 피드백 경로를 제거하기 위한 유일한 차폐연결은 그림 5.56(c)에서 보여주는 것처럼 차폐와 증폭기 공통단자를 연결하는 것이다. 차폐를 증폭기 공통에 접속함으로써, 커패시턴스 C_{2S}는 회로를 단락시키고 귀환 경로는 제거된다. 이 차폐 연결은 공통단자가 대지 접지가 아니더라도 연결되어져야 한다.

(1) 케이블 차폐의 접지

신호 회로가 단일 점 접지일 때 저주파 신호의 케이블 차폐는 단지 한 점에 접지되어야 한다. 만약 차폐가 한 점을 초과해서 접지된다면, 잡음 전류가 흐를 것이다. 차폐된 트위스트 페어의 경우 차폐전류는 신호케이블 내부의 전압과 같지 않은 유도성 결합을 일으킬 수도 있어 노이즈의 원천이 될 수도 있다. 그러나 만약 차폐가 단지 한 점에서 접지되어야 한다면, 그 점은 어디인가? 그림 5.57에서 위쪽 그림은 증폭기와 소스가 접지되지 않은 입력신호 리드를 보여준다. V_{G_1}은 대지 접지면 위로부터 증폭기의 공통단자의 전위를 나타내고, V_{G_2}는 두 개의 접지 점 사이의 접지 전위차를 나타낸다.

차폐는 단지 한 접지를 하기 때문에 입력 리드와 잡음 결합을 제공하는 차폐 사이의 커패시턴스를 가진다. 입력 차폐는 점 접속 라벨 A, B, C 그리고 D 중 가능한 어떤 한 지점에 접지시킬 수 있다. 연결 A는 명백히 바람직하지 않다. 왜냐하면 신호 리드 한 곳에서 차폐 잡음 전류를 허용하기 때문이다. 신호리드의 임피던스를 통해 흐르는 잡음전류는 신호에 직렬로 잡음전압을 발생시킨다.

그림 5.57의 아래쪽 세 개의 그림은 접지 연결 B, C 그리고 D의 등가회로이다. 증폭기 입력 단자(점 1과 2) 사이에 발생되는 외부 전압은 잡음전압이다. B의 연결은 V_{G2}와 V_{G1}에 기인하여 증폭기의 입력 단자를 가로질러 전압이 발생되고, C_1과 C_2에 의해서 용량성 전압이 분배되어 형성된다. 이 연결 역시 만족스럽지 못하다. C의 연결은 V_{12}가 없고 V_{G2}와 V_{G1}의 값을 무시한다. D의 연결은 V_{G1}에 기인한 증폭기의 입력단을 가로질러 전압이 발생되고 C_1과 C_2에 의해 용량성 전압이 분배된다. V_{12}를 막는 유일한 연결은 C의 연결 방법이다. 그러므로 접지되지 않은 소스와 접지된 증폭기의 연결 회로에서 입력 차폐는 그 지점이 대지 접지가 아니더라도 항상 증폭기의 공통단자에 연결시켜야 한다. 그림 5.58은 접지된 소스와 접지되지 않은 증폭기의 연결회로

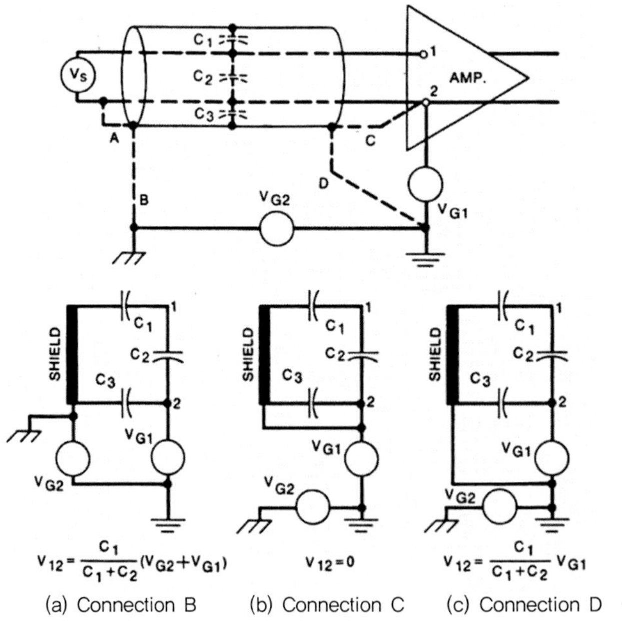

그림 5.57 증폭기가 접지되었을 때

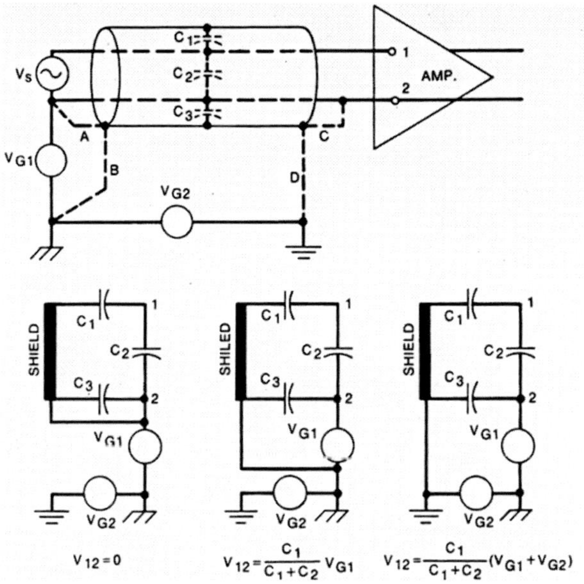

(a) Connection A (b) Connection B (c) Connection C

그림 5.58 전원이 접지되었을 때

의 경우이다. V_{G1}은 실제 접지면과 소스 공통 단자 사이의 전위를 나타낸다. 입력 케이블 차폐는 보는 바와 같이 다시 A, B, C 그리고 D로 네 가지의 가능한 연결이 있다. C의 연결은 차폐 잡음 전류가 신호도체 중 하나를 통하여 흘러 접지면에 도달하기 때문에 명백하게 이상적이지 못하다.

그림 5.58의 아래 그림은 차폐연결 A, B와 D의 등가회로를 보여준다. 보는 바와 같이 단지 A의 연결만이 증폭기 입력단 사이의 잡음전압이 발생하지 않게 한다. 그러므로 접지된 소스와 접지되지 않은 증폭기의 경우에 입력 차폐는 소스 공통 단자가 대지 접지가 아니더라도 A에 연결되어야 한다.

그림 5.59는 차폐된 트위스트 페어와 동축케이블의 개선된 저주파 차폐 접지의 구조를 보여준다. 회로 A부터 D까지는 증폭기나 소스에 접지시킨 것이나, 양쪽 끝 모두를 접지시키지는 않았다. 신호회로를 양쪽 모두를 접지시킬 때 많은 양의 잡음 감소의 가능성은 접지 전위의 차와 자계에 대한 접지 루프의 내성에 의해서 제한된다. 그림 5.59의 E와 F 회로에서는 개선된 차폐접지의 예를 보여준다. 동축케이블 차폐의 양쪽 끝을 접지시킨 F 회로에서 중심도체보다는 강제로 낮은 임피던스 차폐를 통하여 약간의 접지 루프 전류를 흐르게 한다. 회로 E의 차폐된 트위스트 페어의 경우는 양쪽 모

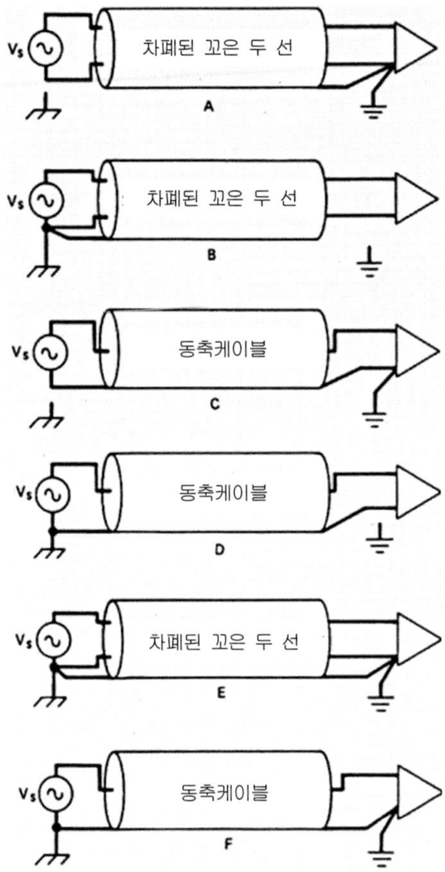

그림 5.59 차폐에 대한 접지의 종류

두를 접지시켜 신호도체로부터 약간의 접지 루프 전류를 옆으로 돌린다. 만약 추가적인 잡음 내성이 필요할 때는 접지 루프를 제거하는 것이 필요하다. 접지 루프를 제거하기 위해서 변환기, 광 결합기 또는 차동증폭기를 이용한다.

(2) 접지 루프

접지 루프는 때때로 잡음의 원인이 될 수 있다. 이것은 먼 거리로 분리된 다중 접지점 그리고 교류 전력 접지에 연결되었을 때, 특히 그렇다. 혹은 저 레벨 아날로그 회로에서도 그렇다. 이런 경우에는 접지-경로 잡음을 제거하거나 분리시키는 어떤 형태를 만들 필요가 있다.

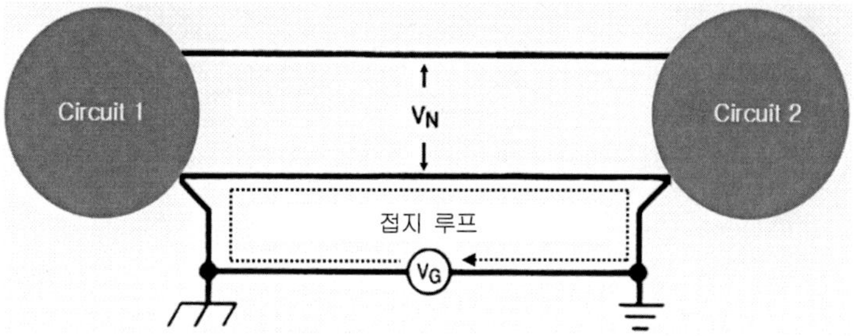

그림 5.60 두 회로 사이의 접지 루프

그림 5.60은 전위가 다른 두 점에 접지된 접지 시스템을 보여준다. 그림에서 보여주는 바와 같이 이것은 그 회로에서 원하지 않는 잡음 전압의 원인이 된다. 잡음 전압의 크기와 그 회로에서 신호 레벨과 비교는 중요하다. 만약 S/N비가 회로의 동작에 영향을 준다면 그런 상황을 개선하는 조치를 취해야 한다. 그림 5.61에서 보는 바와 같이 두 가지로 해결할 수 있다. 첫째, 하나의 접지를 제거하여 접지 루프를 피하여 단일점 접지 시스템으로 바꾸는 방법, 둘째, 두 회로를 분리함으로써 다중접지의 효과를 제거한다거나 최소화하는 방법이다. 분리에는 (1) 변환기 (2) 공통모드 쵸크 (3) 광 결합기 (4) 평형 회로 (5) 주파수 선택적 접지(하이브리드 접지)가 있다.

그림 5.61은 두 회로를 변환기로 분리시킨 것을 보여준다. 접지 잡음 전압은 변환기의 감은 부분에 나타나고 회로의 입력에는 나타나지 않는다. 변환기는 우수한 결과를 주지만 그들은 너무 크고, 주파수 응답의 한계를 가지고, 직류를 연속적으로 연결을 못하며 가격이 비싼 것이 흠이다. 부수적으로 만약 다중 신호가 회로 사이에 연결되었다면 다중 변환기가 필요하다.

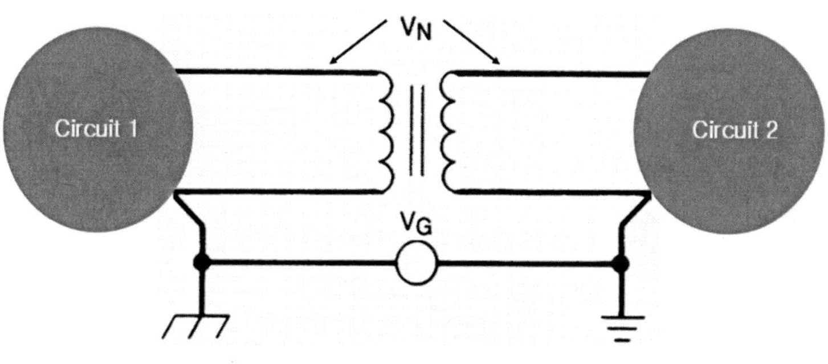

그림 5.61 트랜스포머를 삽입해 루프 제거

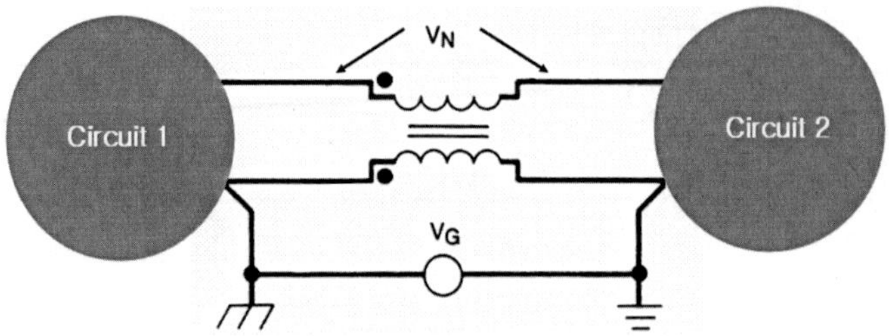

그림 5.62 공통모드 쵸크를 삽입해 루프 제거

그림 5.62는 두 회로를 공통 모드 쵸크로서 연결된 변환기를 사용하여 분리시켜 공통모드 교류신호를 제거한 직류와 차동 모드 신호를 전송하는 것을 보여준다. 이 공통모드 잡음 전압은 쵸크의 감은 선간에 나타나고 회로의 입력 부분에는 나타나지 않는다. 공통모드 쵸크는 전달되는 차동신호에 영향을 주지 않으므로 다중 신호리드는 누화 없이 같은 코어에 감을 수 있다. 공통모드 쵸크의 동작은 다음 단락에서 설명한다.

그림 5.63에서 보여주는 광 결합기(광 아이솔레이터 또는 광 파이버)는 두 접지 사이의 금속 경로를 완전히 제거하기 때문에 공통모드 잡음을 제거하는 데 매우 효과적이다. 두 회로 사이의 전압 차가 매우 클 때 심지어 수천 볼트 정도라 하더라도 가장 유용하다. 원하지 않는 공통모드 잡음 전압은 광 결합기를 가로질러 나타나고 회로의 입력에는 나타나지 않는다.

광 결합기는 디지털 회로에서 특히 유용하다. 결합기의 선형성이 항상 만족을 못하므로 아날로그 회로에서 적당하지 못하다. 그러나 아날로그 회로는 고유의 비선형성을 보상하기 위한 광 피드백 기술을 이용한 설계를 해 왔다. 그림 5.64는 공통 모드 접지 잡음 전압을 분리시키는 또 다른 방법인 밸런스 회로를 보여준다. 이 경우 공통모드 전압은 밸런스 회로의 양쪽 절반에 같은 전류를 유도하고 밸런스된 Receiver는 두 입력

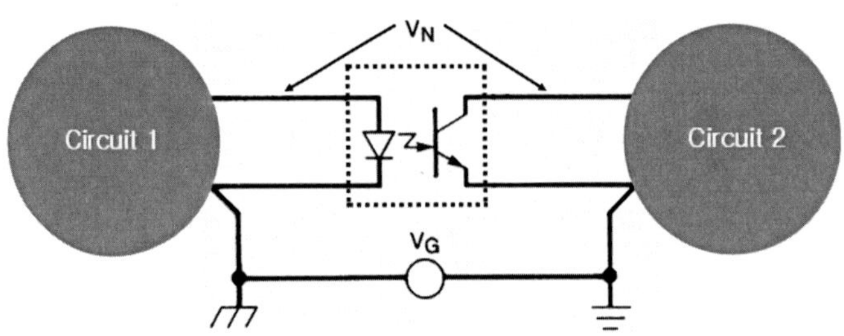

그림 5.63 접지를 삽입해 루프 제거

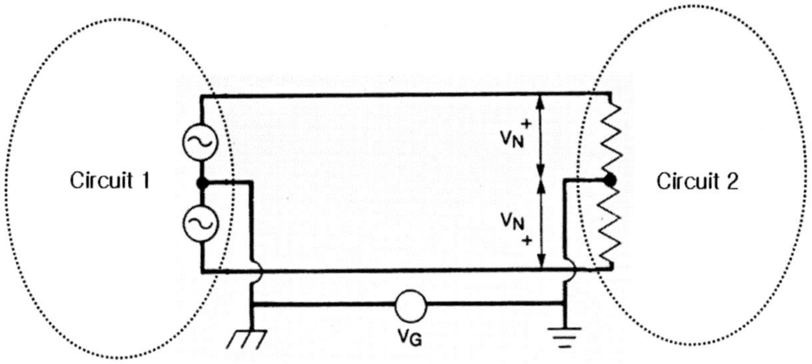

그림 5.64 벨런싱을 사용해 루프 제거

사이의 차이에만 응답한다. 공통모드 밸런스가 좋을수록 많은 공통모드 거절을 크게 할 수 있다. 주파수가 증가함에 따라 밸런스의 정도를 높이는 것이 어렵게 된다. 공통모드 잡음 전압이 원하는 신호와 다른 어떤 주파수에 있을 때, 주파수 선택적(하이브리드)접지가 이용될 수 있다.

5.3 BALANCING AND FILTERING

5.3.1 BALANCING

평형회로(Balanced Circuits)는 접지와 다른 모든 컨덕터(conductor)에 대하여 똑같은 임피던스를 갖는 컨덕터들과 모든 회로와 연결된 쌍도체회로(two-conductor circuit)이다. 평형의 목적은 도체 양쪽에서 노이즈 픽업(noise pickup)을 똑같게 만들기 위해서인데, 그런 경우에는 부하(load) 상태에서 상쇄할 수 있게 만들어진 공통(동상)모드 신호(common-mode signal)가 될 것이다. 평형은 많은 경우에 비용효과를 생각해서, 잡음감소 기술 측면에서 종종 간과되는데, 이 기술은 차폐(shielding)만을 포함할 수 있는 레벨 아래에서 잡음이 감소될 때 차폐가 있는 접속에서 사용될 수 있다. 더불어, 몇몇 응용으로 1차 잡음 기술인 차폐의 위치에 부가적으로 사용된다.

차동증폭기 이용은 평형시스템(balanced system)으로서 첫 번째 단계였다. 증폭기는 평형부하(balanced load)를 제공하지만, 저항 *Rs*로 인하여 여전히 소스(source)는 불평형이다.

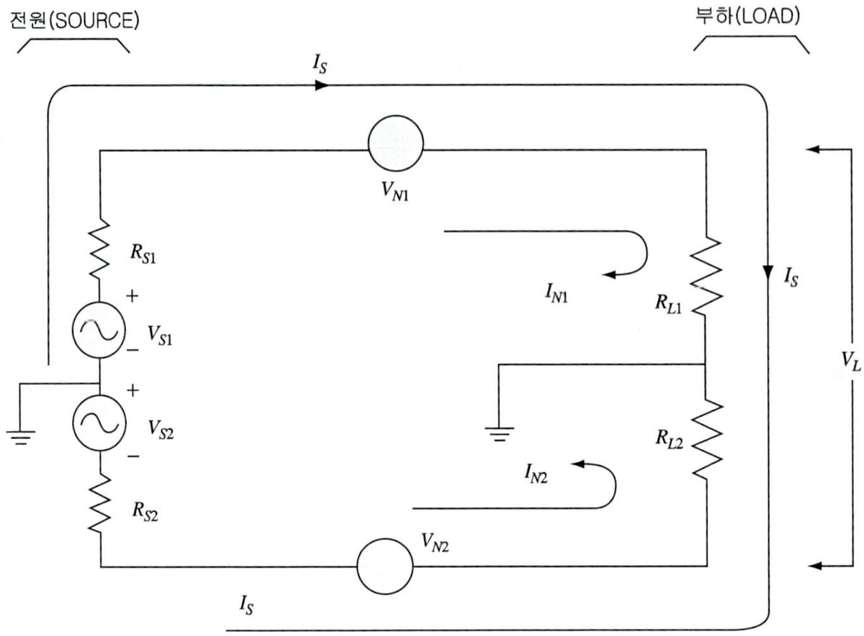

그림 5.65 평형상태의 전원과 부하($R_{S1}=R_{S2}$, $R_{L1}=R_{L2}$, $V_{N1}=V_{N2}$ 및 $I_{N1}=I_{N2}$)

그림 5.65에 보인 바와 같이 평형소스는 접지에 대하여 완벽하게 평형이 된 시스템이다. 일반적인 경우로 두 개의 공통 잡음 전압 V_{N1}과 V_{N2}는 컨덕터와 함께 배열되어 있다. 이 잡음전압들(V_{N1}, V_{N2})은 잡음전류 I_{N1}과 I_{N2}를 생성한다. 소스전압 V_{s1}과 V_{S2} 둘이서 신호전류 Is를 생성한다. 로드를 지나 만들어진 전체 전압 V_L은 다음과 같다.

$$V_L = I_{N1}R_{L1} - I_{N2}R_{L2} + (R_{L1} + R_{L2}) \tag{5.44}$$

첫 번째 두 항($I_{N1}R_{L1} - I_{N2}R_{L2}$)은 잡음전압을 나타내고, 세 번째 항($R_{L1} + R_{L2}$)은 원하는 신호전압을 나타낸다. 만일 I_{N1}이 I_{N2}와 같고. R_{N1}이 R_{N2}와 같다면, 로드를 지나는 잡음전압은 0이다. 그러면 식 (5.44)는 다음과 같이 된다.

$$V_L = I_s(R_{L1} + R_{L2}) \tag{5.45}$$

단, 전압은 단지 신호전류 I_S에 의존한다.

그림 5.66에 보인 바와 같이 평형회로에서는, V_1과 V_2는 유도 픽업 전압(inductive

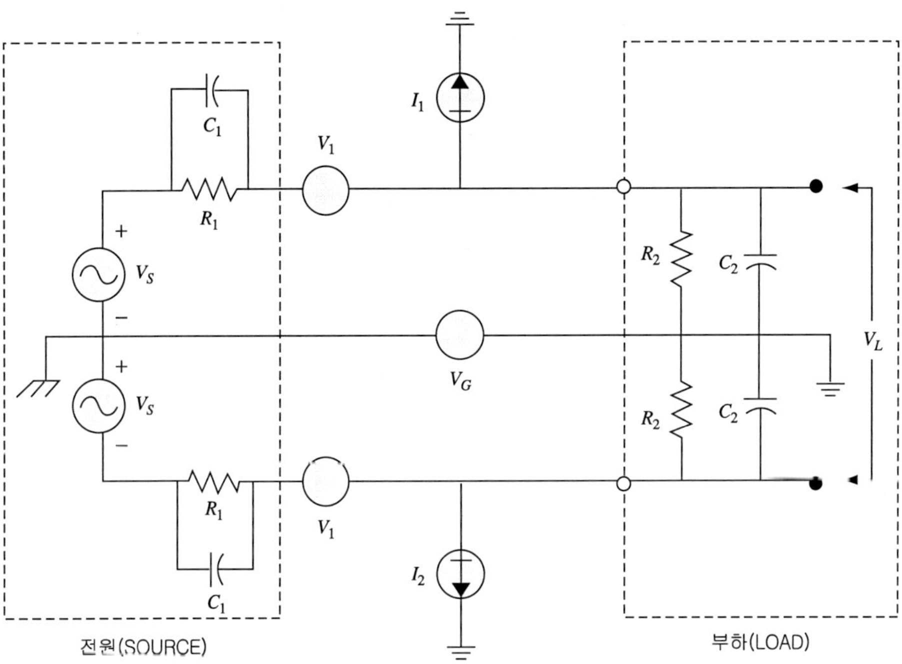

그림 5.66 소스·부하간의 접지전위차와 유도성과 용량성 노이즈 전압을 보이는 평형회로

pickup volt) 전압과 전류 발생원을 나타낸다. I_1과 I_2는 C_{31}과 C_{32}를 통해 회로 안으로 용량적으로 짝지어진 잡음을 나타낸다. 소스와 로드 사이에서 접지 전위차는 V_G이다. 용량성 결합에 의해 기인된 로드 터미널 1과 2 사이에서 발생된 로드전압은 그림 5.67에 나타낸 바와 같이 결정될 수 있다.

임피던스 R_1과 R_2는 각각 컨덕터 1과 2로부터 접지에 대한 전체 저항을 나타낸다. 전압 V_3에 기인한 컨덕터 1에 발생하는 용량성 결합 잡음전압은 다음과 같다.

$$V_{N1} = j\omega R_1 C_{31} V_3 \tag{5.46}$$

전압V_3에 에 의해 컨덕터 2에 발생하는 잡음전압은 다음과 같다.

$$V_{N2} = j\omega R_2 C_{32} V_3 \tag{5.47}$$

만일, 회로가 평형하다면 저항 R_1과 R_2는 똑같을 것이다. 만일 컨덕터 1과 2가 트위스트 페어(twisted pair)라면 정전용량 C_{31}은 거의 C_{32}와 같을 것이다. 위와 같은 조건 하에서 V_{N1}은 대략 V_{N2}와 같고, 용량성 결합의 잡음전압은 로드에서 없어질 것이

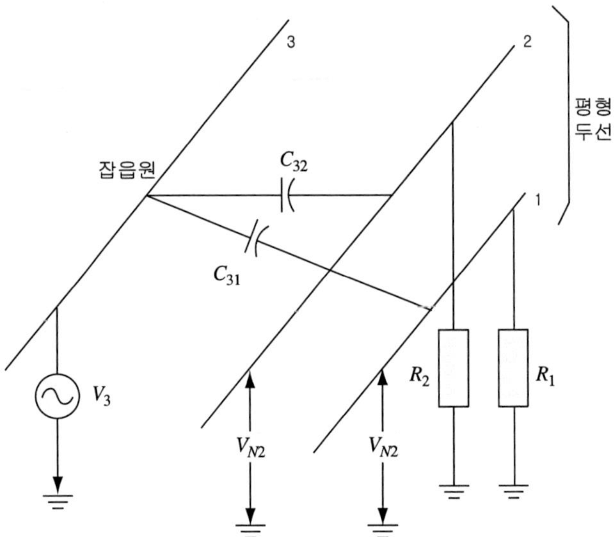

그림 5.67 평형컨덕터에서 용량성 픽업

다. 트위스트 페어는 회로가 평형이된 용량성 결합에 대하여 보호될 수 있다.

그래서 트위스트 페어는 또한 전기장에 대해서 보호될 수 있으며, 트위스트 페어에 사용되는 평형회로는 컨덕터를 보호하는 차폐물 없이도 전자-전기장에 대하여 보호될 수 있다. 그러나 완전한 평형이 되기 힘들 때 차폐는 여전히 필요하고, 추가적인 보호물이 필요할 것이다. 트위스트 페어는 원래 평형 구성이기 때문에 트위스트 페어 또는 차폐된 트위스트 페어는 보통 평형회로에서 컨덕터로 사용되었다. 다른 한편 동축케이블(coaxial cable)은 원래 불평형 구성이다. 만일 동축케이블이 평형시스템에 사용된다면 그림 5.68에서 보인 바와 같이 두 개의 케이블이 사용된다.

그림 5.66에서 보았듯이 소스와 로드 사이의 접지전위차(V_G)는 터미널 1과 2의 전압과 같다. 이러한 전압이 없어지고 로드를 지나는 새로운 잡음전압은 생기지 않는다.

평형 정도 또는 CMRR은 자체에서 생성된 미분(또는 금속의) 잡음전압에 대한 동상모드(또는 횡적) 잡음전압의 비로 정의된다. 이것은 보통 데시벨(dB)로 표현된다. 동상모드로부터 differential volt의 변환은 시스템에서 불평형인 것으로부터의 결과이다.

그림 5.69에 보인 바와 같이 회로(dB에서)의 평형(또는 CMRR)은 다음과 같다.

$$Balanced = 20\log\left(\frac{V_N}{V_M}\right)dB \tag{5.48}$$

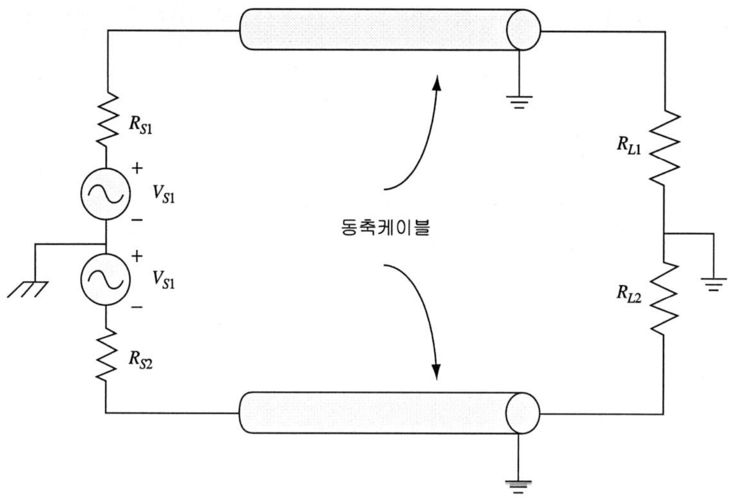

그림 5.68 평형회로에서 트위스트페어의 사용

만일 소스저항 R_S가 로드저항 R_L 보다 비교적 작다면 동상모드 전압 V_c는 V_N과 같을 것이고, 식 (5.49)에서 V_N의 자리에 V_c를 사용할 수 있을 것이다. 그래서 식 (5.48)을 다음과 같이 쓸 수 있다.

$$Balanced = 20\log\left(\frac{V_c}{V_M}\right)dB \tag{5.49}$$

만일, 그림 5.69와 같이 소스와 로드가 물리적으로 적당한 거리로 분리되어 있다면,

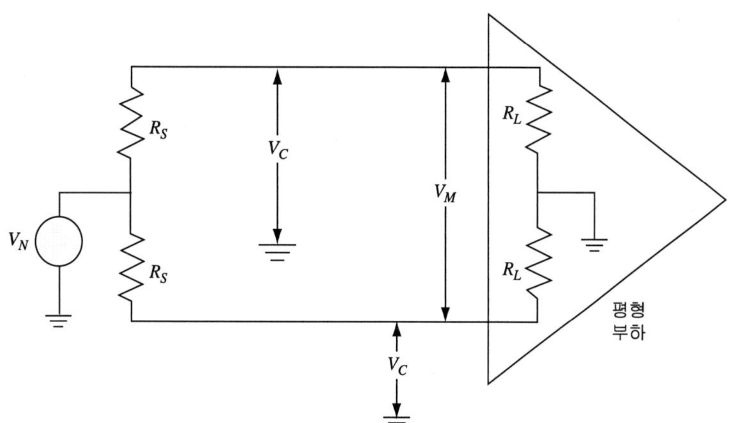

그림 5.69 회로 평형 측정

식 (5.49)에 정의된 평형은 측정이 회로의 같은 끝에서 만들어질 수 있기 때문에 일반적으로 사용된다.

더 좋고 훌륭한 평형은 잡음감소를 포함할 수 있어야 한다. 만일 평형이 완벽하게 만들어질 수 있다면 어떤 잡음도 시스템에 들어가지 못할 것이다.

전형적인 평형의 60 ~ 80 dB는 잘 고안된 회로로부터 적당하게 얻을 수 있는 값이다. 이 값의 범위보다 좋은 평형은 가능하지만 특수한 케이블이 보통 요구되고, 개개의 회로 트리밍이 필요하다.

시스템 평형은 소스 평형, 신호선 평형, 부하 평형 뿐만 아니라 부유 또는 기생 임피던스에도 의존한다. 그러므로 접지에 대한 각각의 컨덕터의 저항과 리액턴스는 같아야 한다. 평형이 된 회로에서 어떠한 잡음결합의 크기는 불평형 정도의 함수이고 동상모드 전압에 정비례한다. 평형은 결코 완벽하지 않고 동상모드 잡음전압은 적당한 차폐물과 접지, 또 회로의 한끝을 접지에서 제거함으로써 감소시킬 수 있다.

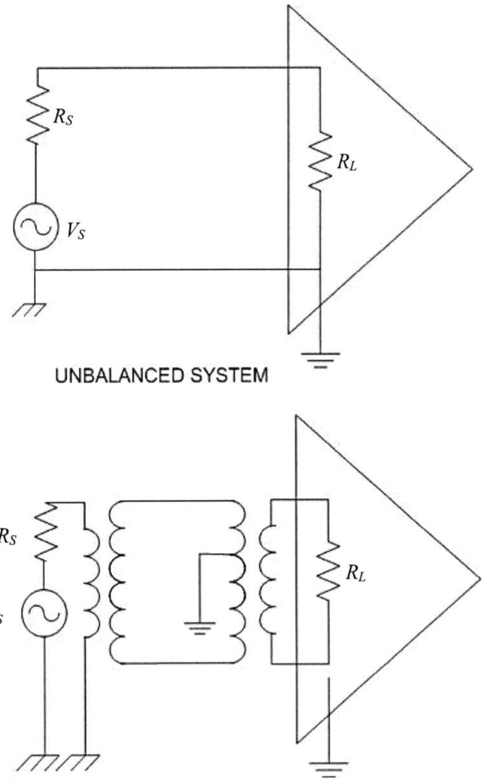

그림 5.70 두 개의 변성기를 이용해 평형을 유지할 수 있는 회로의 전송선

5.3.2 POWER-SUPPLY DECOUPLING

대부분의 전기시스템에서 직류전력 공급기와 분배시스템(DC power-supply and distribution system)은 다른 많은 회로에 대해서 공통적이다. 그러므로 연결된 회로들 사이에서 잡음결합 경로가 되지 않기 위해서는 DC 전력시스템의 디자인이 매우 중요하다. 전력분배 시스템의 대상은 변화가 있는 로드전류의 조건 하에서 모든 로드에 거의 일정한 직류전압을 공급하는 것이다. 덧붙여 말해서 로드에 의해 재생된 어떠한 교류 신호도 직류전력 버스(dc power bus)를 지나는 교류전압을 발생시켜서는 안 된다. 이상적인 전력 공급기는 영저항 전압(zero impedence source of voltage)이다. 불행히도 실제 활용에서는 영저항을 갖지 못하므로 그들을 사용하는 회로 사이에 결합되는 소스를 나타낸다. 활용에서 한정된 저항이 없다면, 컨덕터는 이러한 저항을 증가시키기 위해 회로에 첨가되어질 것이다.

그림 5.71은 전형적인 전력분배 시스템의 구성도를 나타내고 있다. DC소스(battery, power supply, 컨버터)는 퓨즈되어 있고 한 쌍의 컨덕터에 가변 부항 저항 R_L이 연결되어 있다. 로컬 바이패스 컨덕터 C는 로드를 지나면서 연결되어 있다.

그림 5.71의 단순화된 회로의 자세한 해석을 위해서 그림 5.72에 보인 회로로의 확장이 필요하다. 여기서 R_s는 전원공급기의 소스의 저항을 나타내며 power-supply 변동률의 함수이다. 저항 R_F는 퓨즈의 저항을 나타낸다. R_T, L_T, C_T는 각각 분포저항, 인덕턴스, 커패시턴스를 나타내는데, 이는 로드에 전원소스를 연결하는 데 쓰이는 전송선로의 소자이다. 제너레이터(Generator) V_N은 다른 회로로부터 wiring에 잡음결합을 나타내는 일괄적인 잡음전압이다. 바이패스 커패시터 C는 저항 R_c와 인덕턴스 L_c로 구성되어 있다. 저항 R_L은 로드를 표현한다.

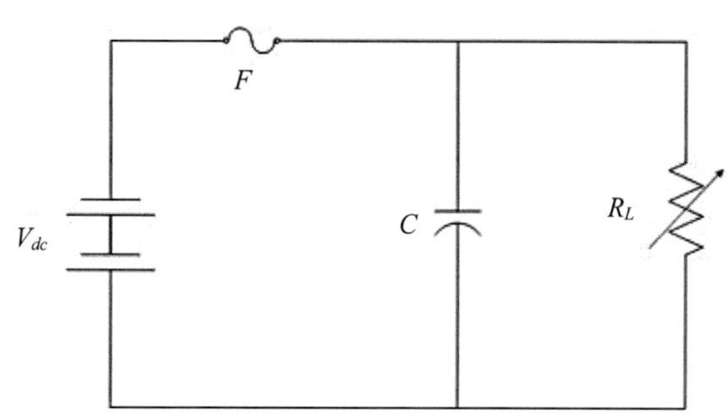

그림 5.71 DC전원 분배시스템의 구성도

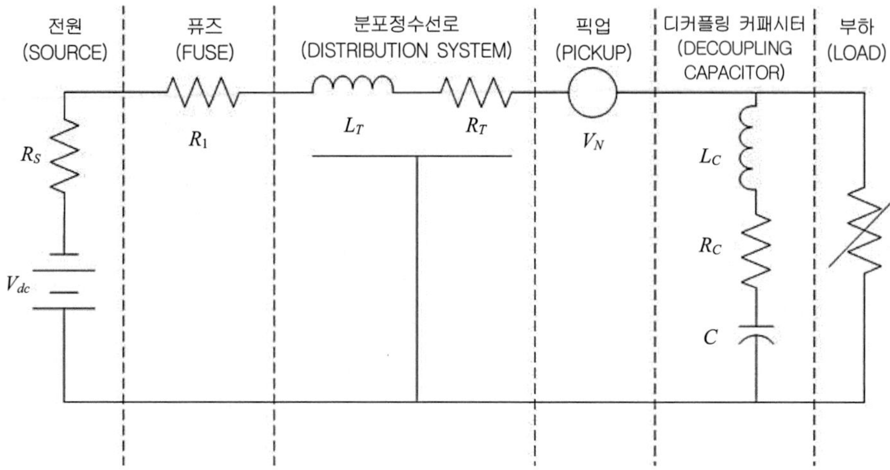

그림 5.72 DC 전원 분배시스템의 실제 회로

노이즈 픽업(noise pickup) V_N 은 2장, 3장에 실린 기술에 의해 최소화 될 수 있다. 필터 커패시터(filter capacitor)의 효과는 다음 절에서 논의된다. 필터 커패시터와 V_N 을 그림 5.72에서 없애면 그림 5.73의 회로로 된다.

이 회로는 전력공급 시스템의 성능을 결정하는 데 이용된다. 문제점은 그림 5.73의 해석을 두 부분으로 단순화시키는 것이다. 첫째, 정상 상태 및 시스템의 직류전압 성능을 결정하는 것이고 둘째, 시스템의 과도전류 또는 잡음 성능을 결정하는 것이다. 정

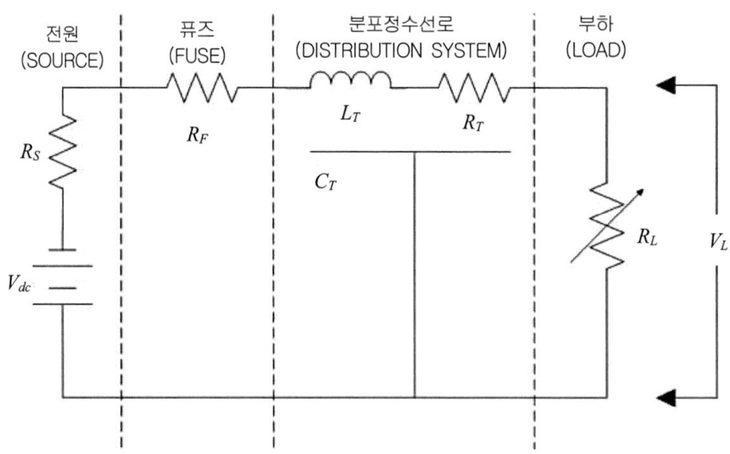

그림 5.73 그림 5.72의 회로보다 적은 decoupling 커패시터와 픽업 전압

적 전압강하는 최대 로드전류와 저항 R_s, R_F, R_T 로 결정된다. 소스 저항 R_s는 전력공급기의 변동률을 향상시킴으로써 감소시킬 수 있다. 전력공급선의 저항 R_T는 단면적 A와 컨덕터의 길이 l과 컨덕터 재료의 고유 저항(ρ)의 함수이다.

$$R_T = \rho\left(\frac{l}{A}\right) \tag{5.50}$$

고유저항 ρ는 구리인 경우 1.724×10^{-6} Ωcm이다. 최소 직류 로드전압은 다음과 같다.

$$V_{L(\min)} = V_{dc(\min)} - I_{L(\max)}(R_s + R_F + R_T)_{\max} \tag{5.51}$$

전력분배회로 위의 과도 잡음전압(transient noise volt)은 로드에서 요구되는 전류의 갑작스런 변화에 의해 생성된다. 전송선로의 특성임피던스 Z_o는

$$Z_o = \sqrt{\frac{(L_T)}{(C_T)}} \tag{5.52}$$

가 되며, 만일 전류변화가 순간적이라고 가정하면, 로드를 지나는 순간적인 전압의 변화 ΔV_L은 다음과 같다.

$$\Delta V_L = \Delta I_L Z_o \tag{5.53}$$

전류에서 순간적인 변화의 가정은 디지털회로에 실용적이지만 아날로그 회로에서 반드시 필요하지는 않는다. 그러나 비록 직류 전력분배 전송선로의 특성임피던스의 아날로그 회로의 경우에는 다양한 전력분배 시스템의 잡음의 생성과 비교하여 장점으로 사용될 수 있다. 가장 좋은 잡음 생성의 경우 가능한 낮은 특성임피던스의 전력전송선로는 전형적으로 몇 옴(ohm) 또는 이보다 작은 것이 요구된다. 그렇기 때문에 식 (5.52)에서 선로는 높은 커패시턴스와 낮은 인덕턴스를 가져야 함을 보여준다.

인덕턴스는 둥근 컨덕터를 사용하는 대신 사각단면 컨덕터(rectangular cross-section conductor)의 사용으로 감소될 수 있고, 가능한 두 개의 컨덕터를 가까이 했을 때도 그러하다. 또한 이러한 효과들은 높은 유전율을 가진 재료로 컨덕터를 절연하는 것처럼 선로의 커패시턴스를 증가시킨다.

그림 5.74는 다양한 컨덕터 형태에 따른 특성임피던스를 보여준다. 그림에서 이식들은 그림에서 나열된 부등식이 만족스럽지 않을지라도 유용하다. 그러나 이러한 조건들

컨덕터 형태	특성임피던스
평행 2도선 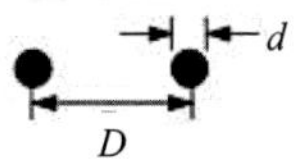	$Z_0 - \frac{120}{\sqrt{\varepsilon_r}} \cosh^{-1}\left(\frac{D}{d}\right)$ $FOR\ D/d \geq 3,\ Z_0 = \frac{120}{\sqrt{\varepsilon_r}} \ln\left(\frac{2D}{d}\right)$
접지판 위의 와이어 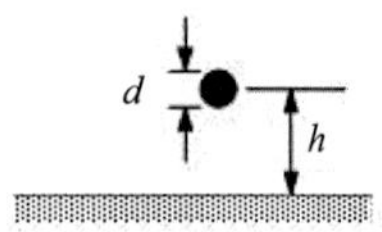	$Z_0 - \frac{60}{\sqrt{\varepsilon_r}} \cosh^{1}\left(\frac{2h}{d}\right)$ $FOR\ 2h/d \geq 3,\ Z_0 = \frac{60}{\sqrt{\varepsilon_r}} \ln\left(\frac{4h}{d}\right)$
평행평판 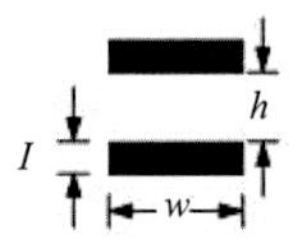	$FOR\ w \gg h \text{ and } h,\ Z_0 = \frac{377}{\sqrt{\varepsilon_r}} \left(\frac{h}{w}\right)$
접지판 위의 평판 도체 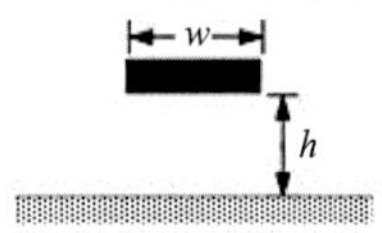	$FOR\ w \gg h,\ Z_0 = \frac{377}{\sqrt{\varepsilon_r}} \left(\frac{h}{w}\right)$
FLAT CONDUCTOR SIDE BY SIDE 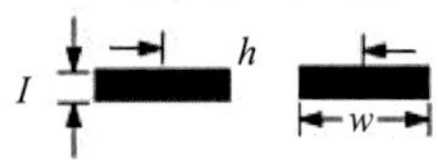	$FOR\ w \gg l\ Z_0 = \frac{120}{\sqrt{\varepsilon_r}} \left(\frac{\pi(h+wl)}{w+l}\right)$

그림 5.74 다양한 컨덕터 형태에 따른 특성임피던스

아래서 그들의 나머지가 무시됨으로써 실질적인 값보다 Z_o의 값은 크게 나타난다.

다양한 재료에 대한 비유전율 ε_r의 값은 표 5.1의 목록과 같다. 최적의 전력 공급선은 컨덕터가 평행하게 되고 가능한 넓게 다른 것의 꼭대기에 위치하고 가능한 가까이 있을 때 가능하다. 매우 낮은 임피던스를 가진 전력공급 시스템의 제공에서 발생되는 어려움을 설명하기 위해서는 수치적 예제가 도움이 된다. 첫 번째로 생각할 것은 Teflon 유전체를 지름의 1.5배 떨어진 공간에 있는 두 개의 둥글고 평행한 전선이다. 특성임피던스는 다음과 같다.

◎ 표 5.1 재료에 따른 비유전율

MATERIALS	ε_r
Air	1.0
Polyethylene foam	1.6
Cellular polyethylene	1.8
Teflon	2.1
Polyethylene	2.3
Polystyrene	2.5
Nylon	3.0
Silicon rubber	3.1
Polyvinylchloride (PVC)	3.5
Epoxy resin	3.6
Delrin	3.7
Epoxy glass	4.7
Mylar	5.0
Polyurethane	7.0

$$Z_o = \frac{120}{(2.1)^{1/2}} cosh^{-1}(1.5) = 80\ \Omega$$

만일 유전체가 대기 중에 놓여진다면, 임피던스는 115 Ω이 될 것이다. 실제적인 임피던스는 장(field) 일부가 Teflon과 공기에 일부가 있는 두 가지 사이의 값이다. 100 Ω의 값은 이 경우에 타당한 값이다.

두 번째 예제로, 두께 0.0027 in., 폭 0.05 in.인 두 개의 평면도체를 에폭시 수지로 만들어진 printed wiring 보드를 옆으로 배치한다. 만일 이것이 0.05 in. 떨어져 있다면 특성임피던스는 다음과 같이 된다.

$$Z_o = \frac{120}{(3.6)^{1/2}} ln\frac{0.1\pi}{0.0527} = 113\ \Omega$$

대기 중의 유전체 경우는 임피던스가 131 Ω이 될 것이다. 실제적인 임피던스는 printed wiring Board 위에 있기 때문에 장에서 떨어진 두 값은 대기에 있을 때와 에폭시에서 떨어져 있을 때의 두 값 사이에 있다.

앞의 두 예제는 일반적인 상황이다. 하나도 매우 낮은 임피던스 전송선로는 만들지 않는다. 그러나 만일 두 평판도체가 폭 0.25 in.로 다른 꼭대기 위에 하나를 위치시키고, Mylar를 0.005 in.의 얇은 판으로 분리시키면 특성임피던스는 다음과 같다.

$$Z_o = \frac{377}{(5)^{1/2}}\left(\frac{0.005}{0.25}\right) = 3.4\Omega$$

이런 구성은 훌륭한 낮은 임피던스 직류 전력 분배 선로를 갖는다. 이런 형태의 commercial bus bars는 printed 회로 보드 위에 집적회로로 사용하는 데 유용하다. 충분히 낮은 임피던스를 가진 전송선로를 획득하는 것은 어렵기 때문에 보통 낮은 임피던스를 제공하기 위해 부하에 power bus를 지나는 decoupling 커패시터를 놓는데, 이것이 매우 실용적일지라도 커패시터는 그 자체의 직렬 인덕턴스 때문에 모든 주파수에 대해서 낮은 임피던스를 얻지 못한다. 그러나 만일 전송선로가 적당히 설계되었다면 그것은 높은 주파수에도 불구하고 낮은 임피던스를 얻을 수 있다.

5.3.3 디커플링 필터

전원공급기와 그것의 분배시스템은 이상적인 전압소스가 아니기 때문에 공급시스템은 통과하는 잡음결합을 최소화하기 위하여 각각의 회로나 회로 전체에 어떤 디커플링(decoupling)을 제공하는 것은 대단히 실용적이다. 이것은 전원공급기와 그것의 분배시스템이 전원소실(power consuming) 회로 설계자의 제어 아래에 있지 않을 때 특별히 중요하다. 저항-커패시터, 인덕터-커패시터 디커플링 네트워크는 전력 공급기로부터 회로를 분리하고 회로 사이의 결합을 제거하며, 회로 입력으로부터 전력 공급기 잡음에 대해 보호하는 데 사용할 수 있다. 그림 5.75는 점선의 커패시터를 배제한 두 가지 배열을 보여준다.

그림 5.75(a)의 R-C 필터가 사용될 때 저항에서 전압강하는 전력공급기 전압을 감소시킨다. 이런 구성에서 전압강하는 보통 필터링 가능성에 제한을 둔다. 그림 5.75(b)의 L-C 필터는 특히 고주파에서 전력공급기 전압의 같은 손실에 대해서 좀 더 필터링 할 수 있다.

그러나 L-C 필터의 공진주파수는

$$f_r = \frac{1}{2\pi\sqrt{LC}} \tag{5.54}$$

이고, 필터를 통과하는 신호는 필터가 사용되지 않는 경우보다 클 것이다. 이 공진주파수를 알고자 실험을 해야 할 때 주의할 점은 필터에 연결된 회로의 통과 대역폭(pass

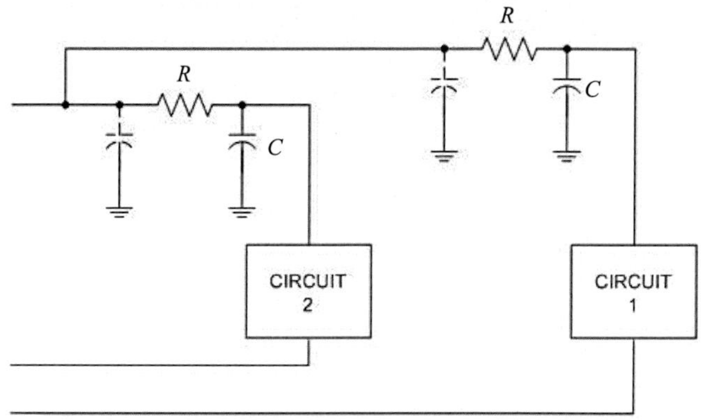

(a) 저항 커패시턴스의 디커플링 회로

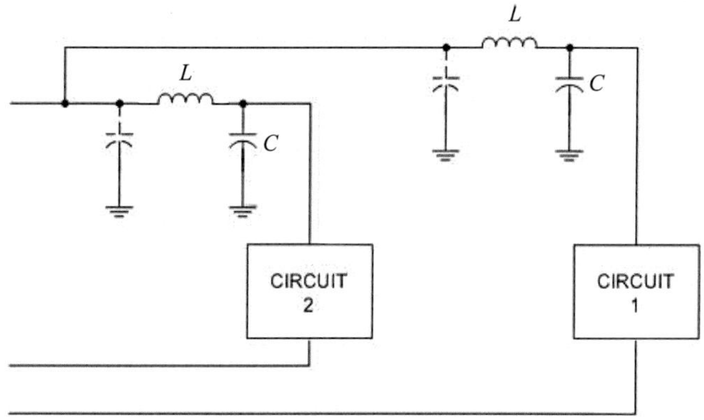

(b) 인덕턴스-커패시터의 디커플링 회로

그림 5.75 decoupling 회로

band)을 아래에 잘 위치시켜야 한다는 점이다. 공진시 L−C 필터에서 얻은 이득 양 ζ는 식 (5.55)와 같으며 감쇠계수(damping factor)에 반비례한다.

$$\zeta = \frac{R}{2}\sqrt{\frac{C}{L}} \tag{5.55}$$

여기서 R은 인덕터의 저항이다.

공진 근처에서 L−C 필터의 반응은 그림 5.76에서 보여준다. 공진에서 이득을 2 dB보다 작은 값으로 하기 위하여 감쇠계수는 0.5보다 커야 한다. 필요하다면 저항은 감쇠를 증가시키기 위하여 인덕터를 직렬로 더할 수 있다. 인덕터의 사용은 포화되지 않은 회로에 의해서 요구되는 직접전류를 통과할 수 있어야 한다. 그림 5.75에서 점선으

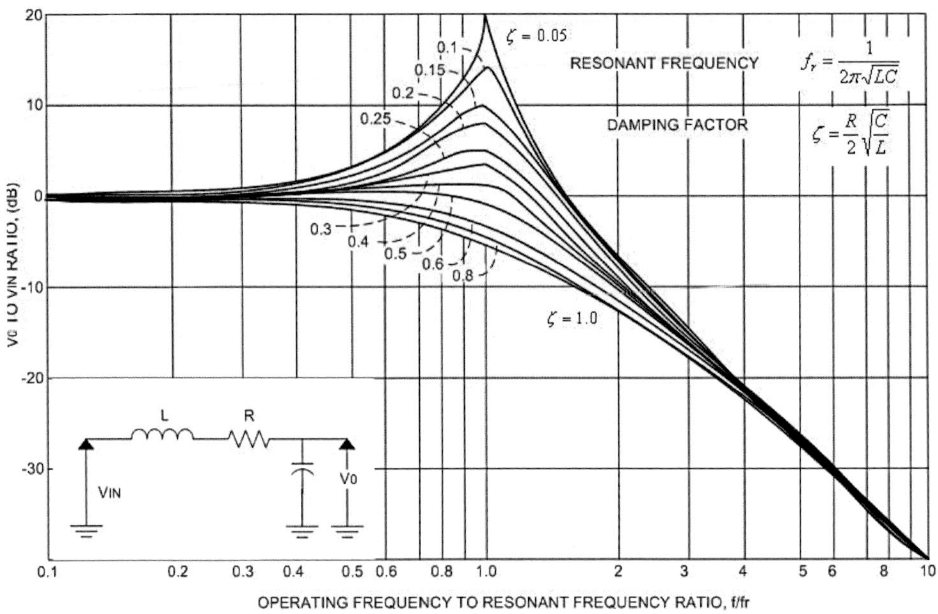

그림 5.76 필터 반응에서 감쇠계수 효과

로 표시된 두 번째 커패시터는 회로로부터 전원에 귀환(feedback)하는 잡음필터링을 증가시키는 각 단면에 더해질 수 있어야 한다. 이것은 π형의 망 속으로 필터를 돌린다.

잡음을 고려할 때 그림 5.75(a)에 나타낸 R-C 회로처럼 손실필터(dissipative filter)는 그림 5.75(b)의 L-C 회로처럼 재생필터(reactive filter)보다 좋다. 손실필터에서 원하지 않는 잡음전압은 열로 변환되고 잡음원으로 제거된다. 그러나 무효필터에서 잡음전압은 주변으로 움직인다. 부하 대신에 인덕터를 통해 잡음 전압이 나타나는데, 잡음전압은 방사될 것이며 회로의 다른 부분에 문제가 될 수 있다. 방사를 없애기 위해서 인덕터에는 차폐가 필요하다.

5.3.4 AMPLIFIER DECOUPLING

비록 하나의 증폭기가 전원에 연결되더라도 전원의 임피던스는 고려되어야 한다. 그림 5.77은 전형적인 2단 TR 증폭기의 개략도를 보여준다. 이 회로가 해석될 때 전원리드와 접지 사이의 교류 임피던스는 0이라고 가정할 수 있나. 이 경우 전력공급기와 증폭기의 접지 사이에 디커플링 커패시터가 없다면 안정된 동작을 보장하기 힘들다.

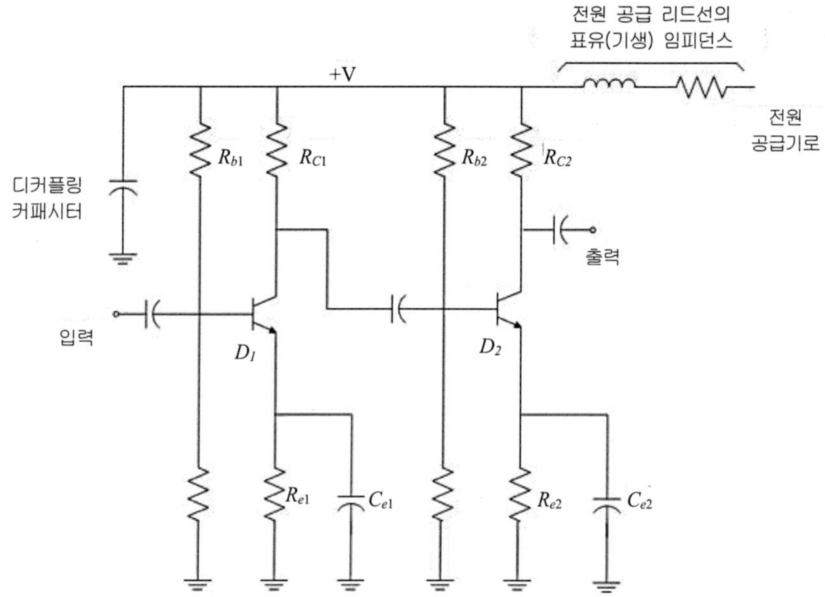

그림 5.77 2단 TR 증폭기에서 전원공급 decoupling

왜냐하면, 이 커패시터는 증폭기가 발생할 수 있는 이득의 주파수 범위를 통과하는 단락 회로로 작용할 수 있기 때문이다. 이 주파수범위는 신호가 증폭되어진 범위보다 더 넓어질 수 있다. 만일 이 단락회로가 증폭기의 전원 단자를 지나 제공되지 않는다면 회로는 전원인출선(power supply lead)에 교류전압 이득을 올릴 수 있지만, 전원 인출선에서의 이 신호전압은 저항 R_{b1}을 통해 증폭기의 입력으로 귀환되어 발진을 유발한다.

5.3.5 DRIVING CAPACITIVE LOADS

전송선로와 같은 용량성 부하를 제공하는 에미터 플로워는 부적합한 전원공급기 decoupling 때문에 고주파 발진에 특히 민감하다.

그림 5.78은 이러한 회로를 보이고 있다. 전력인출선의 기생 인덕터로 구성된 콜렉터 임피던스 Z_c는 주파수에 대해 증가하고 에미터 임피던스 Z_e는 케이블 커패시턴스에 기인하는 주파수에 대해 감소한다. 그러므로 고 주파수에서 트랜지스터는 이 콜렉터에 대한 큰 전압이득을 갖는데, 다음과 같이 쓸 수 있다.

$$Voltage\ gain \approx \frac{Z_c}{Z_e} \tag{5.56}$$

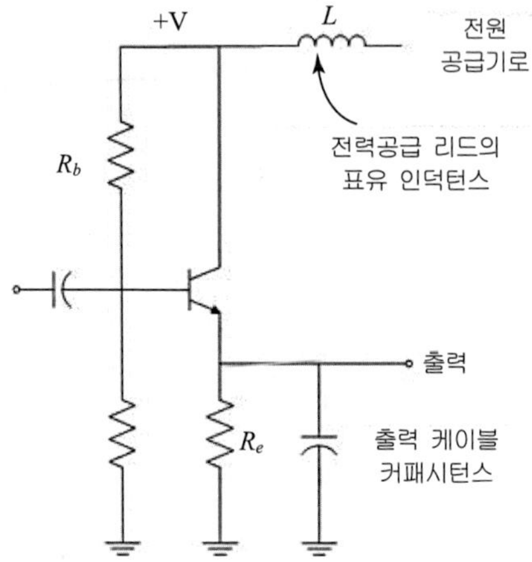

그림 5.78 용량성 부하를 제공하는 에미터 플로워

이것은 베이스저항 R_b를 통해 트랜지스터 주위에 교류귀환을 형성하며 발진의 가능성을 인정한다. 만약 동일한 증폭기의 이전 단이 동일한 전력선로와 연결된다면, 이 귀환은 앞단을 통해 야기될 수 있고 공진 가능성은 더 커진다. 공진은 종종 출력 케이블의 출현 또는 부재의 작용이기 때문이다. 왜냐하면 이 케이블은 에미터 커패시턴스 그러므로 고주파수 이득과 트랜지스터를 통한 위상천이에 영향을 준다. 도선의 기생 인덕턴스의 영향을 제거하기 위해 양질 고주파수 접지는 증폭기의 전력 터미널에 위치시켜야 한다.

이것은 그림 5.79에서 보인 것과 같이 전력 도선과 증폭기에서 양질의 고주파 접지

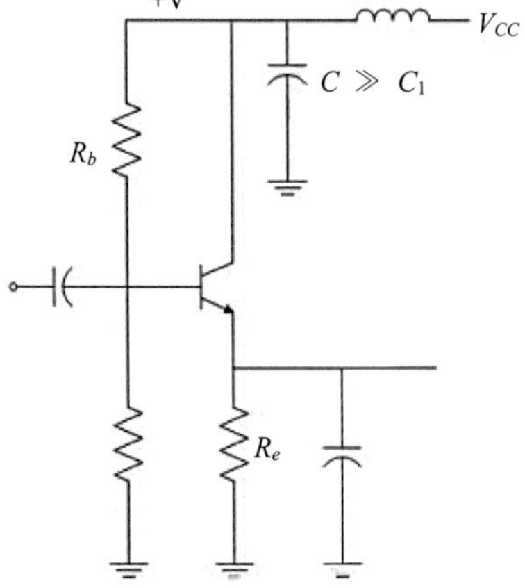

그림 5.79 전원공급에서 decouple된 에미터 플로워

사이에 커패시터를 연결시킴으로써 완성된다. 커패시터의 값은 에미터 커패시턴스 C_1의 최대값보다 결과적으로 커야 한다. 이것은 트랜지스터의 콜렉터에 대한 고주파 이득이 항상 1보다 적다는 것을 보증하는 것이다. 심지어 증폭기를 통과하는 커패시터를 위치시켜도 전력공급 단자는 0 임피던스를 보증할 수 없다. 따라서 어떤 신호는 전원 인출선을 지나서 입력회로에 항상 귀환 작용을 해야 할 것이다. 60 dB보다 낮은 이득을 가지는 증폭기에서 이 귀환은 대체로 발진을 야기하는 데 충분하지 않다. 보다 높은 이득을 가지는 증폭기에서 전력공급을 통해 출력에서 입력까지의 이러한 귀환은 종종 발진을 야기시킬 수 있다.

귀환은 그림 5.80에서 보인 바와 같이 첫 단에 대한 전원으로부터의 교류(고주파) 성분에 대한 이득이 크므로 귀환 디커플링 필터를 사용함으로써 발진을 제거시킬 수 있다. 저항 성분을 가로지르는 직류 전압 강하는 첫 단에 낮은 신호레벨에서 동작하기 때문에 손해되는 것이 없으며 따라서 큰 직류공급 전압은 요구되지 않는다. 이와 유사한 효과는 op-amp가 구동 용량성 부하가 될 때에도 일어난다. 이는 pole produced와 증폭기의 출력 임피던스의 결과이다.

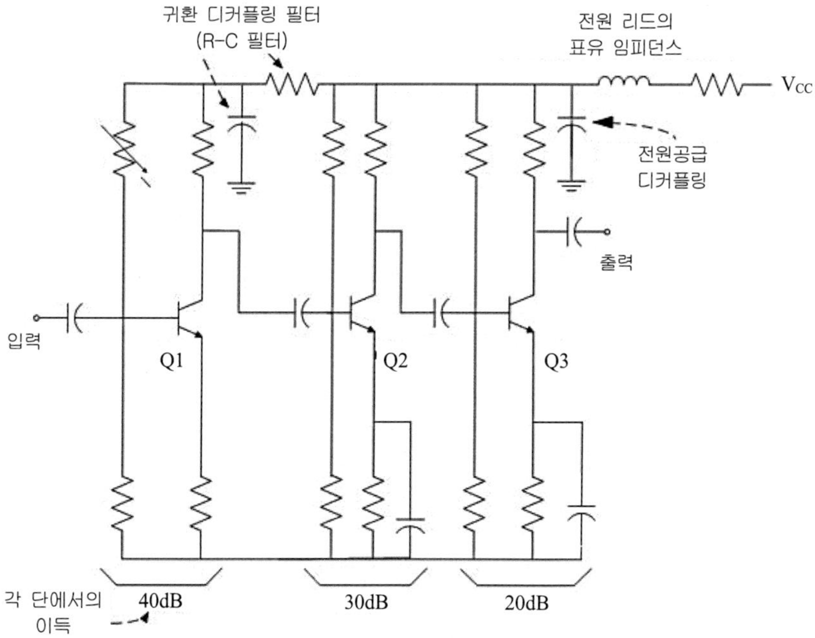

그림 5.80 증폭기 단 사이에서 귀환 decoupling

5.3.6 HIGH-FREQUENCY FILTERING

금속으로 둘러싸는 것은 잡음 또는 고주파 회로로부터 복사 잡음을 막기 위해 종종 사용된다. 효과적인 차폐를 얻기 위해서는 차폐 밖에서의 도체의 잡음을 막기 위해 차폐에 입·출력되는 모든 도선에 필터링을 해야 한다. 음성주파수에서 이전의 전원에 대해 묘사된 것처럼 일반적인 디커플링 필터는 만족할 만하다. 그런데 고주파수에서 필터 효과를 보증하는 특별한 주의가 있어야 한다. 관통형 커패시터는 컨덕터가 차폐를 통해 전해지는 곳에서 사용되어야 하고, 짧은 도선을 사용하는 Mica 혹은 Ceramic 커패시터는 컨덕터와 회로 끝의 접지 사이에 연결되어야 한다. 고주파 회로를 이끌어 내는 전원을 필터 하는 다른 세 가지 방법에 덧붙여, 이러한 연결을 그림 5.81에 나타낸다.

인클로저 안쪽에 컨덕터를 차폐하는 것은 컨덕터에 의해 얻어지는 잡음의 양을 감소시킨다. 부가적인 필터링은 두 개의 커패시터를 포함하는 C-L-C 파이형 필터와 인덕터를 사용함으로써 얻을 수 있다. 파이형 필터는 잡음으로부터 컨덕터에 의해 얻어

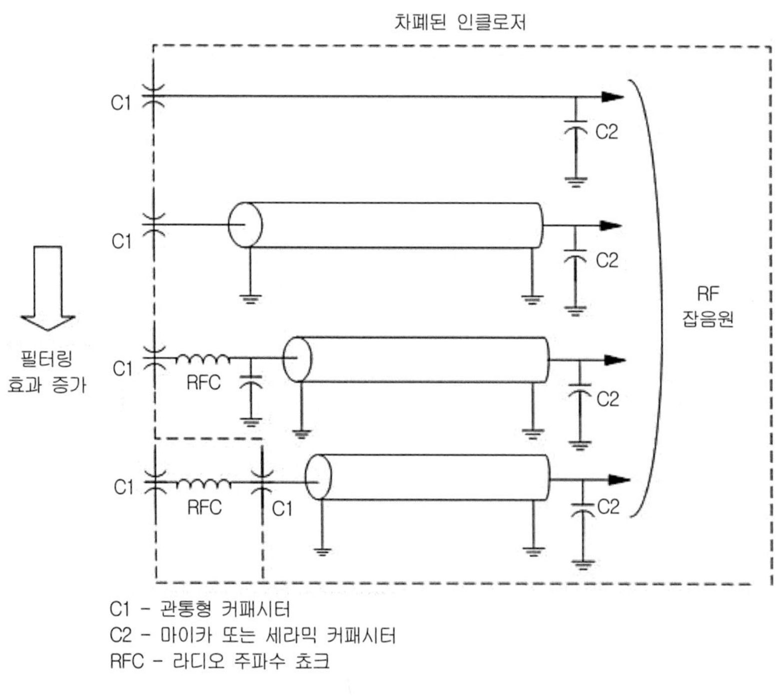

그림 5.81 다양한 고주파 도선 필터링 방법과 상단에서 하단 쪽으로의 증가효과

지는 잡음을 막기 위해 첫 번째 안쪽에 분리된 차폐에서 쵸크를 인클로징함으로써 더욱 개선시킬 수 있다. 모든 필터에서 커패시터 상의 도선 길이와 차폐 접지는 가능한 한 짧게 하여 고주파수 필터링이 유지되어야 한다.

5.3.7 SYSTEM BANDWIDTH

시스템에서 잡음을 최소화하는 간단한 방법 중 하나는 신호에 의해 요구되는 시스템 대역폭 만큼으로 제한하는 것이다. 신호에 의해 요구되는 것보다 더 넓은 대역폭의 사용은 회로로 들어가는 부가적인 잡음 주파수들을 허용하게 된다. 이 같은 원리는 디지털 논리회로의 경우에도 적용된다. 고속 논리 회로는 저속 카운터 부분에서보다 고주파수 장해가 더 많이 발생시키고, 민감하다.

5.3.8 MODULATION AND CODING

전자파장해에 대한 시스템의 감응성은 단지 차폐, 접지 등뿐만 아니라 신호에 대해 사용되는 부호화 혹은 변조 형식의 함수이다. 진폭, 주파수 그리고 위상 등의 변조 시스템은 고유의 잡음내성을 가진다. 예를 들어 주파수변조는 위상잡음 교란에 대해 매우 둔감하다. 펄스진폭, 펄스폭, 펄스응답 주파수 코딩과 같은 디지털 기술들은 잡음내성을 증가시키게 될 것이다.

5.4 차폐(SHIELDING)

차폐(Shielding)는 공간의 두 영역 사이에 위치한 금속의 분리벽이다. 이것은 한 영역으로부터 다른 영역으로 전기장과 자기장의 전파를 조절하는 데 이용된다. 만약 차폐가 그림 5.82에 보여주는 것과 같이 잡음원(noise source)을 둘러싸고 있다면, 차폐의 내부에는 전자기장을 포함하기도 한다. 그러나, 이러한 배치는 실드 바깥에 놓여진 모든 민감한 장비들을 보호해 준다. 또한 실드는 그림 5.83이 보여주는 것처럼 영역 바깥의 전자기장 방사를 보호해 주지만 이것은 단지 실드 내부에 포함된 특정한 장비에 대해서만 보호 기능을 제공한다. 시스템 전체의 관점에서, 잡음원을 차폐하는 것은 리셉터(수신기)를 차폐하는 것보다 더 효과적이다. 그러나, 방사가 허락되어야만 하는

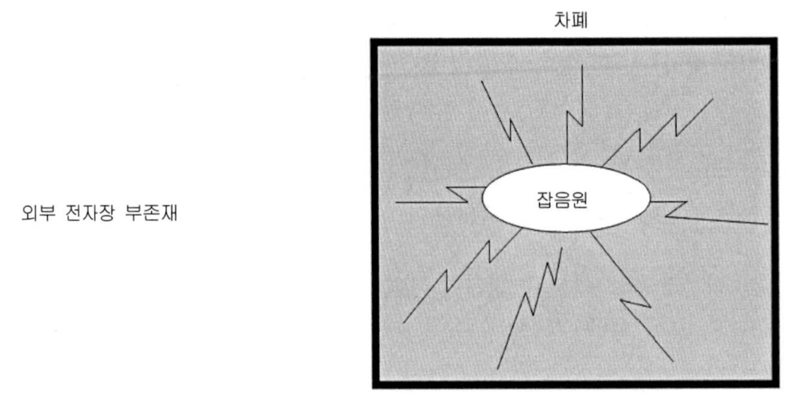

그림 5.82 잡음원에 차폐를 적용(차폐 바깥쪽 장비와의 간섭을 막는 것으로 잡음소스는 억제 됨)

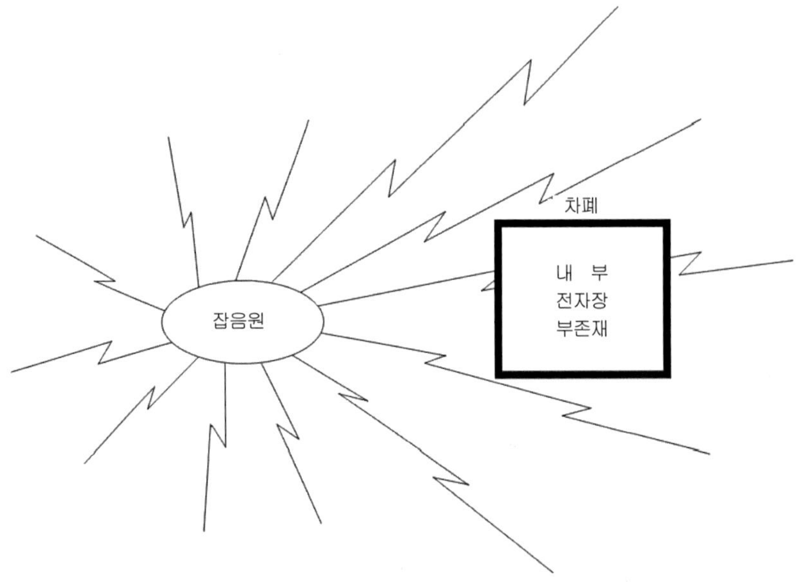

그림 5.83 리셉터에 차폐의 적용(잡음 침투를 막기 위한 수신기 주위의 차폐에 의해서 간섭이 막아짐)

방송국과 같은 소스와 리셉터(수신기)와 같은 특수한 상황에서는 이들 각각을 차폐하는 것이 필요할 수 있다.

설계가 잘 되어 있더라도 차폐를 하는 것이 큰 의미가 없는 경우는 케이블과 같은 선택적인 경로에 의해 밀폐함에 들어오거나 나가는 전자기적인 에너지를 허용할 때이다. 케이블은 실드의 한쪽에 있는 노이즈와 조우할 것이고 그것을 다른 쪽으로 전도할 것이며 그곳에서 재방사 될 것이다. 차폐 밀폐물의 완전을 유지하기 위해서, 노이즈 전압은 실드로 침투하는 모든 케이블로부터 필터링되어야 한다. 이것은 신호 케이블과 마찬가지로 전원 케이블에도 적용된다. 케이블 실드가 차폐된 밀폐함에 침투해 경계를 가로질러 결합하는 노이즈를 막기 위해서는 그 밀폐함을 접합시켜야 한다.

5.4.1 근방계와 원방계

전자기장(field)의 특성은 소스와 소스를 둘러싼 매질들, 소스와 관측점 사이의 거리에 의해 결정된다. 소스에서 가까운 점에서, 필드의 성질은 본질적으로 소스의 특성에 의해 결정된다. 소스에서 멀리 떨어진 점에서, 필드의 속성은 주로 필드가 전파하는 매질에 의존한다. 그러므로 소스의 방사로 둘러싸인 공간은 그림 5.84가 보여주는 것처럼, 두 영역으로 나눌 수 있다. 소스 가까이에 있는 영역은 근방계(또는 유도 전자계)가 존재한다. $\lambda/2\pi$(λ 파장)보다 더 먼 거리에는 원방계(또는 방사계)가 존재한다. $\lambda/2\pi$ 근처의 영역은 근방계와 원방계 사이의 전이영역(transition region)이다.

전기장(E)에 대한 자기장(H)의 비가 파동임피던스이다. 원방계에서 E/H 비는 매질의 특성임피던스와 같다. (예를 들면 자유공간이나 공기 중에 대해서 $E/H = Z_0 = 377\ \Omega$이다.) 근방계에서 비는 소스의 특성과 소스에서 관찰되는 필드까지의 거리 r에 의해 결정된다. 만약, 소스가 높은 전류와 낮은 전압($E/H < 377\ \Omega$)을 가진다면 근방계는 자기장이 우세하다. 반대로, 소스가 낮은 전류와 높은 전압($E/H > 377\ \Omega$)을 가진다면 근방계는 전기장이 우세하다.

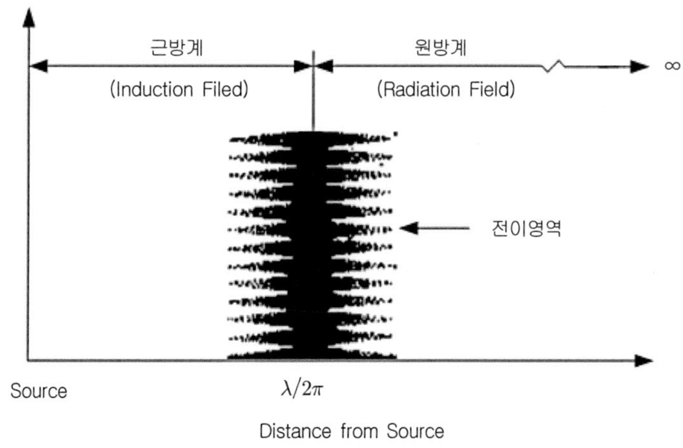

그림 5.84 소스로부터 거리에 의존하는 필드 특성

금속막대 안테나나 스트레이트 와이어 안테나에 대하여, 소스 임피던스는 높다. 전기장이 우세한 안테나 근처의 파동임피던스도 또한 높다.

거리가 증가할수록 전기장은 자기장을 보완하는 자기장을 발생시킴으로써 전기장 강도의 일부를 잃는다.

'전기장론' 또는 '안테나공학'에서 다루었던 바와 같이, 근방계에서 전기장은 $(1/r)^3$의 비로 감쇠하는 데 반하여 자기장은 $(1/r)^2$의 비로 감쇠한다. 그러므로 스트레이트 와이어 안테나로부터 파동임피던스는 거리와 함께 감소하고, 그림 5.85가 보여주는 것과 같이 원방계에서 자유공간의 임피던스에 점근적으로 접근한다.

우세한 자기장을 생성하는 루프 안테나 근처에서의 파동임피던스는 낮다. 소스로부터 거리가 증가함에 따라, 자기장은 $(1/r)^3$의 비로 감쇠하고 전기장은 $(1/r)^2$의 비로 감쇠한다. 그러므로 파동임피던스는 거리와 함께 증가하고 $\lambda/2\pi$의 거리에서 자유공간

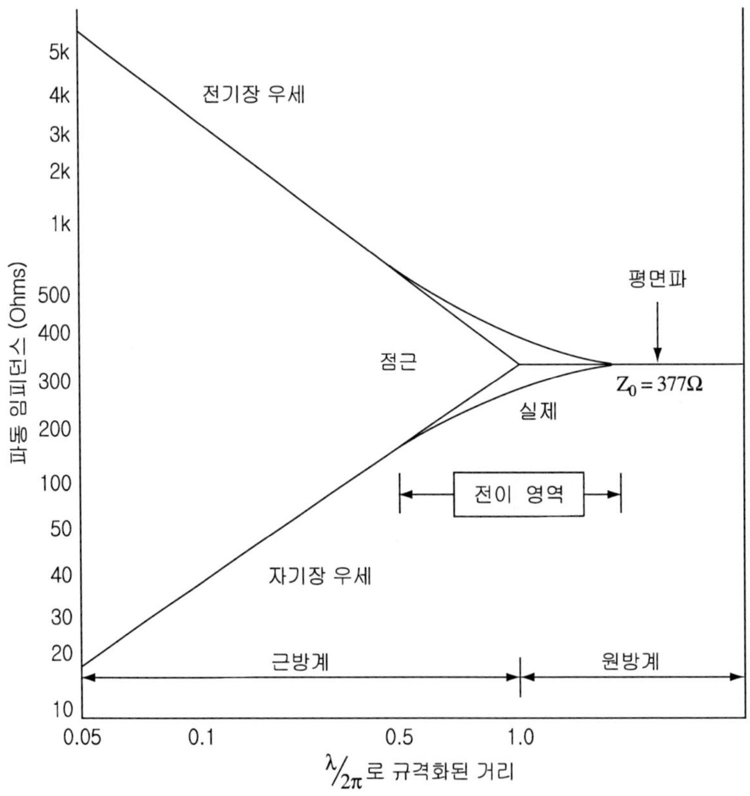

그림 5.85 소스와의 거리에 따른 파동임피던스

의 파동임피던스에 접근한다. 원방계에서 전기장과 자기장은 $1/r$의 비로 감쇠한다.

근방계에서의 전계와 자계는 두 개의 비가 상수가 아니기 때문에 개별적으로 고려되어야만 한다. 그러나 원방계에서의 전계와 자계는 337 Ω의 임피던스를 가지는 평면파의 형태로 결합한다. 그러므로 평면파를 논의할 때 전계와 자계는 원방계에 있다고 가정하고, 전계와 자계를 각각 논의할 때는 전계와 자계가 근방계에 있다고 가정한다.

5.4.2 특성임피던스와 파동임피던스

다음의 매질 정수는 이 장에서 자주 사용되므로 정리하여 둔다.

- 투자율(Permeability) μ : 자유공간에서는 $\mu_0 = 4\pi \times 10^{-7}$ H/m
- 유전상수(Dielectric constant) ε : 자유공간에서는 $\varepsilon_0 = 8.85 \times 10^{-12}$ F/m
- 도전율(Conductivity) σ : 구리의 경우 $\sigma = 5.82 \times 10^7$ mhos/m

어떤 전자파에 대한 파동임피던스는 다음과 같이 정의된다.

$$Z_W = \frac{E}{H} \tag{5.57}$$

매질의 특성임피던스는 다음 표현에 의해 정의된다.

$$Z_0 = \sqrt{\frac{j\omega\mu}{\sigma + j\omega\varepsilon}} \tag{5.58}$$

원방계(Far Field)에서 평면파의 경우, Z_0는 파동임피던스 Z_W와 같다. 절연체($\sigma \ll j\omega\varepsilon$)에 대한 특성임피던스는 주파수에 대해 독립이므로 식 (5.58)로부터

$$Z_0 = \sqrt{\frac{\mu}{\varepsilon}} \tag{5.59}$$

가 된다. 자유공간에서 Z_0는 377 Ω이다. 도체의 경우($\sigma \gg j\omega\varepsilon$) 특성임피던스는 실드임피던스라 불리며,

$$Z_s = \sqrt{\frac{j\omega\mu}{\sigma}} = \sqrt{\frac{\omega\mu}{2\sigma}}\,(1+j) \tag{5.60a}$$

$$|Z_s| = \sqrt{\frac{\omega\mu}{\sigma}} \tag{5.60b}$$

이 된다. 여기서, 진공(투자율 : μ_o)에 대한 상대적인 투자율$(= \mu/\mu_o)$과 제련 구리(도전율 : σ_c)에 대한 상대적인 도전율(σ/σ_c)의 대표 값을 표 5.2에 나타내었다.

1 kHz에서 구리의 $|Z_s|$는 1.16×10^{-5} Ω과 같다. 식 (5.60b)에 표 5.2에 수록된 수치를 대입시키면 다음의 결과를 얻는다.

$$\text{구리} : |Z_s| = 3.68\times10^{-7}\sqrt{f} \tag{5.61a}$$

$$\text{알미늄} : |Z_s| = 4.71\times10^{-7}\sqrt{f} \tag{5.61b}$$

$$\text{강철} : |Z_s| = 3.68\times10^{-5}\sqrt{f} \tag{5.61c}$$

표 5.2 여러 가지 물질의 상대적인 도전율과 투자율

물질	상대적인 도전율 σ_r	상대적인 투자율 μ_r
Silver	1.05	1
Copper-annealed	1.00	1
Gold	0.7	1
Chromium	0.664	1
Aluminum(soft)	0.61	1
Aluminum(tempered)	0.4	1
Zinc	0.32	1
Beryllium	0.28	1
Brass	0.26	1
Cadmium	0.23	1
Nickel	0.20	100
Bronze	0.18	1
Platinum	0.18	1
Tin	0.15	1
Steel (SAE 1045)	0.10	1000
Lead	0.08	1
Monel	0.04	1
Conetic (1kHz)	0.03	25,000
Mumetal (1kHz)	0.03	20,000
Stainless Steel (430)	0.02	500

일반적으로 임의의 도체에 대해서는 다음과 같다.

$$|Z_s| = 3.68 \times 10^{-7} \sqrt{\frac{\mu_r}{\sigma_r}} \sqrt{f} \tag{5.61d}$$

5.4.3 차폐효과

차폐효과는 두 가지 방법을 사용하여 결정할 수 있다. 첫 번째 방법은 회로 이론을 사용하는 것이고, 두 번째 방법은 필드 이론을 사용하는 것이다.

회로이론 접근법에서 노이즈 필드는 실드에 전류를 유도하고, 이들 전류는 차례로 어떤 영역에서 원래의 필드를 상쇄하는 경향이 있는 추가의 필드를 발생시킨다. 이것의 한 예를 그림 5.86에 나타내었다. 그러나 이 절에서는 더 근본적인 필드 이론 접근법을 채택할 것이다.

차폐는 차폐체에 의해 발생하는 자기장이나 전기장의 세기가 감소하는 정도를 나타내는 것으로 데시벨(dB)의 단위로 이런 차폐효과를 표현할 수 있다. 이때 dB을 사용하는 것은 전체 차폐를 구하는 데 있어서 다양한 효과에 의해 얻어진 차폐효과를 단순히 더함으로써 구할 수 있어서 편리하기 때문이다. 전기장에 대한 차폐효과(S)는

$$S = 20\log\frac{E_0}{E_1} \quad [dB] \tag{5.62}$$

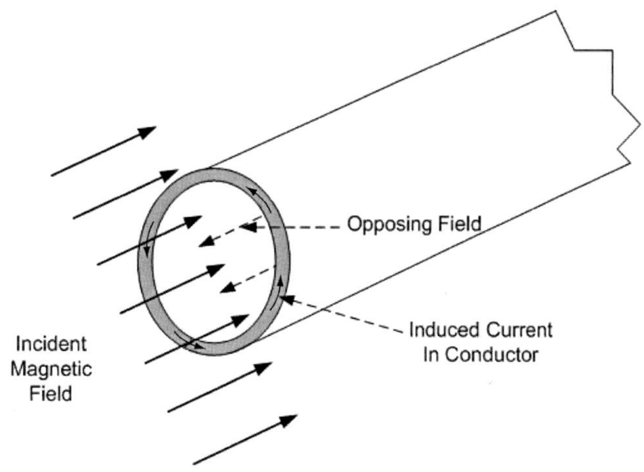

그림 5.86 전도성 물질의 자기적 차폐

와 같이 정의된다.

그리고 자기장에 대해서는

$$S = 20\log\frac{H_0}{H_1} \quad [dB] \tag{5.63}$$

으로 정의된다. 위의 두 방정식에서, $E_0(H_0)$은 입사장의 세기이고, $E_1(H_1)$는 그것이 실드로부터 통과한 투과파의 장의 세기이다.

차폐된 밀폐물의 설계에서 두 가지 중요한 고려사항이 있다. ① 실드재료 자체의 차폐 효과, ② 실드에서 불연속과 구멍에 기인하는 차폐 효과, 이들 두 항목은 이 절에서 따로따로 고려된다. 접합선이나 구멍이 없는 고체 실드의 차폐효과는 결정되고, 불연속과 구멍의 효과는 고려된다. 그것은 실드 재료 본래의 차폐효과가 아닌 일반적으로 실드의 전체 차폐 효과를 결정하는 아파처(aperture)의 차폐효과이다.

차폐 효과는 주파수와 실드의 기하학적 모양, 필드가 측정된 실드가 속한 위치, 필드가 약하게 되는 형태, 입사하는 방향과 편파에 따라 변화한다. 이런 구분은 실드 재료의 평판에 의해 제공되는 차폐재를 고려할 것이다. 이런 간단한 기하학은 일반 차폐 개념 도입을 뒷받침하고, 차폐효과를 결정하는 재료의 특성을 보여주지만, 실드의 기하학적 형태에서 생기는 종합적인 차폐효과를 포함하지 않는다. 평면에 대한 계산결과는 다양한 재료의 상대적인 차폐 능력을 통계학적으로 예측하는 데 유용하다.

손실의 두 가지 형태는 금속 표면에 부딪치는 전자기파에 의해 일어나게 된다. 이 전자기파는 부분적으로 표면으로부터 반사하고, 투과한 파는 그것이 매질을 통과함에 따라 감쇠된다. 흡수손실 또는 침투손실로 불리는 후자의 효과는 근방계에서나 원방계에서나, 그리고 전계나 자계에 대해서도 공통이다. 그러나 반사손실(reflection loss)은 전자기파의 형태와 파동임피던스에 의존한다.

재료의 전체 차폐효과는 흡수손실(A)과 반사손실(R)과 얇은 실드에서의 다중반사에 대한 보정항(B)의 합이다. 그러므로 전체 차폐효과는 다음과 같이 쓰여질 수 있다.

$$S = A + R + B \quad [dB] \tag{5.64}$$

식 (5.64)에서 모든 항은 dB 단위로 표시되어야 하며, 다중반사의 보정항 B는 흡수손실 A가 9 dB보다 크다면 무시될 수 있다. 또한 B는 실제적인 관점에서도 전계와 평면파에 대해 무시될 수 있다.

(1) 흡수손실

전자기파가 매질을 지날 때 그것의 크기는 그림 5.87이 보여주는 것처럼 지수함수적으로 감소한다. 이런 감쇠는 매질에서 유도된 전류가 저항손실(Ohmic Losses)에 의해 물질 내에서 열에너지로 변환되기 때문에 일어난다.

그러므로 차폐재를 투과한 전계 E_1 및 자계 H_1을 각각 다음과 같이 쓸 수 있다.

$$E_1 = E_0\, e^{-t/\delta} \tag{5.65}$$

$$H_1 = H_0\, e^{-t/\delta} \tag{5.66}$$

여기에서 $E_1\,(H_1)$은 그림 5.87에서 보여주는 것과 같이 매질들에 속한 거리 t에서의 파의 세기이다. 차폐재로 입사한 파가 그것의 원래의 값의 $1/e$ 또는 37%로 약해지는

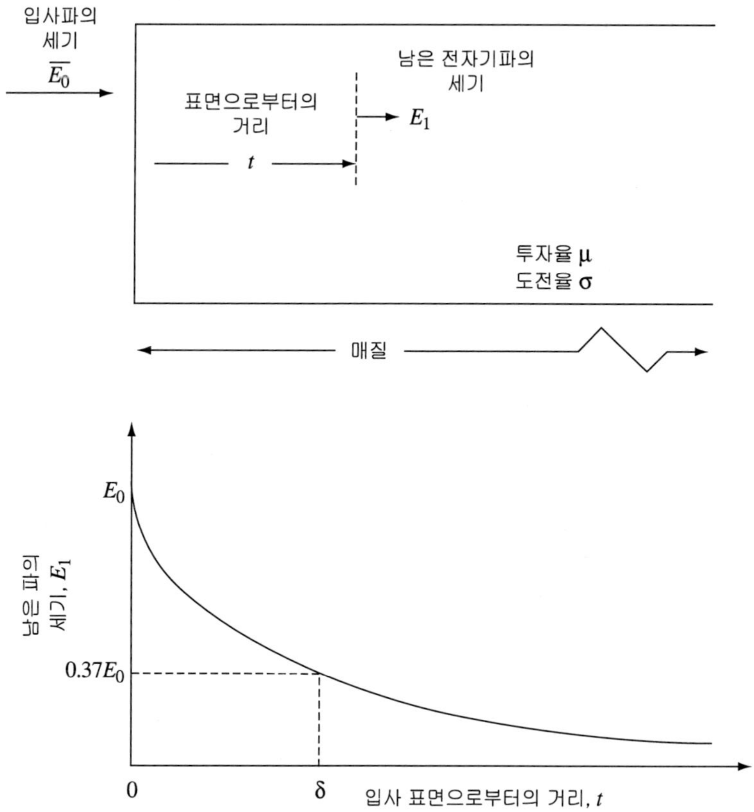

그림 5.87 흡수손실재에 침투한 전자파 (지수적으로 감쇠)

데에 소요되는 필요한 거리는 표피심(Skin Depth)이라 정의되며, 식 (5.67a)와 같다.

$$\delta = \sqrt{\frac{2}{\omega \mu \sigma}} \ [\mathrm{m}] \tag{5.67a}$$

실제 물질에 대한 대표적인 표피심의 개념을 얻기 위해서 식 (5.67a)는 변형될 수 있다. μ와 σ의 수치를 대입하면, 단위가 바뀌어서 표피심은 인치 단위로 (다음과 같이) 주어진다.

$$\delta = \frac{2.6}{\sqrt{f \mu_r \sigma_r}} \ [\mathrm{in}] \tag{5.67b}$$

식 (5.67b)에 의해 구한 구리, 알루미늄, 철, 뮤메탈(mumetal)에 대한 몇 가지 대표적인 표피심은 표 5.3에 나타내었다.

실드를 통한 흡수손실은

$$A = 20\left(\frac{t}{\delta}\right)\log(e) \qquad [dB] \tag{5.68a}$$

$$\text{또는 } A = 8.69\left(\frac{t}{\delta}\right) \qquad [dB] \tag{5.68b}$$

로 쓰여질 수 있다.

표 5.3 다양한 물질들의 표피심

주파수	구리 (in.)	알루미늄 (in.)	철 (in.)	mumetal (in.)
60 Hz	0.335	0.429	0.034	0.014
100 Hz	0.260	0.333	0.026	0.011
1 kHz	0.082	0.105	0.008	0.003
10 kHz	0.026	0.033	0.003	–
100 kHz	0.008	0.011	0.0008	–
1 MHz	0.003	0.003	0.0003	–
10 MHz	0.0008	0.001	0.0001	–
100 MHz	0.00026	0.0003	0.00008	–
1,000 MHz	0.00008	0.0001	0.00004	–

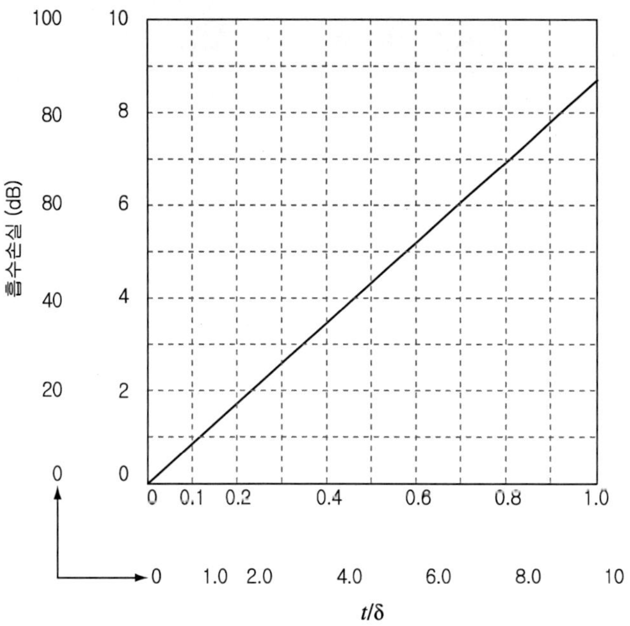

그림 5.88 평면파 또는 전자계의 흡수손실(두께에 비례하고 매질의 표피심에 반비례)

앞의 방정식으로부터 볼 수 있듯이, 표피심과 같은 두께 실드($t = \delta$)에서 흡수손실은 약 9 dB이다. 실드의 두께를 두 배로 하면 손실은 dB 단위로 두 배가 된다.

그림 5.88은 dB 단위의 흡수손실 대 t/δ비를 그린 것이다. 이 곡선은 평면파 그리고 전기장과 자기장에 적용할 수 있다.

식 (5.67b)를 식 (5.68)에 대입하면 흡수손실은 다음과 같다.

$$A = 3.34\, t \sqrt{f \mu_r \sigma_r} \quad [dB] \tag{5.69}$$

이 방정식에서 t는 인치 단위의 실드의 두께와 같다. 식 (5.69)의 흡수손실 A [dB]는 실드 재료의 투자율과 도전율의 곱의 제곱근에 비례한다는 것을 보여준다. 표 5.2에 다양한 실드 재료의 대표적인 도전율과 투자율을 나타낸 바 있다.

그림 5.89는 두 가지 두께의 구리와 철에 대한 흡수손실 대 주파수를 보이고 있다. 이 그림에서 얇은 (0.02 in) 구리막은 1 MHz에서 의미 있는 흡수손실(66 dB)을 제공하지만, 1,000 Hz 아래의 주파수에서는 사실상 손실이 없다는 것을 알 수 있다. 철은 같은 두께의 구리보다 더한 흡수손실을 보여주지만, 철이 사용될 때라 하더라도 두께

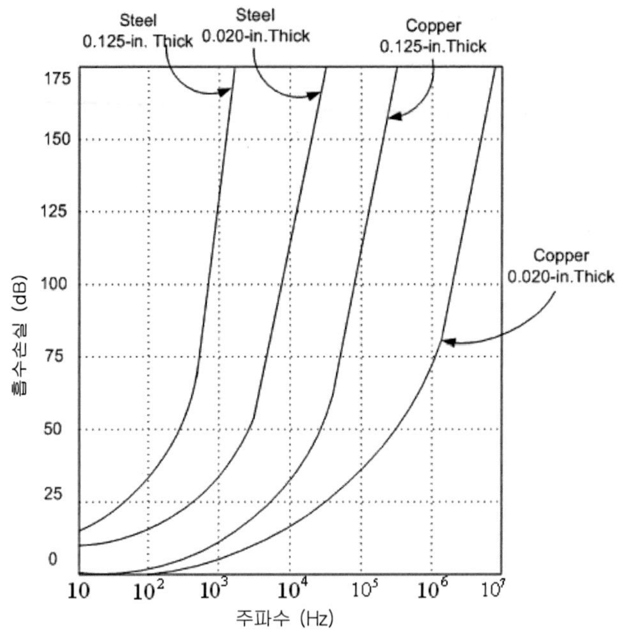

그림 5.89 주파수 및 차폐두께의 변화에 따른 흡수손실의 변화

운 시트를 사용하지 않고는 1,000 Hz 아래에서 의미있는 흡수손실을 얻을 수 없음을 보여준다.

(2) 반사손실

두 매질들 사이 경계면(interface)에서 반사손실은 그림 5.90에서 보여주는 것처럼 두 매질들 사이의 특성임피던스에서의 차와 관련된다. 임피던스 Z_1인 매질에서 임피던스 Z_2인 매질까지 전파된 파의 세기 E_1, H_1은

$$E_1 = \frac{2Z_2}{Z_1 + Z_2} E_0 \tag{5.70}$$

$$H_1 = \frac{2Z_1}{Z_1 + Z_2} H_0 \tag{5.71}$$

이다.

$E_0\,(H_0)$는 입사파의 세기이고, $E_1\,(H_1)$는 투과파의 세기이다.

전자파가 실드를 지날 때, 그림 5.91이 보여주는 것처럼 두 경계들과 만난다. 두 번

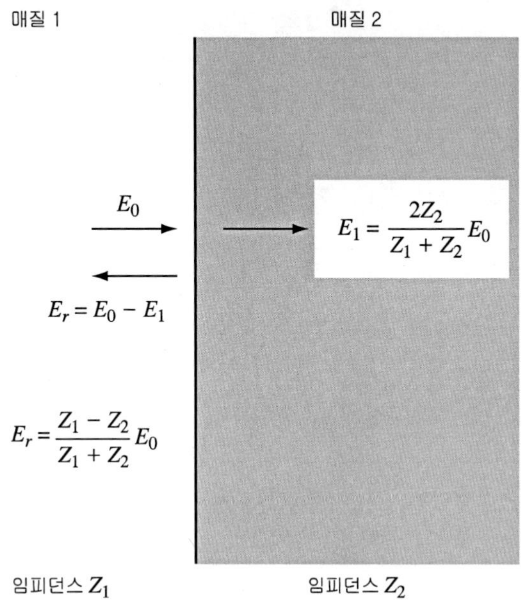

그림 5.90 두 매질 사이의 경계면에서 반사와 투과

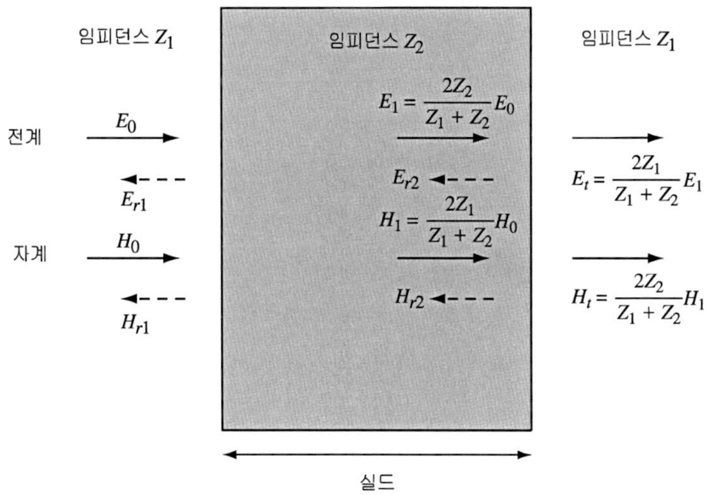

그림 5.91 차폐 표면에서의 반사와 투과

째 경계선은 임피던스 Z_1를 가진 매질과 임피던스 Z_2를 가진 매질 사이에 있다. 이 경계면을 지나는 투과파 $E_t\,(H_t)$는

$$E_t = \frac{2Z_1}{Z_1 + Z_2} E_1 \tag{5.72}$$

그리고

$$H_t = \frac{2Z_2}{Z_1 + Z_2} H_1 \tag{5.73}$$

로 주어진다. 만약 두꺼운 실드의 두께가 표피심과 비슷하다면, 전체 투과된 파의 세기로서 식 (5.70)과 식 (5.71)은 식 (5.72)와 식 (5.73)으로 대치됨을 알게 된다. 이것은 흡수손실을 무시하였다는 것을 의미하며, 흡수손실에 관해서는 앞에서 설명하였다.

그러므로 두꺼운 실드에 대한 전체 투과파는

$$E_t = \frac{4Z_1 Z_2}{(Z_1 + Z_2)^2} E_0 \tag{5.74}$$

$$H_t = \frac{4Z_1 Z_2}{(Z_1 + Z_2)^2} H_0 \tag{5.75}$$

이다.

전자계가 각 경계면에서 다르게 반사되더라도 양 경계면을 가로지르는 전체 효과(Net effect)는 양쪽 전자기파에 대해 같다는 것에 주목하라. 만약 실드가 금속성이고 절연체로 둘러싸인 영역에 있다면, $Z_1 \gg Z_2$이다. 이러한 상태에서 가장 큰 반사(가장 작게 투과된 파)는 전기장에 대해서는 파가 실드(첫 번째 경계면)로 들어갈 때, 자기장에 대해서는 파가 실드(두 번째 경계면)를 떠날 때 일어난다. 전기장의 경우 주된 반사가 첫 번째 표면에서 일어나기 때문에 아주 얇은 매질조차 좋은 반사손실을 제공한다. 그러나 자기장의 경우 주된 반사는 두 번째 경계면에서 일어나고, 실드 내부에서의 다중반사는 차폐효과를 감소시킨다. 전계의 경우 중요한 반사가 첫 번째 표면에서 일어나는 동안, 매우 얇은 매질조차도 좋은 반사손실을 제공한다. 그러나 자계의 경우, 중요한 반사는 두 번째 표면에서 일어나고, 실드 내에서 다중반사는 차폐효과를 감소한다. $Z_1 \gg Z_2$일 때, 식 (5,74)와 식 (5.75)는

$$E_t = \frac{4Z_2}{Z_1} E_0 \tag{5.76}$$

$$H_t = \frac{4Z_2}{Z_1} H_0 \tag{5.77}$$

로 감소한다.

Z_1 에 대해 파동임피던스 Z_W를, Z_2 에 대해 실드 임피던스 Z_s 를 대입하면 다중반사를 무시한 반사손실 R은 전계나 자계에 대해 식 (5.78)처럼 쓰여질 수 있다.

$$R = 20\log\frac{|Z_W|}{4|Z_s|} \qquad [dB] \tag{5.78}$$

여기에서, Z_W = 실드에 들어가는 파의 임피던스

Z_s = 실드의 임피던스

이다. 이들 반사손실 방정식은 일반적인 입사에서 경계면에 접근하는 평면파에 대한 것이다. 만약 일반적인 입사 이외에서 파가 접근한다면, 반사손실은 입사각과 함께 증가한다. 또한 어떤 변화가 심한 전자기장은 평면파의 중첩으로 구성될 수 있기 때문에 그 결과는 평면파 이외에도 응용할 수 있다. 또한 곡률의 범위에 공급되는 것은 표피심보다 많이 크기 때문에 그 결과는 구부러진 경계에도 응용한다.

1) 평면파에서의 반사손실

원방계에서 평면파의 경우 파동임피던스 Z_W는 자유공간의 특성임피던스 Z_0(= 377 Ω)와 같다. 그러므로 식 (5.78)은 식 (5.79a)가 된다.

$$R = 20\log\frac{94.25}{|Z_s|} \qquad [dB] \tag{5.79a}$$

따라서 낮은 실드 임피던스에서 반사손실이 더 크다. $|Z_s|$에 식 (5.61d)을 대입하고 식 (5.79a)를 재정리하면, 다음처럼 주어진다.

$$R = 168 + 10\log(\sigma_r/\mu_r f) \qquad [dB] \tag{5.79b}$$

그림 5.92는 구리, 알루미늄, 철 세 가지 재료의 주파수변화에 대한 반사손실을 나타내는 그래프이다. 이것과 그림 5.89를 비교해 보면 철이 구리보다 더 많은 흡수손실을 가짐에도 불구하고 반사손실은 더 작은 재료라는 것을 알 수 있다.

2) 근방계에서의 반사손실

근방계에서는 자기장에 대한 전기장의 비는 더 이상 매질의 특성임피던스에 의해 결정되지 않는다. 대신에 자기장에 대한 전기장의 비는 소스(안테나 등)의 특성에 더 의

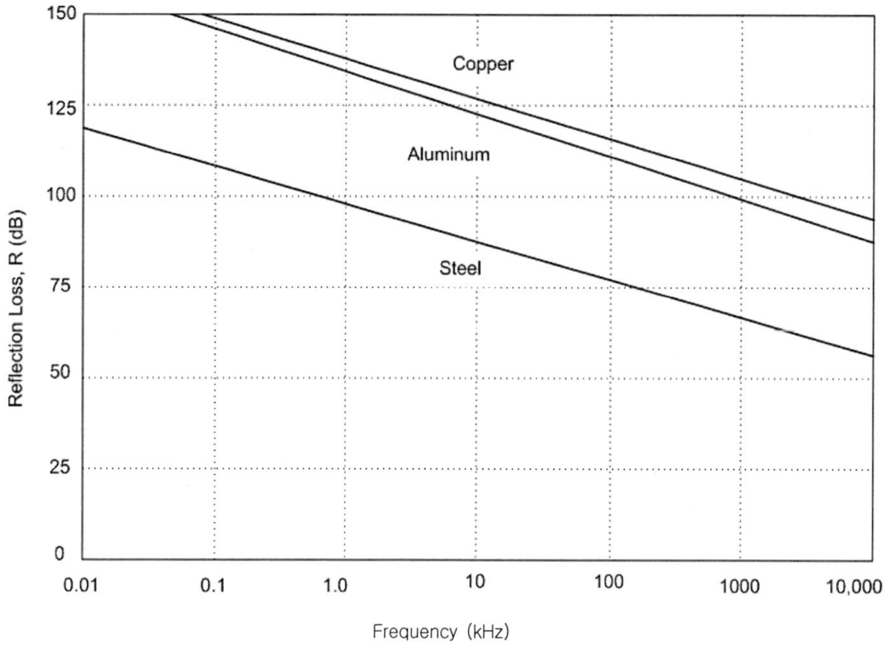

그림 5.92 평면파와 높은 전도성 매질에서의 반사손실

존한다. 만약 소스가 높은 전압과 낮은 전류를 가진다면 파동임피던스는 377 Ω보다 커지고 전자기장(field)는 높은 임피던스의 전자기장 혹은 전기적인 전자기장가 될 것이다. 만약 소스가 낮은 전압과 높은 전류를 가진다면 파동임피던스는 377 Ω보다 작을 것이고, 전자기장는 낮은 임피던스의 전자기장, 혹은 자기적인 전자기장가 될 것이다.

반사손실은 파동임피던스와 실드 임피던스의 비의 함수이기 때문에 파동임피던스와 함께 변화한다. 그러므로 높은 임피던스의 전계는 평면파보다 더 높은 반사 손실을 가진다. 유사하게, 낮은 임피던스 자계는 평면파보다 더 낮은 반사손실을 가진다. 그림 5.93은 구리차폐에서의 반사손실을 나타내는 것으로서, 소스로부터 거리 r = 1 m와 r = 30 m 떨어진 구리 실드에 대한 전기장과 자기장, 그리고 평면파의 반사손실을 비교해서 보여준다.

어떤 명백한 소스와 실드 사이의 거리에 대해, 그림 5.93의 세 곡선(전계, 자계, 평면파)은 소스와 실드 사이의 간격이 $\lambda/2\pi$가 되도록 하는 주파수에서 합쳐진다. 거리가 30 m일 때, 전계와 자계 곡선은 1.6 MHz 주파수에서 합쳐진다.

그림 5.93이 보여주는 곡선은 단지 전계 또는 자계만을 생성하는 점파원에 대한 것

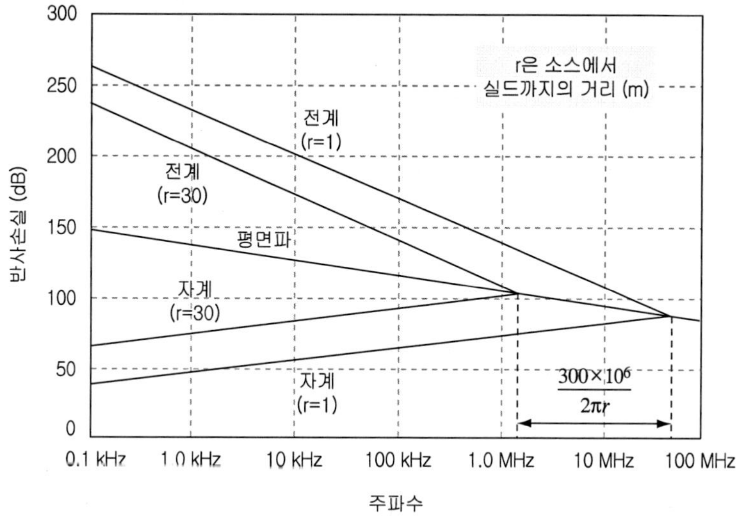

그림 5.93 구리 차폐에서 반사손실

이지만 대부분의 실제 소스(파원)는 전계와 자계 양쪽 모두를 만든다. 그러므로 실제 소스에 대한 반사손실은 그림에서 보여주는 전계의 선과 자계의 선 사이 어딘가에 위치한다. 그림에서 전계의 반사손실 간격은 $\lambda/2\pi$가 될 때까지 주파수와 함께 감소한다는 것을 알 수 있으며, 이것을 넘어서면 반사손실은 평면파에 대한 것과 같아진다. 또한, 자계의 반사손실은 분리 거리가 $\lambda/2\pi$가 될 때까지 주파수와 함께 증가한다. 그때 손실은 평면파의 손실과 같은 비율로 감소하기 시작한다.

① 전기장의 반사손실

파동임피던스는 $r < \dfrac{\lambda}{2\pi}$ 일 때, 다음 방정식에 의해 근사될 수 있는 전기장(Electric Field)의 점파원(point wave source)에 기인한다.

$$|Z_W|_e = \frac{1}{2\pi f \varepsilon r} \tag{5.80}$$

여기에서 r은 소스에서 실드까지의 거리[m]이고, ε은 유전 상수(dielectric constant)이다. 반사손실은 식 (5.80)을 식 (5.78)에 대입해서 다음과 같이 결정할 수 있다.

$$R_e = 20\log\frac{1}{8\pi f \varepsilon r\,|Z_s|} \quad [dB] \tag{5.81}$$

또는 ε의 자유공간 값을 대입하면

$$R_e = 20\log\frac{4.5\times10^9}{fr\,|Z_s|} \quad [dB] \tag{5.82a}$$

여기에서 r은 미터 단위이며, $|Z_s|$에 식 (5.61d)를 대입하고 다시 정리하면, 식 (5.82a)는 식(5.82b)가 된다.

$$R_e = 322 + 10\log\frac{\sigma_r}{\mu_r f^3 r^2} \tag{5.82b}$$

그림 5.93에서 '전기장(electric field)'이라 표시된 선은 r이 1 m와 30 m인 구리실드에 대한 식 (5.82b)의 도시이다. 그 식과 도시는 단지 전기장에서 발생한 포인트 소스로부터 명시된 거리에서의 반사손실을 나타낸다. 그러나 실제의 전기장 소스는 전기장에 더하여 약간의 작은 자기장 성분을 가지고 있다. 그러므로 이것은 그림 5.93의 전기장의 선과 평면파의 선 사이 어디서든 반사손실을 가진다. 일반적으로 우리는 실제 소스가 이들 두 선 사이 어디에 놓이게 될지 모르기 때문에 평면파 계산이 보통 전기장에 대한 반사손실을 결정하는 데에도 사용된다. 그때 실제 반사손실은 식 (5.79b)로 계산한 것과 같거나 더 크다.

② 자기장의 반사손실

파동임피던스가 $r < \lambda/2\pi$라 가정하면, 파동임피던스는 식 (5.83)에 의해 근사될 수 있는 자기장(magnetic field)의 포인트 소스에 기인한다.

$$|Z_W|_m = 2\pi f\mu r \tag{5.83}$$

여기에서 r은 소스에서 실드까지의 거리이고 μ는 투자율이다. 반사손실은 식 (5.83)을 식 (5.78)에 대입하여 다음과 같이 결정할 수 있다.

$$R_m = 20\log\frac{2\pi f\mu r}{4|Z_s|} \quad [dB] \tag{5.84}$$

또는 μ의 자유공간 값을 대입하면

$$R_m = 20\log\frac{1.97\times10^{-6} f r}{|Z_s|} \quad [dB] \tag{5.85a}$$

여기에서, r은 미터 단위며, $|Z_s|$에 대해 식 (5.61d)를 대입하고 식 (5.85a)를 다시 정리하면 식 (5.85b)가 얻어진다.

$$R_m = 14.6 + 10\log\frac{f r^2 \sigma_r}{\mu_r} \quad [dB] \tag{5.85b}$$

그림 5.93에서 '자기장(magnetic field)'이라 표시된 선은 r이 1 m와 30 m인 구리실드에 대한 식 (5.85b)의 도시이다. 식 (5.85)와 그림 5.93에서의 그린 것은 단지 자기장에서 발생한 포인트 소스로부터 명시된 거리에서의 반사손실을 나타낸다. 그러나, 대부분의 실제의 자기장 소스는 자기장에 더하여 약간의 작은 전기장 성분을 가지고 있다. 그러므로 이것은 그림 5.93의 자기장의 선과 평면파의 선 사이 어디선가 반사손실을 가진다. 일반적으로 우리는 실세 소스가 이들 두 선 사이의 어디에 놓이게 될지 모르기 때문에 식 (5.85b)는 보통 자기장에 대한 반사손실을 결정하는 데 사용된다. 그때 실제의 반사손실은 식 (5.85)로 계산된 것과 같거나 더 크다.
여기에서 소스까지의 거리는 알 수가 없고, 근방계에서 자기장 반사손실은 일반적으로 낮은 주파수에서는 0이 된다고 가정할 수 있다.

3) 반사 손실에 대한 일반식

다중반사를 무시한다면 반사손실에 대한 일반화된 식은

$$R = C + 10\log\left(\frac{\sigma_r}{\mu_r}\right)\left(\frac{1}{f^n r^m}\right) \tag{5.86}$$

으로 쓸 수 있다.

여기에서 상수 C, n, m은 평면파와 전기장과 자기장에 대하여 표 5.4에 나타내었다.

식 (5.86)은 평면파에 대한 식 (5.79b), 전기장에 대한 식 (5.82b)와 자기장에 대한 식 (5.85b)과 등가이다. 식 (5.86)은 반사손실은 투자율에 의해 나누어진 실드 재료의 도전율의 함수라는 것을 보여준다.

표 5.4 식 (5.86)에 사용되는 상수

필드의 형태	C	n	m
전기장	332	3	2
평면파	168	1	0
자기장	14.6	−1	−2

(3) 얇은 실드에서의 다중반사

만약 실드가 얇다면, 그림 5.94에서 보여주는 것처럼 두 번째 경계면으로부터 반사된 파는 첫 번째 경계면으로 재반사되고, 그때 그것은 다시 반사되어 두 번째 경계면으로 돌아온다. 흡수손실이 크고, 두께가 두꺼운 실드의 경우 이것은 무시될 수 있다. 시간이 지남에 따라 파는 두 번째로 두 번째 경계면에 도달하며, 무시해도 좋을 크기로 실드 세 배의 두께를 통과하는 것이 된다.

전기장에 대해 입사파의 대부분은 첫 번째 경계면에서 반사되고 단지 작은 비율만 실드에 들어간다. 이것은 식 (5.70)과 $Z_2 \ll Z_1$ 라는 사실에서 알 수 있다. 그러므로 실드 내에서 다중반사는 전기장에 대해서는 무시될 수 있다.

자기장에 대한 입사파의 대부분은 $Z_2 \ll Z_1$ 일 때, 식 (5.71)이 보여주는 것처럼 첫 번째 경계면에서 실드 안으로 통과한다. 투과된 파의 값은 실제 입사파의 값의 두 배이다. 실드 안쪽에서의 다중반사 효과는 실드 내부에서 그와 같이 큰 값의 자기장과 함께 고려되어야 한다.

두께 t와 표피심 δ의 실드에서 자기장의 다중반사에 대한 보정항은 식 (5.87)과 같다.

$$B = 20\log\left(1 - e^{-2t/\delta}\right) \quad [dB] \tag{5.87}$$

그림 5.95는 t/δ의 함수에 대한 보정항(B)의 그림이다. 보정항은 음수이고 더 적은 차폐 효과를 나타낸 것은 반사에 기인하는 얇은 실드로부터 얻어진다는 점에 주목하라.

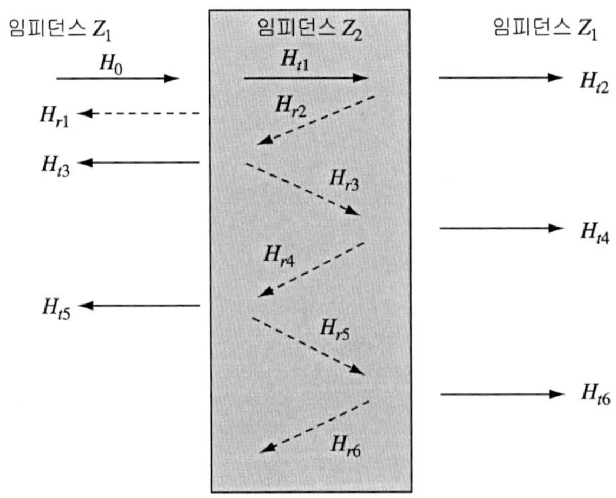

그림 5.94 얇은 실드에서 발생하는 다중반사

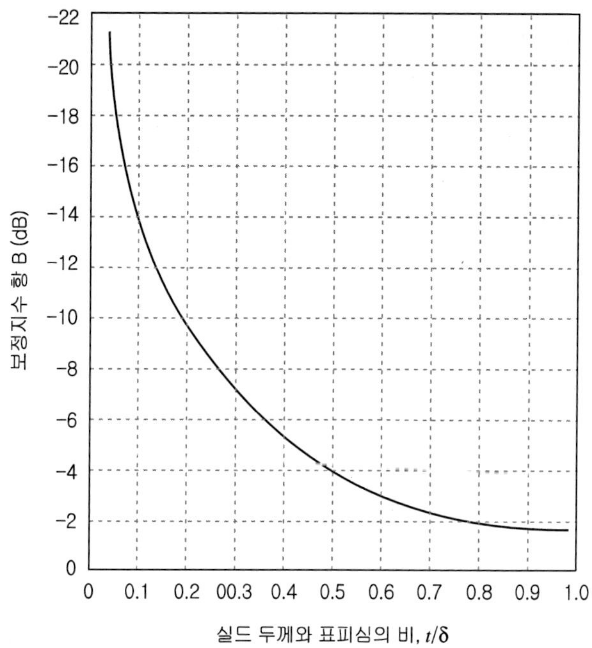

그림 5.95 얇은 실드와 자계필드에 대한 다중 반사손실 보정 요소

(4) 흡수손실과 반사손실의 복합

1) 평면파(Plane Wave)

원방계에서 평면파에 대한 전체 손실은 식 (5.64)에서 나타낸 것과 같이 흡수손실과 반사손실의 복합이다. 반사손실은 매우 크고 보정항(correction term)은 작으므로, 다중 반사 보정항 B는 평면파에 대해서는 보통 무시된다. 만약 흡수손실이 1 dB보다 크다면 보정항은 11 dB보다 작다. 만약, 흡수손실이 4 dB보다 더 크다면 보정항은 2 dB보다 작다.

그림 5.96은 전체 감쇠 또는 0.020 inch 두께의 고체 구리실드의 차폐효과를 보여준다. 여기에서 알 수 있듯이, 반사손실은 주파수의 증가에 따라 감소한다. 이것은 실드 임피던스 Z_s가 주파수와 함께 증가하기 때문이다. 그러나 흡수손실은 표피심이 감소하는 것 때문에 주파수와 함께 증가한다. 최소의 차폐효과는 보통 중간의 주파수에서 일어나는데, 이 경우 10 kHz에서 일어난다. 그림 5.96으로부터 높은 주파수에서 대부분의 감쇠가 흡수손실의 결과임을 고려하면, 낮은 주파수의 평면파에 대한 반사손실이 대부분의 감쇠라는 것을 뚜렷이 알 수 있다.

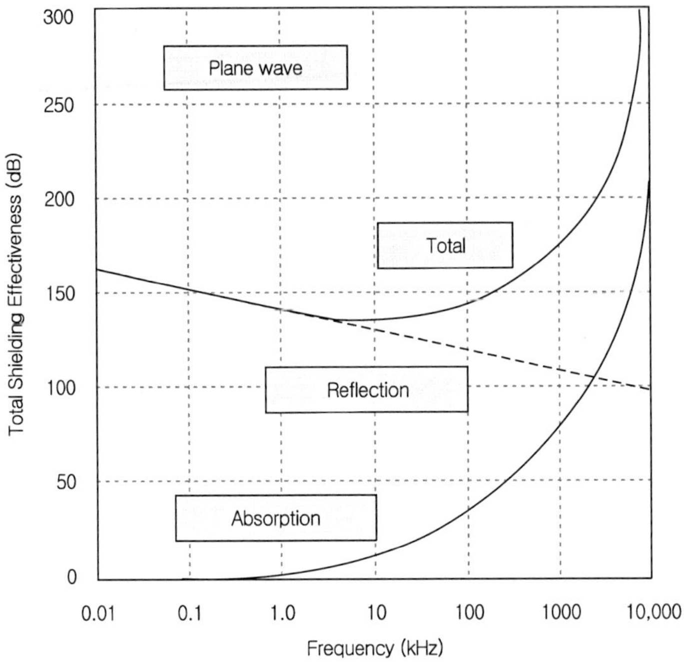

그림 5.96 원방계에서 0.02 inch 구리실드의 차폐효과

2) 전기장(Electric Fields)

전기장에 대한 전체 손실은 식 (5.64)에 나타낸 것처럼 흡수손실과 반사손실이 결합에 의해 얻어진다. 반사손실은 꽤 크고 보정항은 작으므로, 다중반사 보정항 B는 전기장의 경우에는 보통 무시된다. 낮은 주파수에서 반사손실은 전기장에 대한 주요한 차폐 메커니즘이다. 높은 주파수에서는 흡수손실이 주요한 차폐 메커니즘이다.

3) 자기장(Magnetic Fields)

자기장에 대한 전체 손실은 식 (5.64)에 나타낸 것처럼 흡수손실과 반사손실의 결합에 의해 얻어진다. 만약 실드가 두껍다면(흡수손실 > 9 dB), 다중반사 보정항 B는 무시될 수 있다. 만약 실드가 얇다면, 식 (5.87)과 그림 5.96으로부터 보정항은 포함되어야 한다.

근방계에서 낮은 주파수의 자기장의 반사손실은 작다. 다중반사에 기인하는 이런 효과는 얇은 실드에서조차도 더 확실하게 된다. 자기장에 대한 가장 큰 손실은 흡수손실이다. 낮은 주파수에서는 흡수손실과 반사손실 둘 다 작기 때문에 전체 차폐효과

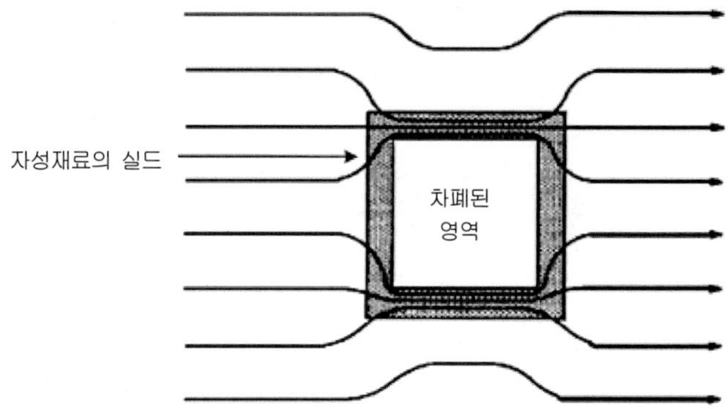

그림 5.97 자계필드를 위한 낮은 자기저항 경로에 의한 실드로써 이용되는 자계물질

가 낮아서 낮은 주파수의 자기장 차폐는 어렵게 된다. 낮은 주파수의 자기장에 대한 추가적인 보호(방법)는 단지 회로를 보호하고 있는 주위의 자장을 전환시키는 낮은 자기저항의 자기 분로를 제공하여 전환함으로써 이루어질 수 있으며, 그림 5.97에 보여준다.

(5) 차폐방정식의 사용

그림 5.98은 전기장, 자기장, 평면파에 대한 0.02 inch의 얇은 고체 알루미늄 실드의 종합 차폐효과를 보여준다. 그림에서 볼 수 있는 것처럼, 낮은 주파수의 자기장을 제외한 모든 경우에서 상당한 차폐효과를 확인할 수 있다.

높은 주파수(10 MHz 이상)에서는 흡수손실이 우세하며, 실제 사용하기 충분한 두께의 대부분 고체 실드는 대부분의 응용에 대해 충분 이상의 차폐를 제공한다.

그림 5.99는 다양한 상태 아래에서의 차폐효과를 구할 때, 그 상태에 적합한 방정식을 사용하면 된다는 것을 전자기장과 A, R 및 B 별로 분류하여 선택하는 흐름도이다. 다양한 상태 아래의 고체 실드에 의해 제공되는 차폐(효과)의 질적인 개요는 이 장의 끝에서 요약한다.

(6) 자성체를 이용한 차폐

만약 자성체가 양질의 도체의 위치에서 실드로서 사용된다면 투자율 μ면에서는 증가가 있고, 도전율 σ면에서는 감소가 있기 때문에 다음과 같은 효과를 가진다.

- 대부분의 자성체에 대해 도전율이 감소하는 것보다 더 투자율이 증가하기 때문에 흡수손실이 증가한다.
- 반사손실이 감소한다.

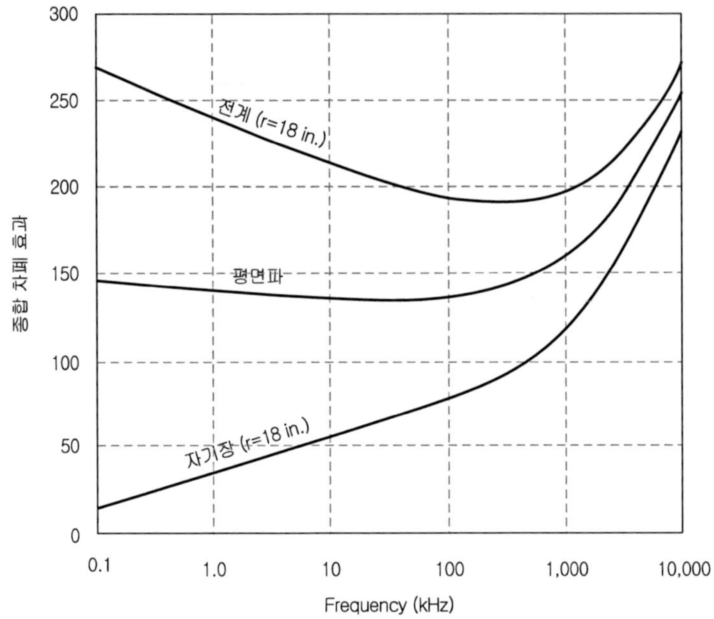

그림 5.98 0.02 inch의 얇은 고체 알루미늄 실드의 전자계 평면파 차폐 효율성

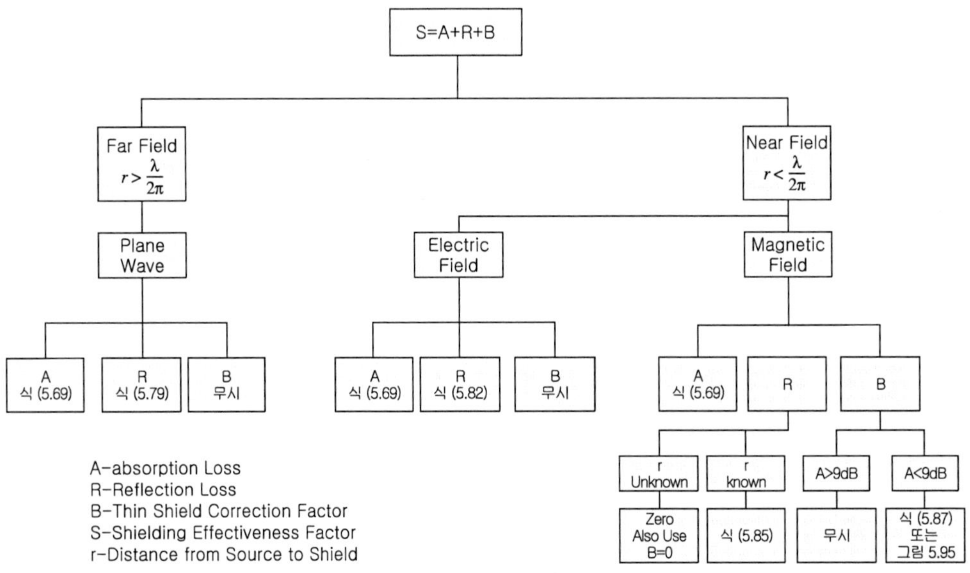

그림 5.99 전자기장과 차폐방정식 선택

실드를 통한 전체 손실은 흡수와 반사의 합으로 나타낼 수 있다. 낮은 주파수의 자기장의 경우 반사손실이 거의 없고, 흡수손실이 중요한 차폐 메커니즘이다. 이런 상태하에서 흡수손실이 증가하는 자성체를 사용하는 것은 유용하다. 낮은 주파수의 전기장이나 평면파의 경우에 중요한 차폐 메커니즘은 반사손실이다. 그러므로 자성체를 사용하는 것은 차폐를 감소시킬 것이다.

자성체가 실드로서 사용될 때 종종 간과되는 다음 세 가지의 특성을 고려해야 한다.

① 투자율은 주파수에 따라 감소한다.
② 투자율은 필드의 세기에 의존한다.
③ mumetal과 같은 높은 투자율의 자성체를 적용하거나 가공하면, 그들의 자성이 바뀔 수도 있다.

자성체에 대해 주어진 대부분의 투자율 값은 정적이거나 또는 dc 투자율들이다. 주파수가 증가함에 따라 투자율은 감소한다. 보통 큰 dc 투자율은 그 크기가 주파수에 따라 작아질 것이다. 그림 5.100은 자성체의 종류별로 주파수에 대한 투자율을 그린 것이다. 여기에서 볼 수 있듯이, 100 MHz에서, dc 투자율이 콜드 롤드 스틸(cold rolled steel)의 13번째 것일지라도 Mumetal의 dc 투자율은 콜드 롤드 스틸보다 더 좋지 않다. 높은 투자율의 물질은 10 kHz 이하인 주파수에서 자기장 차폐재로서 가장 유용하다.

100 kHz 이상에서 강철의 투자율은 완만하게 감소하기 시작하며, 표 5.5는 강철 대 주파수의 투자율에 대한 대표적인 값을 나타내었다.

실드로서 자성체의 유용성은 필드의 강도 H와 함께 변화한다. 대표적인 자화 곡선은 그림 5.101에서 보여준다. 정 투자율은 B 대 H의 비이다. 여기서 보여지는 것처럼 차폐의 결과 최대 투자율은 자기장(H-필드) 강도의 중간 수준에서 일어난다. 그러므로 차폐에 의해 높은 자기장(H-필드) 강도와 낮은 자기장(H-필드) 강도 양쪽 모두에서 투자율은 더 작아진다. 포화상태에 기인하는 높은 자기장(H-필드)에서의 효과는 물질의 유형과 두께의 변화에 의존한다.

자기장(H-필드)의 세기가 포화상태 이상에서는 투자율이 급격히 떨어진다. 일반적으로, 투자율이 더 높아질 때 낮아지는 것은 포화로 인해 생기는 필드의 강도이다. 대부분의 자성체의 설계 명세서에는 최고의 투자율, 즉, 최적 주파수와 필드 강도를 표시하고 있다. 이 같은 설계 명세서는 아주 오해하기 쉬울 수 있다.

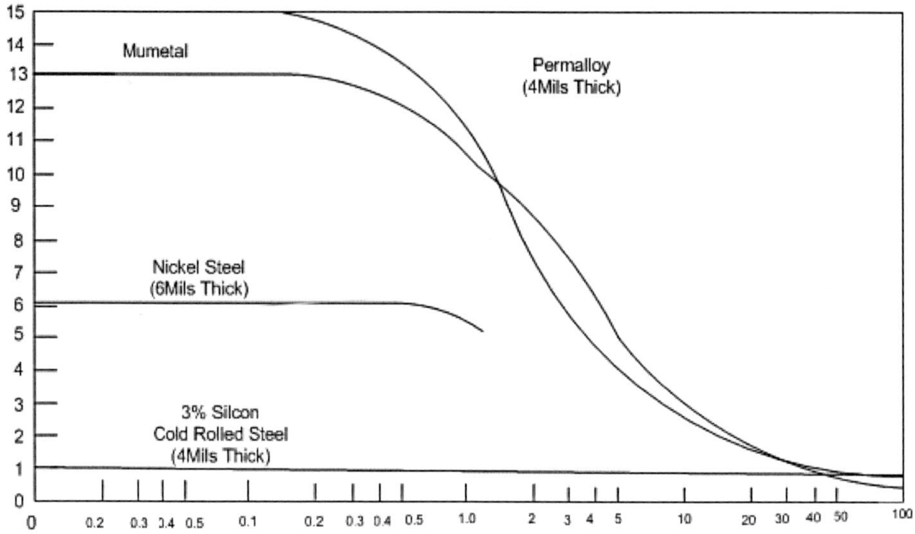

그림 5.100 다양한 자계 재료를 위한 주파수와 투자율 사이의 관계

표 5.5 철의 상대적인 투자율 대 주파수

주파수 (MHz)	비투자율 μr
0.0001	1,000
0.0010	1,000
0.0100	1,000
0.1000	1,000
1.0000	700
10.0000	500
100.0000	100
1,000.000	50

포화현상을 극복하기 위해서, 다층 자기 실드(multilayer magnetic shield)가 사용될 수 있다. 그림 5.102에서 그 예를 보이다. 여기서, 첫 번째 실드(낮은 투자율의 재료)는 높은 레벨에서 포화하고, 두 번째 실드(높은 투자율의 재료)는 낮은 레벨에서 포화한다. 첫 번째 실드는 두 번째에서 포화되지 않는 점에서 자기장 필드의 크기가 감소하고, 두 번째 실드는 자기장 차폐의 대부분에 기여한다. 또한 이런 실드들은 첫 번째 실드로 구리와 같은 도체를, 그리고 두 번째 실드로 자성체를 사용하는 것으로 구성될

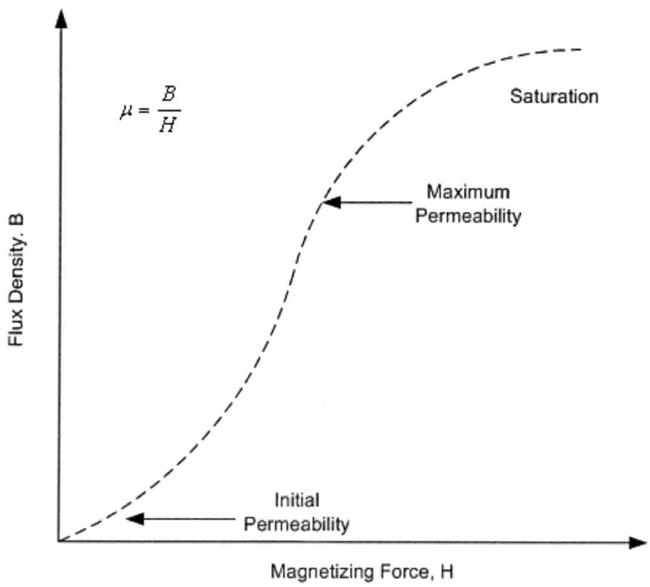

그림 5.101 전형적인 자화 곡선(투자율은 곡선의 기울기와 동일)

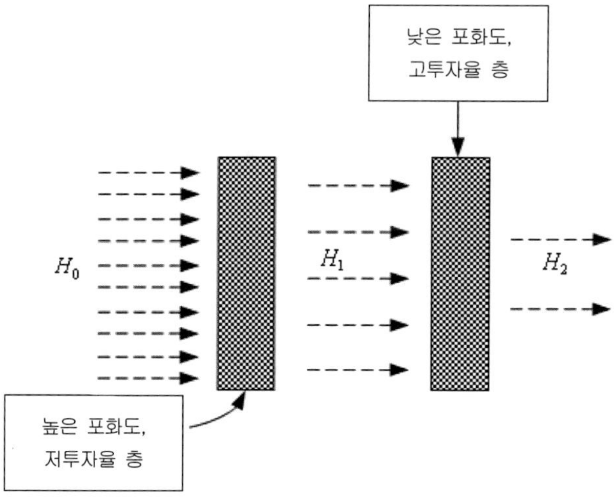

그림 5.102 침투현상을 극복하기 위해 사용되는 다층자계 실드

수 있다. 낮은 투자율, 높은 포화 재료는 항상 자기장 소스에 가장 가까운 실드의 측면에 위치된다. 약간 까다로운 경우에 부가적인 실드는 원하는 필드의 감쇠를 얻는 것을 필요로 할지도 모른다. 다층 실드의 또 다른 장점은 부가적인 표면 반사에서 생기는

반사손실을 감소시킨다는 점이다.

mumetal이나 permalloy와 같은 몇몇 높은 투자율을 가지는 물질의 가공이나 제작은 그것들의 자기적인 특성을 떨어뜨릴 것이다. 이것은 또한 재료를 떨어뜨리거나, 충격을 받기 쉬울 때 일어날 수 있다. 그때 재료는 그것의 자기적 특성을 원래대로 하기 위하여 알맞게 달구어 서서히 식혀야 한다.

(7) 실험 데이터

금속판의 다양한 형태의 자기장 차폐효과 측정 테스트 결과를 그림 5.103과 그림 5.104에 나타내었다. 측정은 0.1 inch 거리에 별개의 소스와 리셉터를 둔 근방계에서 이루어졌다. 실드는 3 mils에서 60 mils(inch×10^{-3}) 두께였고, 테스트 주파수는 1 kHz에서 100 kHz 범위였다. 그림 5.103에서 1 kHz에서 자기장 차폐에 대하여 구리를 능가하는 철의 우세를 명백히 볼 수 있다. 그러나 100 kHz에서, 철은 단지 구리보다 약간 더 좋으며, 100 kHz와 1 MHz 사이 어딘가에서 구리가 철보다 더 좋은 실드가 되는 점에 도달한다.

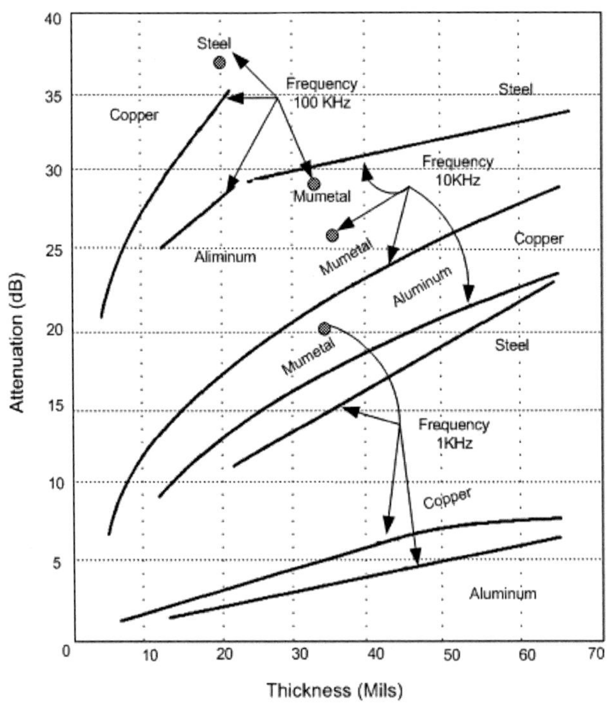

그림 5.103 근방계에서 금속시트에 의한 자기적인 감쇠실험 데이터

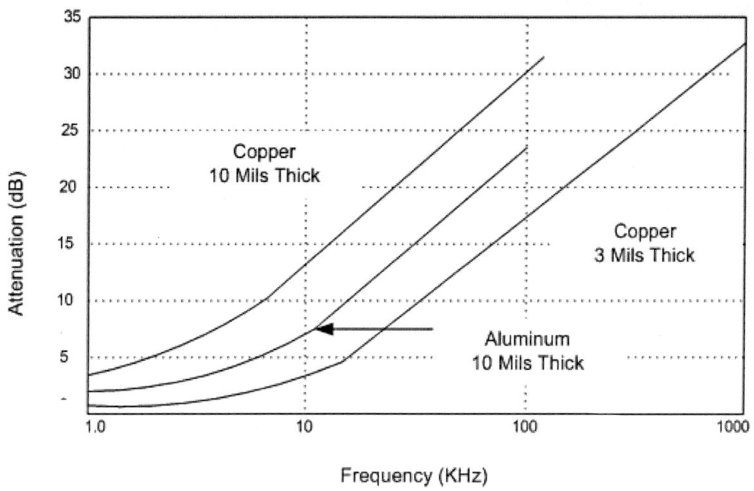

그림 5.104 근방계에서 conducting sheets의 펄스 감쇠를 결정하기 위한 테스터의 실험 결과

그림 5.103은 또한 지기장 실드로서 mumetal의 주파수 효과를 증명한다. 즉, 1 kHz에서, mumetal은 철보다 더 효과적이지만, 10 kHz에는 철이 mumetal보나 더 효과적이다. 100 KHz에서서는 철, 구리, 알루미늄 모두 mumetal보다 더 좋다. 다양한 주파수에서 얇은 구리와 알루미늄 실드에 의해 제공되는 감쇠를 나타내기 위해서 그림 5.103의 몇몇 데이터를 그림 5.104에 다시 그렸다. 요약하면, 낮은 주파수에서의 철이나 mumetal과 같은 자성체는 알루미늄이나 구리와 같은 양질의 도체보다 더 나은 자기장 실드를 만든다. 그러나 높은 주파수에서는 양질의 도체가 더 나은 자기장 차폐를 제공한다.

고체, 비자성체 실드는 자기장 차폐효과가 주파수와 함께 증가하므로 차폐효과의 측정은 가장 낮은 주파수에서 하는 것이 중요하다. 자성체의 차폐효과는 투자율이 감소하는 데 기인하는 주파수의 증가에 따라 감소할 것이다. 또한 비균질 실드의 차폐효과는 구멍을 통해 증가되는 누출에 기인하는 주파수의 증가에 따라 감소할 것이다.

5.4.4 개구(Apertures)

지금까지의 차폐효과 계산은 개구(apertures)가 없는 고체 실드로 가정해 왔다. 또한, 주로 낮은 주파수의 자계를 대상으로 한 것을 보여줘 왔고, 그것은 90 dB의 차폐효과를 얻는 것이 비교적 쉬웠다. 그러나 실제적으로 대부분의 실드는 균일하지 않으며, 거기에는 출입 커버, 문, 도체에 대한 구멍, 환기구, 스위치, 계기판, 기계적인 접합과 이음이 있다. 이들 모두는 적지 않게 실드의 효과를 감소시킬 것이다. 실제적인 문제로, 재료의 본질적인 차폐효과는 이음부나 접합부, 구멍을 통한 누출에 크게 관계하는 것이다.

실드 불연속성은 일반적으로 전계의 누출 효과보다 자계의 누출에서 더 큰 영향을 미치기 때문에 자계의 누출을 최소화하는 방법으로 접근하는 것이 중요하다. 거의 모든 경우에서 전기장 누출보다 자기장 누출을 최소화 하는 것이 훨씬 더 적절하게 쓰인다.

실드 불연속으로부터 누출의 양은 주로 다음 세 가지 항목에 의존한다.

① 최대 선형 치수(Maximum Linear Demension)의 개방
② 파동임피던스
③ 소스(Source)의 주파수

누출의 총량을 결정하는 것은 면적이 아닌 최대의 치수(길이)이며, 이는 실드에 접근하는 회로이론으로 고려함으로써 가장 좋게 구체화될 수 있다. 그러한 접근법에서 노이즈 필드는 실드에서 전류를 야기하고, 그때 이들 전류는 부가적인 필드를 발생시킨다. 그 새로운 필드는 공간의 어떤 영역에서는 원래의 필드를 상쇄한다. 이러한 상쇄가 일어나도록 실드 전류는 입사 전자장에 의해 야기되는 방식에서 방해받지 않는 흐름이 되도록 고려해야 한다. 만약 실드가 불연속적인 다른 길로 흐르는 유도된 전류로 강제된다면, 차폐효과는 감소된다. 더 나아가서 전류가 강제로 돌아서 가게 된다면 차폐효과는 더 많이 감소될 것이다.

그림 5.105는 유도된 실드 전류가 불연속적인 영향을 어떻게 미치는지 보여준다. 그림 5.105(a)는 불연속성을 포함하지 않는 실드부를 보여준다. 또한 유도된 실드 전류를 보여준다. 그림 5.105(b)는 직사각 슬롯이 어떤 상태로 유도된 실드 전류를 돌아서 가게 하는지, 누출이 어떻게 발생하는지를 보여준다. 그림 5.105(c)는 같은 길이의 훨씬 더 가는 슬롯을 보여준다. 폭이 더 좁은 슬롯은 그림 5.105(b)의 더 넓은 슬롯과 같은 전류에서와 거의 같은 효과를 가지므로, 누출의 양도 같다. 그림 5.105(d)에서 작은 구멍 모임은 전류에 대해 그림 5.105(b)의 슬롯보다 훨씬 더 적은 우회 효과를 가지기 때문에 슬롯의 전체 면적이 같아도 더 적은 누출을 만들어 낸다. 이런 사실에서 많은 수의 작은 구멍이 동일한 전체 면적의 큰 구멍보다 더 적은 누출을 만들어 내는 것이 명백하게 된다.

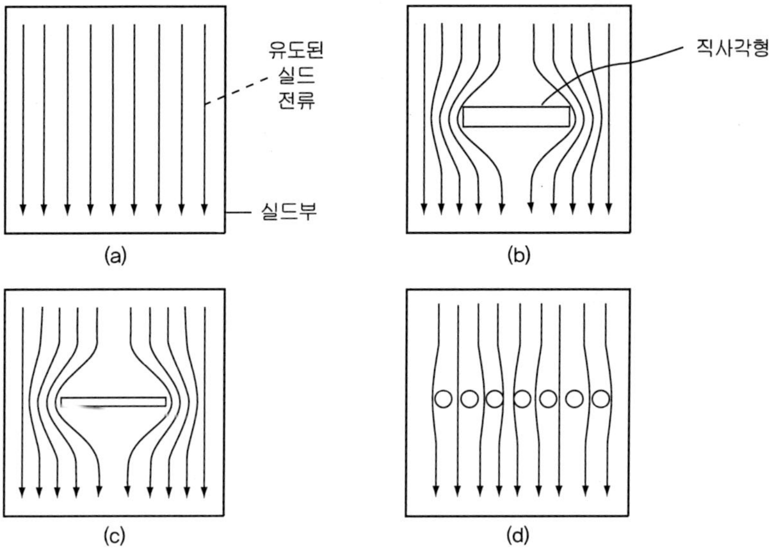

그림 5.105 자기적으로 야기시키는 실드 전류에서의 차폐 불연속 효과

그림 5.105(b)와 (c)에서 보여주는 것과 같은 직사각 슬롯은 슬롯 안테나 형태이다. 매우 가늘어도 이와 같은 안테나는 그것이 1/100 파장보다 더 길다면 심각한 누출의 원인이 될 수 있다. 이음부와 접합부는 종종 매우 효과적인 슬롯 안테나 형태가 된다. 최대 방사는 슬롯의 길이가 반파장과 같을 때 일어난다.

길이가 반파장과 같거나 더 작은 길이를 가지는 슬롯에 대해, 데시벨(dB) 단위의 차폐효과는 식 (5.88)과 같다.

$$S = 20\log\left(\frac{\lambda}{2l}\right) \tag{5.88}$$

여기에서 λ 는 파장이고, l은 슬롯의 긴 쪽 길이이다. 식 (5.88)은 슬롯이 반파장 길이일 때 차폐효과는 0 dB임을 보여주고, 길이 l이 감소함에 따라 매 디케이드(decade)마다 20 dB가 증가하는 것을 보여준다. 슬롯의 길이가 반으로 줄어들면 6 dB 정도 증가한다. 그림 5.106은 다양한 슬롯의 길이에 대한 차폐효과 대 주파수를 보여준다. 식 (5.88)과 그림 5.106은 하나의 슬롯의 차폐효과를 나타낸다. 상업용 제품을 위한 슬롯 길이는 1/20 파장(이것은 20 dB의 차폐효과를 제공한다)보다 더 큰 개구는 피하는 것이 좋다.

표 5.6은 다양한 주파수에서 1/20 파장과 같은 최대 슬롯 길이를 나타낸다.

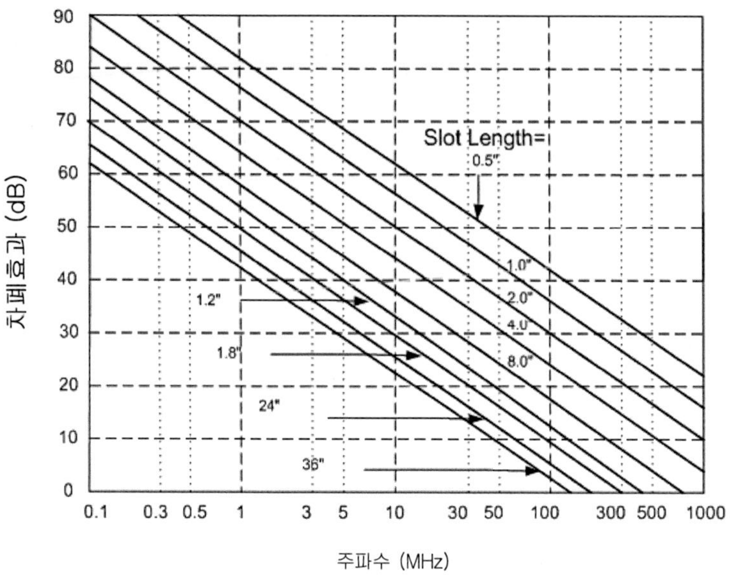

그림 5.106 차폐효과 대 단일개구에 대한 최대 슬롯 길이

표 5.6 20 dB 차폐 효과에 대한 최대 슬롯 길이 대 주파수

주파수 (MHz)	최대 슬롯 길이 (in.)
30	18
100	6
300	2
500	1.2
1000	0.6

(1) 여러개의 개구

두 개 이상의 개구는 차폐효과를 감소시킨다. 감소량의 계산은 ①개구 사이의 공간, ②주파수, ③개구의 수에 의존한다. 반파장보다 작으면서 크기가 같은 개구가 모두 가까이에 위치되었을 때, 차폐 효과의 감소는 개구의 수(n)의 제곱근에 근사적으로 비례한다. 그러므로 다중 개구에 기인하는 dB 단위의 차폐효과는

$$S = -20\log\sqrt{n} \tag{5.89a}$$

또는

$$S = -10\log(n) \tag{5.89b}$$

이다.

개구는 여러 방향으로 방사하기 때문에, 다른 표면에 위치한 개구는 차폐효과를 감소시키지 않는다. 그러므로 그것은 어떤 한 방향에서 방사가 최소가 되는 물체의 표면 주위로 개구를 분산시키는 것이 유용하다.

(2) 이음부

이음부는 그것의 길이 방향의 다양한 점에서의 전기적인 접촉을 만드는 길고 가느다란 슬롯이다. 이음매는 슬롯의 나열이 되는 것으로 고려될 수 있다. 이음부를 가로지르는 임피던스는 그림 5.107(a)가 보여주는 것과 같이, 병렬로 된 저항과 캐패시터 성분으로 등가되며, 캐패시터 성분으로 인해 접합부의 임피던스는 주파수와 함께 감소한다. 따라서 차폐 효과는 종종 주파수와 함께 증가한다. 이음부의 임피던스는 경계면의 재료, 접촉 압력, 표면적 등 많은 요소에 의존한다. 1/4에서 1/2 인치의 겹침은 이음부

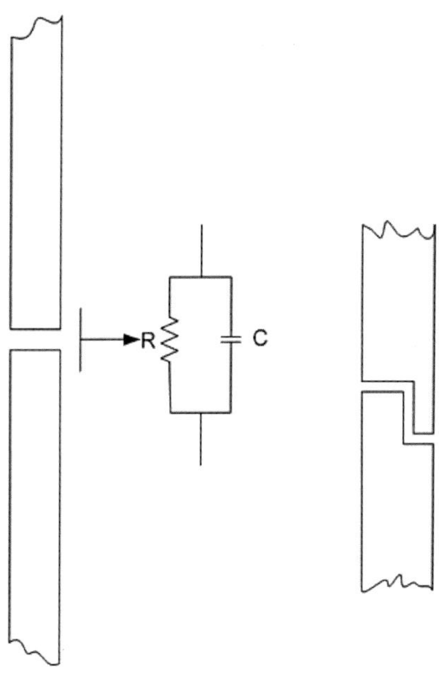

그림 5.107 (a) 저항–용량성의 성분으로 구성된 이음부의 임피던스, (b) 겹쳐지는 이음부(접합부분을 가로지르는 capacitance를 증가시킴)

표 5.7 도전성 금속 처리

For Alminum	For Carbon steel
Clear chromated(irridite)	Zinc chromate
Yellow chromate	Zinc plate
Tin plate	Cadmium plate
Nickel plate	Tin plate
Alodine	Nickel plate
Conductive paints	Conductive paints

임피던스를 감소시키는 데 도움이 될 수 있다. 이음부 양쪽의 재료는 도전성이어야 한다. 대부분의 물질은 도전성 처리를 요구하는데, 몇몇 만족할 만한 도전성 재료를 표 5.7에 나타내었다. 양극처리나 크롬산흑염과 같은 대부분의 다른 처리 재료는 도전성이 아니므로 사용되지 않아야 한다.

이음부의 길이에 따라, 요구되는 차폐 효과만큼 충분하게 틈에서의 전기적인 접촉이 강해야 한다. 접촉은 ① 다중 잠그개(볼트, 지퍼, 스냅, 훅 등), ② 접촉 버튼, ③ 접촉 집게(fingers), ④ 도전성 가스켓의 사용에 의해서 얻을 수 있다. 바람직하기는 하지만, 이음부를 따르는 연속적인 전기적인 접촉은 매우 큰 양의 차폐가 요구되는 때를 제외하고는 요구되지 않는다.

오늘날 디지털 시스템에는 300 MHz에서 500 MHz에 이르는 상당한 고조파가 존재한다. 접촉점이 적어도 파장의 1/20마다 존재하기 때문에 접촉점 사이의 공간은 1~2inch를 넘지 않아야 한다. 더 짧은 틈은 다중 개구부를 고려하는 데에 요구된다.

1) 차단 이하의 도파관

만약 도파관 형태로 만들어진다면 부가적인 감쇠는 그림 5.108에서 보여주는 것과 같이 개구로부터 얻어질 수 있다. 도파관은 차단주파수 아래서 감쇠기가 되는 차단주파수(cut-off frequency)를 가진다. 감쇠는 도파관의 길이 t의 함수이다. 원형 도파관에 대한 차단주파수는 식 (5.90)과 같다.

$$f_c = \frac{6.9 \times 10^9}{d} \quad [Hz] \tag{5.90}$$

여기서 d는 인치 단위의 직경이다. 구형도파관에서 차단주파수는 식 (5.91)과 같다.

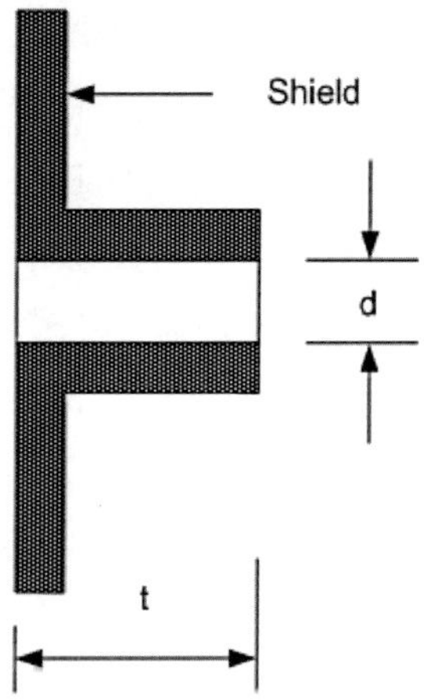

그림 5.108 직경이 d인 도파관 내 홀형상의 단면

$$f_c = \frac{5.9 \times 10^9}{l} \quad [Hz] \tag{5.91}$$

여기서 l은 인치 단위의 도파관 횡단면의 긴 쪽의 치수이다.

동작 주파수가 차단주파수보다 더 낮은 범위에서 원형도파관의 자기장의 차폐효과는

$$S = 32\frac{t}{d} \quad [dB] \tag{5.92}$$

이다. 여기서 d는 그림 5.108에서 보여주는 것처럼 지름이고 t는 도파관의 길이이다. 구형 도파관에 대한 차폐효과는

$$S = 27.2\frac{t}{l} \quad [dB] \tag{5.93}$$

이다. 여기서 l은 도파관의 단면적의 가장 긴 쪽의 길이이고, t는 도파관의 길이이다. 지름의 세 배의 길이를 가지는 도파관은 100 dB보다 큰 차폐를 제공한다.

만약 실드의 두께보다 더 작은 지름을 가지는 실드에서의 개구라면 도파관이 형성된다. 이런 경우에는 도파관의 길이는 실드의 두께와 같다.

2) 도전성 가스켓(Conductive Gaskets)

이상적인 실드는 개구가 없는 연속적인 도전성 밀폐함이다. 연속적인 용접이나 납땜으로 만든 접합부는 최대의 차폐를 제공한다. 리벳과 나사는 별로 바람직하지 못한

접합을 만든다. 만약 나사를 사용한다면 그것들을 실제적으로 함께 차단해야 한다. 전기적인 연속성을 유지하기 위한 모든 노력은 슬롯안테나의 형태가 아닌 이음부를 가로지르는 형태로 만들어져야 하며, 이것은 접합부에서 EMI 가스켓을 사용해야 할 것이다. 적당히 압축되었을 때, 이러한 것들은 접합부를 교차하는 전기적인 연속성을 제공하는 도전성 가스켓으로 수 kHz에서 수십 kHz의 주파수에서 누출을 조절할 수 있다.

EMI 가스켓의 가장 평범한 형태 중의 하나는 망사로 만들어진다. 가스켓은 사각형이나 원형 횡단면을 가지는 스트립이나, 구리-철 합금, 은을 도금한 황동, 알루미늄, 모넬(monel : 니켈과 구리의 합금)을 포함하는 다양한 재료가 이용될 수 있다. 선택된 가스켓 재료는 접합표면 부식을 최소화할 수 있도록 전기도금된 것이 적합하다. 이러한 이유로 모넬과 은을 도금한 황동은 보통 알루미늄 밀폐함에 사용되지 않아야 한다.

그림 5.109는 커버와 밀패함 사이에 EMI 가스켓을 설치하는 바른 방법과 틀린 방법을 나타낸다. 가스켓은 슬롯에 있어야 하고 나사 구멍 주위로 누출에 대한 보호를 위하여 나사의 안쪽에 있어야 한다. 접합부나 이음부를 가로지르는 전기적인 연속성에 대해, 금속은 페인트와 산화물과 절연 필름에 대해서 방해를 받지 않아야 한다. 금속은 도전 마무리로 부식으로부터 보호되어야 한다. 양쪽 모두 도전성인 약간의 alodine과 크롬산염 마무리를 하여 알루미늄에 산화 피막이 생기게 하지 말아야 한다.

만약 EMI 보호와 환경 보호 양쪽 다 요구된다면, 각각의 두 개의 가스켓이나 복합 EMI-환경 가스켓이 사용되어야 할 것이다. 복합 가스켓은 실리콘 합성 고무를 댄 망

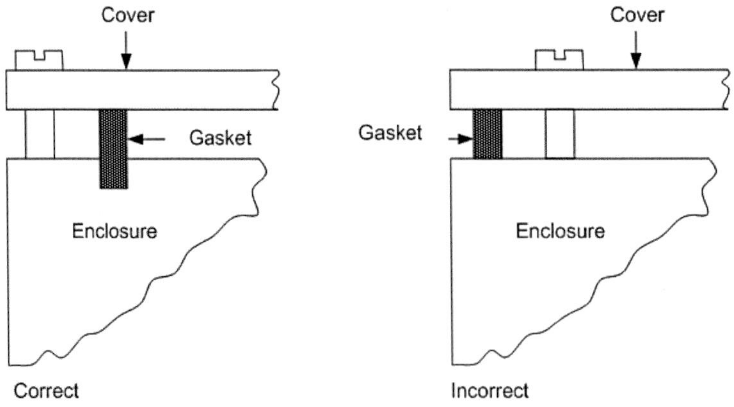

(a) 바른 방법 (b) 잘못된 방법

그림 5.109 바르게 또는 잘못되게 설치한 EMI 가스켓

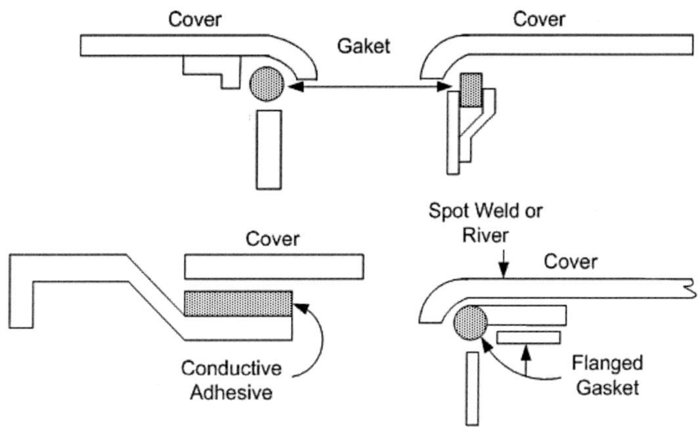

그림 5.110 시트금속으로 둘러싸인 EMI 가스켓을 설치하기 위한 직당한 방법

사를 가진다. 만약 환경 가스켓과 EMI 가스켓이 복합 유니트나 두 개의 분리된 가스켓으로 설치되었다면, EMI 가스켓은 환경 가스켓의 안쪽에 있어야 한다.

얇은 금속 밀폐함과 함께 EMI 가스켓은 그림 5.110에서 보여주는 방법 중 하나에 의해 설치될 수 있을 것이다. 구멍이 난 얇은 스톡이나 스크린은 환기구의 커버로 사용될 수 있다. 재료는 그것들이 교차하는 요소 사이에서 전기적인 연속성을 가져야만 한다. 스크린의 전체 주변은 새시와 함께 전기적 접촉이 있어야만 한다.

도전성 가스켓은 실드에 설치된 스위치와 조절판 주위에 사용될 수 있다. 이것들은 그림 5.111에서 보여주는 것처럼 설치되어야 한다. 계측을 위해 계기판에서 뚫린 큰 구멍은 실드의 효과를 완전하게 파괴할 수 있다. 만약 계측기가 실드 패널에서 사용된다면, 계측기 구멍의 차폐를 제공하기 위한 그림 5.112가 보여주는 것과 같이 설치

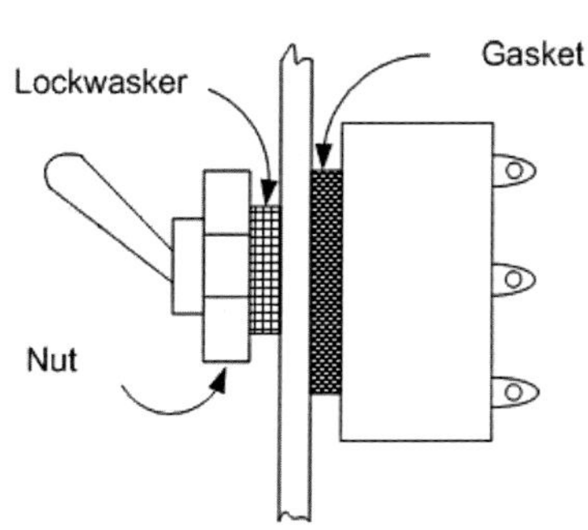

그림 5.111 EMI 가스켓을 사용한 판낼 내에서 설치된 스위치

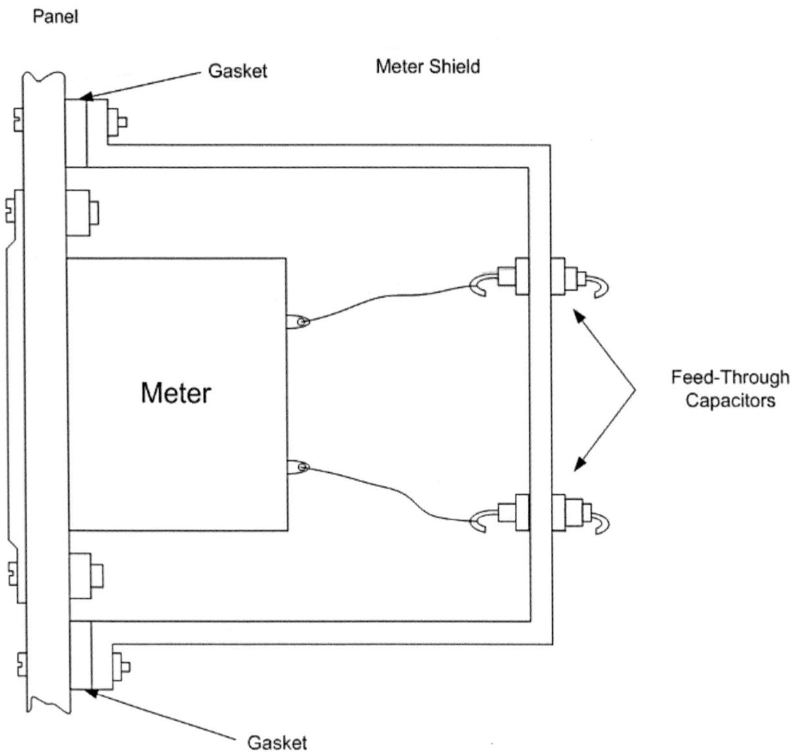

그림 5.112 판넬에서 매타홀 쉴딩 방법

되어야 한다. 제4장에서 설명한 것처럼, 차폐로 들어가는 와이어는 filtering되어야 한다. 실드 외피 밀폐함은 전기적으로 접지되어 있다.

최적의 차폐 밀폐함은 일반적인 환경 가스켓의 위치에 사용되는 EMI 가스켓을 가지는 '전기적 방수'로 생각되어야 한다.

3) 도전성 창

브라운 관(CRT)이나 문자-숫자 디스플레이와 같은 비주얼 디스플레이에 사용되는 개구는 높은 광 투과성을 요구하기 때문에 가장 차폐하기 어렵다. 그 결과로 특별한 도전성 창이 이런 응용을 위해 만들어졌다. 도전성 창에는 두 가지 주요 형태인 ① 투과성 도전 코팅, ② 망사 스크린이 있다.

① 투과성 도전 코팅

극단적으로 얇은 투과성 도전 코팅은 다양한 광학 기판(플라스틱이나 유리)에 진공 증착시킬 수 있다. 이런 접근법은 적당한 광투과성을 가지는 좋은 차폐 특성을 가져온다. 침전막의 두께가 마이크로 인치 단위이므로, 매우 작은 흡수손실이 있고 주된 차폐는 반사손실로부터 오기 때문에 매우 좋은 도체가 사용된다. 차폐효과는 코팅의 저항율의(두께에 의지하는) 함수이고 광투과성은 코팅의 두께에 의존하는 함수이므로 타협이 이루어져야 한다. 전형적인 표면 저항율 범위는 각각 70~85%의 광투과성에서 단위면적당 10에서 20 Ω이다.

전형적으로 금이 증착 금속으로 사용되는데, 그것의 높은 안정성과 좋은 도전성에 기인한다. 매우 얇은 층이 사용되기 때문에 비용은 싸다.

② 망사 스크린

도전성 망사 스크린은 차폐창을 만드는 데에 두 깨끗한 플라스틱이나 유리판 사이에서 판상의 형태로 얇게 만들 수 있다. 다른 접근법은 투명한 플라스틱 안에 망사 스크린을 주조(cast)하는 것이다. 도금된 창 위에 접착한 이들 창의 가장 큰 장점은 광학적인 투명도이다. 도전성 코팅은 60%~80%를 가지는 데 반해, 망사스크린은 65%~98%의 투명도를 가진다.

전형적으로 망사형 스크린은 인치당 10~30개의 도선으로 만들어진다. 망사 스크린은 대표적으로 80%~90%인 아주 높은 광 투명도를 제공한다. 최근 엮어서 만든 망사 스크린은 인치당 80~150개의 도선으로 가능하게 되었다. 이런 스크린은 얼마간의 광 투명도는 감소하지만 가장 높은 차폐효과를 제공한다. 모든 망사 스크린에서 좋은 차폐효과를 위하여 교차되는 점에서의 선의 본딩이 요구된다.

대부분의 상태에서 망사 스크린은 도전성 코팅 창보다 더 좋은 차폐를 제공한다. 그들의 가장 큰 단점은 회절 때문에 시야의 억제를 가져올 수 있다는 것이다.

③ 창의 설치

차폐창의 설치에 사용되는 방법은 창의 전체 성능을 결정하는 데 있어서 창 자체의 재료만큼 중요하다. 부적절한 설치는 고성능창의 차폐 효과를 심하게 감소시킬 것이다. 도전성 창의 설치는 창의 망사 스크린(또는 도전성 코팅)과 설치하는 밀폐물의 도전 표면 사이에서 창의 전체 시야에 따라서 전기적 접촉이 있는 것과 같은 것이 있어야만 한다.

(3) 도전성 코팅

플라스틱은 전자 제품의 외장에 널리 사용된다. 차폐를 제공하기 위하여, 이들 플라스틱은 도전성으로 만들어져야 하며, 이를 위한 두 가지 기본적인 방법은 ① 도전성 물질로 플라스틱을 코팅하거나 또는 ② 플라스틱으로 본을 뜬 도전성 필러를 사용하는 것이다. 도전성 플라스틱이 사용될 때, 중요하게 고려할 점은 차폐효과와 가격 그리고 최종 생산물의 미적 호감이다.

차폐효과는 사용되는 물질뿐만 아니라 이음부와 구멍을 통한 누출의 조절에도 의존한다. 앞서 금속 실드에서 개구의 조절에 관하여 설명한 모든 것은 도전성 플라스틱 실드에 응용할 수 있다. 종종 도전성 플라스틱을 사용하는 것의 가장 비싼 부분은 개구를 통한 누출의 조절이다.

전자기장 실드로서 효과를 위해, 도전성 플라스틱은 단위 면적당 수 Ω이나 그 이하의 표면 고유저항을 가져야만 한다. 그러나 정전기 방전(ESD)에 대한 보호를 제공하려면 상당히 더 높은 고유저항이 사용되어야 할 것이고 면적당 수백 Ω으로 올려야 할 것이다. 그러므로 탄소나 흑연(graphite)은 ESD에 대하여 유용하지만 EMI에는 많은 보호를 제공하지 못한다.

도전성 플라스틱 밀폐함을 만드는 몇 가지 공통된 방법은 다음과 같다.

- 도전성 도료
- 불꽃/아크 스프레이
- 진공 도금
- 무전해 도금
- 금속 박막
- 플라스틱 안쪽에 금속 filler로 몰딩

일반적으로 도전성 도료와 불꽃/아크 스프레이는 적은 비용의 방법이고 이것은 밀폐함(enclosure)을 도전성으로 코팅하는 상업적 기술이다. 무전해 도금과 필드(filled) 플라스틱은 장래성이 있어 보인다.

1) 도전성 도료

오늘날 사용되는 전자 제품의 대부분은 도전성 도료로 코팅된다. 코팅은 바인더(보통 우레탄이나 아크릴)와 도전성 안료(은, 구리, 니켈, 흑연)로 이루어져 있다. 대표적인 혼합물은 80% 정도의 금속과 20% 정도의 유기 바인더 포함한다. 도전성 도료는 좋은 도전성을 구비한다. 것들은 쉽게 표준 분사 장비로 적용될 수 있고 은을 제외하고 비싸지도 않다. 니켈은 가장 공통적으로 사용되는 물질이다.

2) 불꽃/아크 스프레이

불꽃/아크 스프레이 방법에서 금속 와이어나 파우더(보통 아연)는 특별한 스프레이 건에서 녹여지고, 플라스틱 물질에 증착시킨다. 이런 방법은 단단하고 밀도가 높은 최고의 도전율을 가진 금속의 코팅물을 만들어낸다. 이 방법의 단점은 특별한 장비와 기술을 요구한다는 점이다. 가격은 스프레이 페인팅보다 더 비싸지만, 오늘날 두 번째로 많이 쓰고 있는 방법이다.

3) 진공 도금

진공 도금 방법에서는 일반적으로 알루미늄과 같은 순수한 금속은 진공의 방에서 끓여지고 그 방 안에 있는 플라스틱 표면에 증착된다. 이것은 최고의 응착력과 도전율을 제시하고, 그래서 복잡한 디자인에도 응용될 수 있다. 그러나 이 방법은 매우 고가의 특수 장비가 요구된다는 단점이 있다.

4) 무전해 도금

무전해 도금(더 정확한 이름인 화학적 증착)은 증착되는 금속에 의해 촉매작용을 하는 화학적 반응의 조절에 의한 금속 코팅(일반적으로 니켈)으로 구성된다. 이것은 매우 좋은 도전성을 가지는 균일한 박막 두께가 실현되며, 낭비가 없이 간단하거나 복잡한 부분에 응용될 수 있다. 이 방법은 이전의 두 방법과 경제적으로 경쟁이 되는 관계에 있다.

5) 금속 박막

뒤쪽에 접착물이 있는 압력에 민감한 금속박막(일반적으로 구리나 알루미늄)은 플라스틱 부분의 내부에 응용된다. 금속 박막은 매우 좋은 도전성을 제공하고, 이것은 실험에서 사용되는 코팅 부분을 위한 방법이다. 복잡한 부분의 코팅이 어려우며, 작업속도가 너무 느리고 많은 노동을 요구하기 때문에 제작(생산)에는 바람직하지 않다.

6) 필드 플라스틱

도전성 플라스틱은 주조에 앞서 플라스틱 수지와 함께 도전성 매개물과 섞음으로써 사출 주조 복합물을 제조할 수 있다. 도전성 물질은 섬유, 박편, 분말의 형태 일 것이다. 광대역의 전도성은 두 번째 코팅 작업의 필요가 없이 이런 접근법에 의해서 얻을 수 있다. 대표적인 도전 필러(filler)는 탄소섬유, 알루미늄 박편, 니켈 코팅 탄소 섬유, 스테인리스 섬유이다.

도전성 필러의 로딩 레벨은 요구된 전기적인 특성을 얻기 위하여 10%~40%까지 달라질 수 있다. 이들 높은 로딩 레벨은 종종 기계적 특성, 착색여부, 변경된 기계적 특성이 더 이상 응용에 맞지 않는 기반 물질의 애세스틱(asethetics)에 따라 달라진다.

필드(filled) 플라스틱의 가장 큰 장점은 전도성을 얻기 위해서 물질을 코팅하는 두 번째 과정이 제거된다는 점이다. 그러나, 도전성 물질이 플라스틱 안쪽에 있는 한편, 표면은 도전하지 않을지도 모른다. 이것은 이음부와 연결부의 어려움을 포함하는 도전성의 조절을 만든다. 두 번째 기계적인 작업은 도전성 물질을 드러내는 물질의 끝단에서 필요할 것이다.

(4) 공동 공진

금속상자에 가두어진 에너지는 상자의 내부벽에서 튈 것이다. 만약 전자기장 에너지가 (상자 내에 있는 에너지원에 의하거나 상자 안으로 외부 에너지의 유입에 의해서) 상자 안에서 얻어진다면, 상자는 공동 공진기로서 작동할 것이다. 에너지가 한쪽 표면에서 다른 표면으로 튐(반사)에 따라, 그것은 상자 속에 정재파(standing wave)를 생성한다. 밀폐함과 같은 것의 가장 낮은 공진 주파수는 식 (5.94)와 같다.

$$f = \frac{212}{l} \tag{5.94}$$

여기에서 f는 MHz 단위의 공진 주파수이고, l은 밀폐함의 가장 긴 쪽의 미터 단위의 길이(치수)이다.

(5) 실드의 접지

제품을 완벽하게 둘러싼 고체 실드는 어떠한 위치에도 있을 수 있고, 여전히 효과적인 차폐를 제공한다. 이것은 실드 안쪽의 회로로부터 바깥으로의 영향을 방지하고, 그 역도 성립한다. 그러므로 완벽하게 둘러싸인 실드는 접지될 필요도 없고 또한 어떠한 방법으로 정의되어진 그것의 포텐셜을 가질 필요도 없다. 유일하게 요구되는 점은 실드가 완벽하게 보호되는 그 대상을 밀폐하고 그 대상은 바깥으로 연결이 없어야 한다는 점이다.

그러나 대부분의 실제적인 예에서 실드는 완벽한 밀폐함이 아니고, 대상물 안쪽은 (바깥 세계와 직접적이든 — 신호나 전원선을 따라 간접적이든) 실드 내부에서의 구멍에서 발생하는 포유 커패시턴스 연결이 있다. 이와 같은 경우 실드는 밀폐된 대상물에 결합한 것으로부터 잡음 포텐셜을 방지하기 위하여 접지되어야만 한다. 접지되지 않은 실드의 포텐셜은 상태와 위치에 따라 함께 변화할 것이므로 대상물 안쪽에 결합된 노이즈 또한 변화할 것이다.

접지는 많은 부가적인 유익한 결과를 가진다. 그것은 구조물 위로 흐르는 RF 전류에 대해 통로를 제공한다; 또한 그것은 밀폐한 장비 위의 ac 포텐셜의 축적을 방지한다. 그것은 충격 위험으로부터 사람을 보호하는 고장 전류 귀환 통로를 제공하고, 정전하 축적을 방지한다. 이러한 이유 때문에 거의 모든 경우에서 실드는 접지되어야 한다.

모든 시스템의 금속 부분은 상호 연결되어야 하고 접지되어야 한다. 각 부분은 최소한 두 부분에서 낮은 임피던스 접촉을 가져야만 한다. 만약 나사들이 도전성 마무리(처리)를 한 것이라면 나사는 각 부분들을 꽉 조으도록 사용될 수 있다. 대신에 star washer나 thread-cutting 나사는 비전도성 도료나 마무리 기계를 통해 자르는 데 사용될 수 있다.

5.5 정전기 방전

정전기는 우리에게 옷에 들러붙는 정전기, 문의 손잡이나 다른 금속체에서 일어나는 스파크, 번개 등과 같은 것으로 알려져 있다. 중세의 마술사들은 전기효과를 여러 가지 눈속임으로 사용했으며, 현세에 정전기는 많은 유용한 기능을 수행하는 것으로 발달해 왔다. 이런 원리들을 이용한 제품들로는 정전기 복사기, 먼지 제거기, 에어 클리너, 정전기 스프레이 페인터 등이 있다.

그런데 제어되지 않은 정전기 방전(ESD)은 전자산업에 큰 적이 되었다. 두껍고 얇은 필름 고체 상태 기기, 금속 산화 반도체 기기, 그리고 필름 저항기, 캐패시터, 크리스탈, 양극성 IC와 같은 많은 이산적인 전기부품들은 정전기 방전에 의해 손상당하기 쉬운 것으로 알려져 왔다. 기기가 소형화되고 동작 시간이 빨라질수록 그것들의 정전기 방전에 대한 감응성은 증가한다.

ESD 조절은 EMC의 전체 주제의 특별한 경우이다. 보아온 대로 많은 경우 ESD에 시스템의 감응성을 줄이는 기술은 방사를 조절하는 것과 거의 유사하다.

(1) 정전기 발생

정전기는 물질의 접촉(contact)과 후에 오는 물질의 분리(seperation)에 의해 생긴다.

물질은 고체, 액체, 기체일 수 있다. 두 절연체가 접촉되었을 때 약간의 전하(전자)는 한 물체에서 다른 물체로 옮겨 간다. 두 물체가 분리될 때 절연체 속의 전하는 자유전자가 아니므로 원래의 물체로 돌아가지 않을 수도 있다. 만약 두 물체가 원래 중성이라면 충전된다. 하나는 양, 하나는 음이다.

정전기를 발생시키는 이런 방법은 마찰전기 효과(triboelectric effect)라고 일컬어진다. 어떤 물질들이 전자를 방출하는 반면에 몇몇 물질들은 쉽게 전자를 흡수한다. 마찰전기 계통은 전자를 잃어버리는 성질의 순서에 따라 물질들이 나열되며, 표 5.8은 대표적인 마찰 전기 계통이다. 표의 제일 윗부분에 있는 물질은 전자를 쉽게 내놓고 양전하가 된다. 표의 제일 끝에 있는 물질은 전자를 쉽게 흡수하여 음전하가 된다. 이 계통은 단지 근사적이다.

두 물체가 접촉했을 때 표의 목록에서 보듯이 전자는 상위에 있는 물체에서 목록

표 5.8 마찰전기 발생 물질의 계통

POSITIVE	
1. Air	18. Hard Rubber
2. Human skin	19. Mylara
3. Asbestos	20. Epoxy glass
4. Glass	21. Nikel, copper
5. Mica	22. Brass, silver
6. Human hair	23. Gold, platinum
7. Nylon	24. Polystyrene foam
8. Wool	25. Acrylic
9. Fur	26. Polyester
10. Lead	27. Celluloid
11. Silk	28. Orlon
5.4. Aluminum	29. Polyurehane foam
13. Paper	30. Polyethylene
14. Cotton	31. Polypropylene
15. Wood	32. PVC(vynyl)
16. Steel	33. Silicon
17. Sealing wax	34. Teflon[a]
	NEGATIVE

하위에 있는 물체로 전달될 것이다. 표 5.8에 있는 두 물질의 분리도는 마찰 전기 효과에 의해 만들어지는 전하의 크기만을 표시한 것은 아니다. 크기는 목록에서 물질의 순서에 의한 것뿐만 아니라 표면 청결도, 압력, 미끄러짐도, 접촉면, 분리 속도에도 의존된다. 전하는 같은 물질의 두 조각이 접촉하거나 분리될 때도 역시 생성된다. 프라스틱 백의 구멍은 좋은 예이다.

전하, 전압, 커패시턴스의 관계는

$$V = \frac{Q}{C} \tag{5.95}$$

두 물질이 분리될 때 전하 불균형 Q는 고정되어 있으므로 VC는 일정하다. 물질이 가까이 근접할 때 커패시터는 커지고 전압은 낮아진다. 물질이 분리될 때 커패시턴스는 줄어들고 전압은 상승한다. 예로 커패시턴스가 75[pF]이고 전하가 3[μC]이면 전압은 10,000[V]가 된다.

이 효과는 절연체가 전도체로부터 분리될 때도 일어난다. 그러나 이것은 두 전도체 사이에 일어나지는 않는다. 뒤의 경우에 분리가 시작되자마자 전도체 내에서 전하의 유동률이 크기 때문에 전하는 원래의 물질로 돌아간다.

그러므로 전도체와 절연체는 둘 다 또 다른 절연체와 접촉과 분리에 의해 쉽게 충전될 수 있다. 가까운 접촉은 정전하를 발생시키는 데 필요하다. 마찰은 접촉에 의해 표면에서 더 많이 일어나고 생성되며 전하이동이 증가시킨다. 더 빠른 분리는 전하의 증가에 시간이 덜 들고 저장 전하와 전압을 증가시킨다.

표 5.9는 여러 다른 환경에서 발생되는 대표적인 정전압을 보여준다. 집이나 직장

표 5.9 전형적인 정전압

Means of Static Generation	Electrostatic Voltage	
	10 to 20% Relative Humidity	65 to 90% Relative Humidity
카펫	35,000	1,500
비닐	54,000	250
해변	6,000	100
비닐 밀봉을 열 때	7,000	600
폴리에틸렌	20,000	5,400
폴리에틸렌 기구 사용시	18,000	1,500

에 있는 보통 물질의 10 kV ~ 20 kV의 전압 발생은 신기한 일이 아니다.

정전기는 표면 현상이다. 전하는 물질의 표면에만 존재하고 안에는 존재하지 않는다. 절연체 위의 전하는 발생되는 영역에 남아 있다. 그리고 이것은 전 표면 위에 분포되지는 않는다. 이런 이유로 절연체를 접지하는 방법으로 전하를 제거할 수 없다. 절연체와 다르게 충전된 전도체가 접지되면 그것의 전하를 잃게 될 것이다.

정전기 방전은 정상적으로 세 단계의 과정이 있다. ① 전하는 절연체 위에서 생성된다. ② 이 전하는 접촉이나 유도에 의해 전도체로 옮겨진다. ③ 충전된 전도체는 보통 접지되는 금속 물체 가까이 가면 방전이 발생한다.

예를 들어 당신이 카펫을 가로질러 걸어갈 때 당신 한쪽 신발(절연체)은 바닥으로부터의 접촉과 분리로 인해 충전될 것이다. 그러면 이 전하는 전도체인 당신의 몸으로 전도된다. 만약 당신이 접지되었든 안 되었든 금속 물체를 건드리면 방전이 시작된다. 방전이 문 손잡이 같은 접지 안 된 물체에 발생할 때 방전 전류는 물체와 지면 사이의 커패시턴스를 따라 흐른다.

충전된 절연체 그 자체는 직접적으로 문제가 되지 않는다. 전하는 이동하기가 자유롭지 않으므로 정전기를 발생할 수 없다. 절연체의 위험은 전도체의 전하를 유도할 수 있는 전위로부터 발생하며 정전 손해는 전도체에 의해 발생한다. 가장 중요한 것들은 금속, 카본, 그리고 사람(습한 피부의 전도성 때문)이다.

1) 유도 충전

전기적으로 충전된 물체(절연체, 전도체)는 그림 5.113과 같이 정전계에 의해 둘러싸여 있는 경우, 만약 충전된 물체가 중성 전도체의 근처에 놓여진다면 정전계는 중성 전도체 위의 균형 잡힌 전하를 분리하게 만든다. 즉, 그림 5.113에서 충전된 물체의 반대 극성의 전하는 충전 물체에서 가장 가까운 전도체 표면에 놓여지고, 그 반대 극성의 전하는 가장 먼 부분에 있다. 도체는 중성으로 남을 것이며, 이때 양전하와 음전하의 양은 같다.

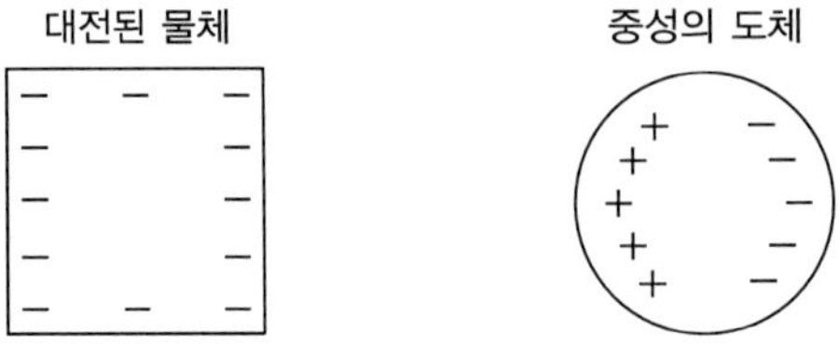

그림 5.113 대전된 물체를 중성의 도체에 근접시켰을 때

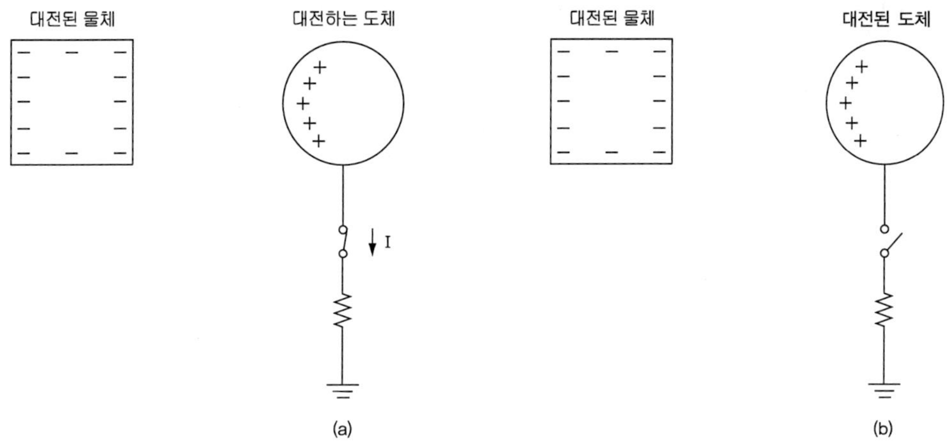

그림 5.114 (a) 그림 5.113에 접지를 연결 후 제거시, (b) 연결 후 제서시

만약 일시적 연결이 접지된다면 (예, 만약 물체가 접지된 사람이나 물체에 순간적으로 접촉된다면) 충전된 물체로부터 가장 멀리 떨어진 중성체의 전하는 그림 5.114처럼 흘러나간다. 대전체에 접촉됨 없이 이것은 충전 노체를 띠나게 된다. 유도된 전하를 만들기 위해서 필요한 접지연결은 상당한 임피던스(MΩ 또는 그 이상)를 가질 수 있다.

2) 전하 저장

물체에 모아진 전하는 그 물체의 커패시턴스에 저장된다. 전형적으로 우리는 커패시턴스를 평행판 사이에 발생하는 어떤 것으로 여긴다. 그러나 모든 물체들은 무한공간에서 미치는 둘째 판(second plate)을 가지는 그들 자신의 자유공간 커패시턴스를 가진다. 이것은 물체가 가질 수 있는 최소의 커패시턴스이다. 심지어 불규칙적으로 형성된 물체의 자유공간 커패시턴스는 그 표면 영역이 중요하게 작용한다.

그러므로 자유공간 커패시턴스는 물체로서의 같은 표면 넓이를 가진 구의 간단한 기하를 고려함으로써 근사될 수 있다. 두 동심 구 사이의 커패시턴스는

$$C=\frac{4\pi\varepsilon}{(1/r_1)-(1/r_2)} \tag{5.96}$$

여기서 r_1과 r_2는 두 구의 반지름이고 $(r_2 > r_1)$, ε은 구 사이 영역의 유전율이다.

자유공간에서 $\varepsilon = 8.85\times10^{-12}[F/m]$이다. 만약 외곽 구의 반지름이 무한대로 되면 식 (5.96)은

$$C = 111\,r \;\; [pF] \tag{5.97}$$

이며, 여기서 r은 반지름으로서 단위는 [m]이다. 식 (5.97)은 공간에서 격리된 물체 (5.97)의 커패시턴스를 나타내고 많은 물체의 최소 커패시턴스를 측정하기 위해 사용될 수 있다. 예를 들어 사람은 1 m 지름의 구의 커패시턴스와 근사적으로 동일한 표면 영역을 갖고 있다. 그러므로 식 (5.97)은 약 50 pF의 사람 몸의 커패시턴스를 보여준다. 대지는 700 nF보다 좀 더 큰 자유공간 커패시턴스를 가진다. 그리고 공기돌 크기의 물체는 1 pF보다 약간 큰 자유공간 커패시턴스를 가진다.

그밖에 식 (5.97)에 의해 주어지는 커패시턴스 외에 부가적인 커패시턴스(평행판 커패시턴스)가 둘러싸인 다른 물체들의 근접 때문에 존재한다.

(2) 정전기 방전

1) 정전기 방전의 원리

물체에 축적된 전하는 누설이나 방전 중의 한 가지 방법으로 물체를 떠나게 된다. 아크방전을 피하는 것이 더 나으므로 물체를 방전하기 위해 누설은 더 좋은 방법이다. 전하는 습기로 인해 공기 중으로 새어나올 수 있다. 습도가 높을수록 전하는 더 빨리 물체에서 빠져나간다. 물체의 전하는 반대 극성의 전하로 공기를 채우기 위해 이온화기를 사용함으로써 역시 반작용될 수 있다. 이온은 물체에 유도될 것이며 그것의 전하를 중성화할 것이다. 이온이 많을수록 전하는 더 빨리 중성화될 것이다.

충전된 도체로부터의 누설은 의도적으로 물체를 접지함으로써 발생된다. 이런 접지를 임피던스가 영에 가까우면 'Hard Ground', 임피던스가 전류의 흐름을 제한할 수 있는 MΩ 정도로 크면 'Soft Ground'라 부른다. 인간의 몸은 전도성이므로 가죽 끈 손잡이에 의한 접지는 전하를 흘러가게 할 것이다. 그렇지만 사람을 스티로폼 컵 같은 플라스틱 제품이나 옷(부도체)으로부터 접지시키는 것은 정전 전하를 흘러가지 못하게 할 것이다. 이러한 물체로부터 전하를 제거하기 위해 이온화 또는 고습도의 적용이 사용될 수 있다. 사람을 접지할 때에는 교류전력선과 접촉되어 있을 때 안전성을 기해야 하므로 Hard Ground를 피해야 한다. 사람을 접지함에 있어 사용되는 최소의 임피던스는 250 kΩ이 되어야 하며, 접지로의 임피던스가 높을수록 물체로 전하가 흘러가는 시간은 더 오래 걸린다.

2) 쇠퇴 시간

물체 위의 전하가 시간적 주기 동안 누설되기 때문에 중요 매개변수는 전하가 초기

치의 주어진 퍼센티지(%)로 줄어드는 쇠퇴시간이다. 쇠퇴시간 τ는 다음 식과 같기

$$\tau = \frac{\varepsilon}{\sigma} \tag{5.98}$$

여기서 ε은 물질의 유전율, σ는 전도율을 나타낸다. 쇠퇴 시간은 물질의 저항률 ρ에 의해 다음과 같이 쓸 수 있다.

$$\tau = \varepsilon\rho \tag{5.99}$$

식 (5.99)에서 우리는 물질의 저항을 측정하는 간접적인 방법으로 쓰이는 쇠퇴시간을 볼 수 있다.

징진기기 표면 현상이므로 재료는 그들의 표면저항에 의해 분류될 수 있다. 표면저항성은 [Ω/□] 차원이며, 재료의 사각 단면을 통하여 측정된 저항과 일치한다. 표면저항은 면적을 가진 두 전극을 가지는 고형체로 측정될 수 있다. 측정하는 전극의 길이가 전극 사이의 간격과 같은 한 저항측정은 전극의 길이에 무관한 것과 같다. 즉, 만약 두 전극의 길이가 1인치이면 그들은 1인치 떨어져 있어야만 한다.

표면저항에 근거하여, DOD-HDBK-263은 표 5.10에 나열한 것과 같이 물질을 4종류로 나눈다.

10^9 Ω/□이거나 그 이하의 표면저항을 가진 물체는 접지에 의해 빨리 방전될 수 있다. 만약 전하가 이미 물체에 존재하면 전류를 제한하고 손상을 피하기 위해 천천히 방전되어야 한다.

전도성 재료는 전하를 소실시키는 데 가장 빠르고 이미 충전된 기기 가까이에 사용될 때 위험할 수도 있다. 만약 충전된 기기가 접지된 전도성 재료와 접촉되면 기기는 신속하게 큰 최대 전류와 함께 방전되며 그 결과 고장을 유발한다.

표 5.10 여러 등급의 물질의 표면저항

Material	Surface Resistivity(Ω/Square)
Conductive	0 to 105
Static dissipative	105 to 109
Antistatic *	109 to 1014
Insulative *	>1014

* 10^{14}의 표면저항은 antistatic에서 insulative까지 천이를 위해서 높다. 보다 실질적인 값은 10^{12}Ω/□일 것이다.

정전기 소실 재료는 전하 소실이 천천히 안전한 비율로 일어나기 때문에 전도성 재료보다 더 좋다. 접지된 정전기 소실성 물질은 전하의 증가를 막고 이미 충전된 물체가 안전하게 방전되는 데 사용될 수 있다.

반정전기 재료는 전하를 사라지게 하는 것이 가장 느리다. 그럼에도 불구하고 그것들은 전하를 발생시키는 것보다 더 빨리 전하를 사라지게 하므로, 물체에 전하가 쌓이는 것을 방지할 수 있기 때문에 유용하게 사용할 수 있다. 이러한 예는 분홍색 폴리에틸렌 가방이다. 마찰전기 충전을 방지하기 위해 표면 저항은 10^2 Ω/□를 넘지 않아야 한다.

정전 소실재료나 반정전 재료도 그들 스스로나 다른 물질로부터 분리될 때 충전되지 않을 것이다. 그것들은 비슷한 ~~응용을~~ 가지고 때때로 같이 사용되는데, ESD에 민감한 환경에서 사용하기에 더 좋은 물질이다.

절연체는 전하를 사라지게 하지 않으며 충전된 전하가 무엇이든지 그대로 남는다. 예로 폴리에틸렌 가방과 스티로폼 포장 재료를 들 수 있다. 그것들은 ESD에 민감한 환경에서 허용되지 않아야 한다.

(3) 설비 디자인에서의 ESD보호 대책

정전기 방전으로 인한 에너지는 다음 세 가지 방법으로 전자 회로에 결합될 수 있다.

① 직접적인 전도
② 용량성 결합
③ 유도성 결합

직접적인 전도는 방전 전류가 민감한 회로를 통해 직접적으로 흘러갈 때 일어난다. 이것은 종종 회로에 손상을 일으킨다. 용량성과 유도성 결합은 금속 물체나 케이블 가까이에 방전이 있을 때 일어나며, 그 결과 전자기장(field)은 민감한 회로와 연결된다.

회로나 시스템은 다음과 같은 방법으로 정전기 방전으로부터 보호될 수 있다.

① 전원의 정전기 형성 제거
② 제품을 방전으로부터 절연
③ 회로를 지나는 방전 전류에 대해 우회할 수 있는 대안 경로 구비
④ 방전에 의해 생성된 전계에 대한 회로 차폐
⑤ 방전에 의해 생성된 자계에 대한 회로 보호

ESD의 주제에 관해 쓰인 대부분은 전하의 형성을 막고 방전 발생을 막는 방법을 논의해 왔다. 비록 이러한 방법들이 제조, 취급, 선적과정에서 시스템에 ESD 피해를 막는데 유용하다하더라도 그것들은 생산품의 사용자에 의해 강요될 수는 없을 것이다.

전자회로에서 ESD 유도성 효과는 세 가지로 나눌 수 있다. 즉, 하드 에러, 소프트 에러, 과도적 업셋이다. 하드 에러는 IC 파괴와 같은 실질적 피해를 하드웨어에 미치며, 소프트 에러는 시스템 동작에 영향을 미치나 물리적으로 해(변형된 메모리 비트나 무수한 루프에 묶인 프로그램 등)를 미치지는 않는다. 과도적 업셋은 에러를 유발하지는 않지만 흰색 반점, CRT 지시기의 기복, 또는 지시기의 순간적인 깜빡임 등을 일으킬 수 있다. 전자 제품과 시스템은 하드 에러와 소프트 에러에 무해하게 정전기 방전을 견디도록 설계되어야 한다.

ESD 방지책 설계의 첫 번째 단계는 직접 방전 전류가 민감한 회로를 통해 흐르는 것을 방지하는 것이다. 이것은 회로를 절연하거나 전류의 흐름을 위해 대안적인 경로를 제공함으로써 이루어진다. 만약 절연이 사용된다면 이것은 완벽히 이뤄져야 하는데, 스파크가 키보드의 플라스틱 키 사이의 공기 갭 같은 공간을 따라 점프하기 때문이다. 민감한 회로부터 ESD 전류의 경로를 변화하기 위해 시스템의 모든 노출된 금속 성분들은 반드시 접지되어야 한다. 방전 전류가 제품의 물리적 배치에 의존한 경로로 흐르므로 금속 구조의 수와 위치 그리고 그들의 접지 형식은 매우 중요하다. ESD 보호 접지의 기본 원칙은 ESD 전류의 흐름이 예상되는 곳의 다중접지와 ESD 전류의 흐름이 예상되지 않는 곳은 단일 접지로 저인덕턴스를 사용하는 것이다.

접지된 금속 폐구조물에 있어서, 상자(housing)는 방전전류를 접지로 변환시키는 데 사용될 수 있다. 능률적이기 위해 상자는 전기적으로 연속되어야 하고 반면에 전류의 일부는 내부의 회로망으로 들어가게 된다. 좋은 고주파 전기 연속성은 모든 접속부, 경첩 등을 거쳐 공급되어야 한다. 비접지나 부적절하게 접지된 시스템에서 ESD 전류경로는 시스템의 부품, 시스템과 그 환경 사이의 커패시턴스를 통해 흐르는 것으로서 복잡하고 예측 불가능하다.

1) 금속 밀폐함

회로가 밀폐함 내에서 격리되고, 접지된 금속상자로 완전히 둘러싸인 상황에서의 접지에 관해 고려해 보자. 회로는 금속 차폐물 밖의 어느 것하고도 연결되어 있지 않다. 방전이 상자에 일어날 때 상자는 접지 리드의 인덕턴스로 인해 전위가 올라간다. 20,000 V 방전의 경우 상자는 몇 천 volt의 전위를 발생시킨다. 상자 안의 회로도 역시

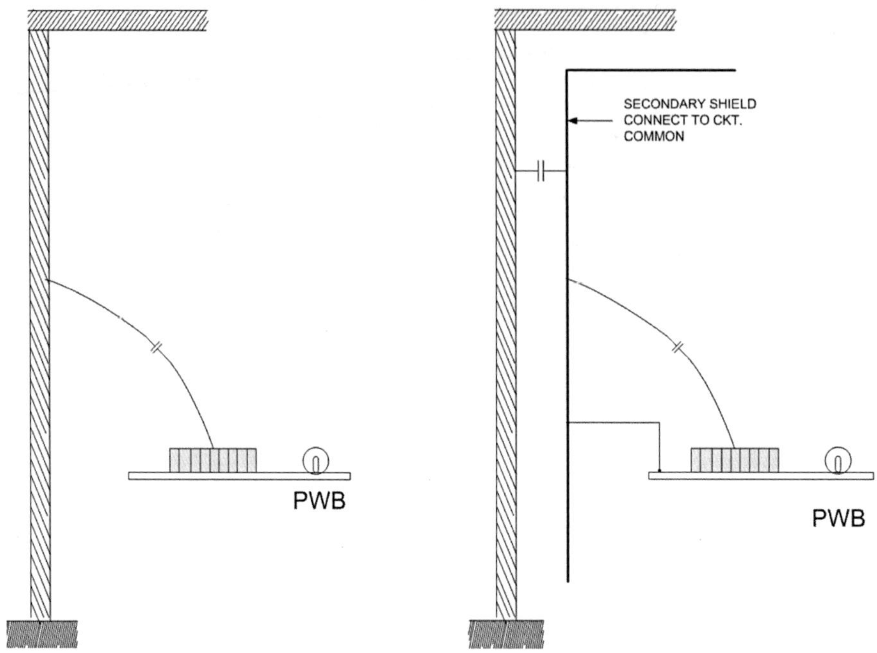

(a) 금속함체와 회로의 커플링

(b) 2차 차폐를 통한 커플링 방지

그림 5.115 회로와 금속 함체의 커패시티브 커플링

상자와 함께 몇 천 volt로 올라가므로, 회로의 점들 사이나 회로와 상자 간의 전위차가 없다. 상자로 완전히 회로를 차폐한다면 아무 해도 없을 것이다.

차폐 구조물에서 이은 자리나 작은 구멍 같은 차폐의 불연속적인 곳은 전위차가 나타날 것이다. 차폐의 부분과 회로의 부분 사이의 기생커패시터와 결합된 이러한 전압은 회로의 동작에 영향을 끼칠 수 있는 전압을 발생시킨다. 이 문제를 해결하기 위한 두 가지 시도가 있다. 첫 번째는 가능한 한 차폐를 완벽하게 하는 것이고, 두 번째는 차폐 구조물과 회로 사이의 용량성 결합을 막는 내부 실드를 더하는 것이다. 이 두 번째 실드는 그림 5.115와 같이 회로 공통에 연결되어야 한다.

여기서 차폐된 회로(입출력 또는 파워)는 케이블을 통하거나 작은 구멍이나 불연속적인 차폐의 결과인 커패시터를 통해 바깥 접지에 연결된다. 방전이 상자로 일어날 때 상자는 전위를 높힌다. 그런데 회로는 외부 접지 연결로 인해 접지되거나 거의 접지에 가깝다. 상자와 회로 사이에 큰 전위차가 있고 이것은 그것들 사이에 2차 아크(arc)를 유발할 수 있다. 이 2차 아크는 전류 제한 구조물의 저항 없이 발생하고 전류가 많이 생성되며, 주요 아크보다 더 파괴적이다.

만약 금속 차폐가 접지되지 않았다면 유사한 효과가 일어난다. 그런데 몇 천 volt가 발생하는 대신 접지된 차폐의 경우에 차폐 구조물은 전원의 전위에 가깝게 발생한다. 그러므로 모든 노출된 금속부분은 이 전압상승을 제한하기 위해 교류전원에 녹색선 전력 접지에 접지되어야 한다.

2차 아크는 모든 금속 부분과 회로 사이에 충분한 공간을 확보하거나 회로를 차폐 구조물에 연결함으로써 방지될 수 있다. 간격은 접지된 차폐 구조물에 대해 1500 V 정도는 견딜 수 있어야 하며, 비접지 차폐 구조물의 경우 적어도 25,000 V에서 유용하여야 한다. 공학적 목적에서 공기의 절연 파괴 세기는 30 kV/cm(75 kV/in.)로 고려되기 때문에 접지된 금속 부분의 최소 공간은 0.05 cm(0.020in.)이고 비접지된 금속 부분에 대해 0.84 cm(약 3/8 in.)가 되어야 한나.

심지어 2차 아크 없이도 금속 상자와 회로 사이에 강한 전계가 문제가 된다. 종종 금속 상자 내의 두 번째 실드는 회로에 결합되는 전계를 방지하기 위해 필요해질 것이다. 그림 5.115에서 보는 바와 같이 두 번째 실드는 회로 접지와 연결되는 비노출 실드이다. 이것은 PWB(Printed Wiring Board)에 존재하는 접지 평면의 부분이나 분리된 실드일 것이다.

만약 회로가 금속 차폐 구조물에 연결되어 있다면 이러한 연결은 오직 방전 전류가 회로를 통해 흐르는 것을 막기 위해 한 지점에서 만들어져야 한다.

만약 케이블이 교류 전력선이면 순간적으로 몇 천 volt는 해가 안 될 것이다. 그러나 만약 케이블이 논리 게이트에 연결된 신호 케이블이면 게이트는 손상을 입을 것이다.

그 상황은 역시 반대로 케이블의 끝에서 회로의 방전과 상자 안 회로의 손상을 가져온다. 한 지점에서 회로접지와 연결된 완전한 유도성 차폐에서 주요 ESD 문제는 상호접속 케이블을 포함한다. 이러한 케이블은 ESD 손상을 막기 위해 반드시 처리되어야 한다.

2) 입출력 케이블 처리

상호접속(interface) 케이블은 다음 방법에 의해 ESD로부터 보호될 수 있다.

① 케이블 실딩의 사용
② 공통모드 쵸크
③ 과전압 클램핑 소자
④ 케이블 바이패스 필터

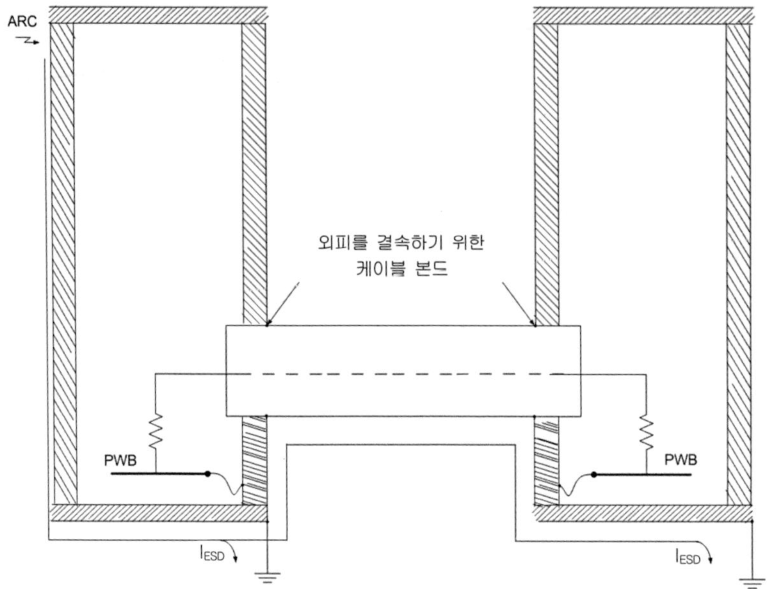

그림 5.116 실드된 케이블로 연결된 두 함체

그림 5.116은 실드된 케이블과 연결된 두 금속 차폐 구조를 나타낸다. 이것은 케이블 실드 사용에 의해 두 차폐 구조물을 하나로 바꾸려는 시도이다. 차폐 구조물과 케이블의 실드와의 접합은 방전 중에 일어나는 현상을 결정하는 가장 중요한 매개변수이다.

상호접속 케이블에 위치한 공통모드 쵸크는 과도 방전 전압을 다른 한쪽 끝에 연결된 회로보다는 쵸크를 통해 떨어지게 할 것이다. ESD 펄스의 빠른 상승시간에 의해 이 쵸크를 가로지른 부유 커패시턴스는 효율을 위해 최소화되어야 한다.

회로가 오직 한 점에서 차폐 구조로 연결될 때 이 점은 그림 5.117에 나타내는 것처럼 차폐 구조 내로 들어가는 케이블 가까이 있어야 한다. 500 pF의 바이패스 커패시터나 서지 다이오드는 과도전류를 접지로 분로(shunt)시키기 위해 입력리드에 위치해야 한다. 이러한 소자는 보호시스템보다 ESD 펄스에 보다 빨리 응답할 수 있어야 하고, 시스템 정상동작에 방해를 끼쳐서는 안 된다. 이것은 보호소자가 ns 이하의 과도전압에 응답하는 것을 요구한다. 이 구성 요소들은 그들이 생성하는 접지전류가 회로 접지를 통해 흐르지 않도록 위치되어야 하고, 그것은 분리된 I/O접지나 섀시에 연결되어야 한다. 이것은 그림 5.118에 나타나 있다.

케이블의 입력 보호방법은 단지 소자의 피해를 막을 뿐 잡음 전압이 여전히 입력단에 존재하므로 소프트 에러나 일시적 업셋을 방지하지 않을 것이다. 소프트 에러를 방

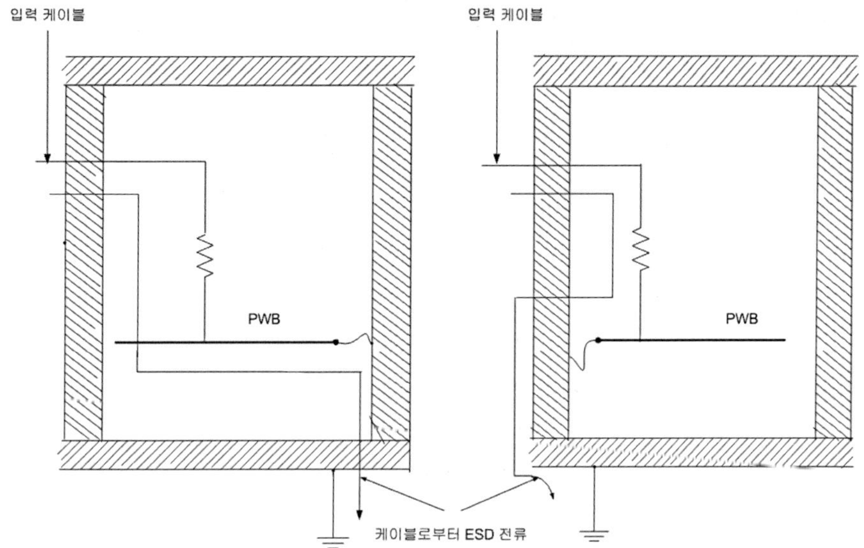

(a) PWB와 섀시 사이의 부적절한 연결

(b) PWB로부터 ESD 전류를 피하는 적절한 연결

그림 5.117 차폐구조로 연결된 회로의 시스템 구조

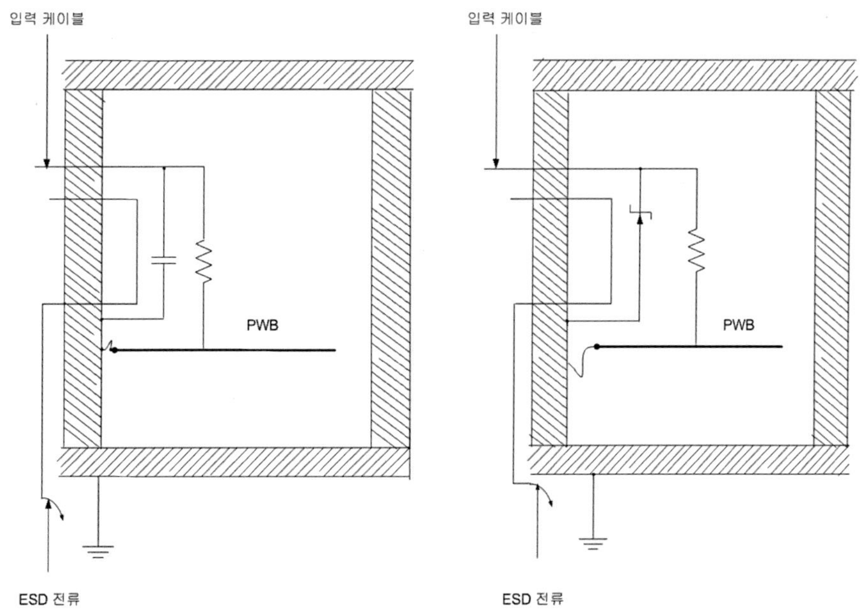

(a) 커패시터 사용

(b) 서지 다이오드 사용

그림 5.118 ESD의 방지 경로 생성

지하기 위해 잡음 신호는 부가적 잡음 내성을 고려한 입력 회로망의 설계에 의해서 반드시 조절되어야 한다. 이것은 부가적 필터링, 균형적 입력의 사용, 입력 회로망의 세심한 고려, 소프트웨어 디자인에 의해 이루어질 수 있다.

3) 절연된 밀폐함

금속성 차폐 구조물이나 섀시의 경우에는 내부 회로망 주위의 ESD 전류가 진행하는 저-인덕턴스 경로로 사용된다. 비금속 차폐 구조의 경우에 저인덕턴스 경로는 존재하지 않으며, 그것은 ESD를 더욱 조절하기 힘들게 만든다. 회로 접지는 ESD에 의한 손상을 최소화하기 위한 섀시접지로 사용할 수 있다. 그러나 이것은 보통 소프트 에러를 발생시킨다.

만약 전력을 포함한 모든 케이블이 시스템의 같은 영역에 입력되고 분리된 I/O 접지 평면에 사용되면, 이 접지는 ESD 케이블 전류를 녹색선 접지에 바이패스하기 위해 사용될 수 있다. 이 경우에 보다 큰 인덕턴스 때문에 효과적이지 않더라도 금속 섀시를 사용하는 기술이 적합하다. 그것은 시스템 어디에나 관계 전위와 ESD 전류의 흐름에 대한 저인덕턴스 경로에 작용할 수 있는 큰 금속 구조물을 가지는 이점이 있다.

4) 키보드와 제어 패널

키보드와 제어 패널은 방전이 민감한 전자소자를 통해 지나지 않고 직접 접지하는 이동 방법으로 디자인되어야 한다. 절연된 키보드의 경우에 금속 스파크 방지기는 키와 방전전류에 대한 대안적 경로를 제시하는 회로 사이에 위치시킬 수 있다. 이 스파크 방지기는 그림 5.118과 같은 회로접지가 아니고 케이스나 프레임접지가 접지되어야 한다. 그림 5.119에 나타내는 다른 방지대책은 방전을 막는 절연된 샤프트(shaft)와 큰 놉(knob)의 사용, 공기 갭이 없는 키보드의 절연체의 사용과 전위차계의 제어이다.

5) 회로 설계와 보드 배치

엣지 트리거(Edge-triggered) 입력은 ESD에 의해 유발되는 과도 전류에 매우 민감하다. 그러므로 입력이 엣지 트리거되어야 하는 것이 아니고 랫치(latch)되거나 스트로브(strobe)되어야 한다. 이 ESD와 스트로브 사이의 동시결합은 에러를 발생시킬 수 있다.

ESD가 발생하기 쉬운 커넥터 핀에 직접적으로 민감한 MOS 소자를 적용하는 PCB 구조는 피하는 것이 최상이다. 만약 민감한 리드선이 커넥터 핀에 연결되면 직렬 저항, 분로(shunt), 전압 클램프를 부가하거나 ESD에 덜 민감한 논리들로 완화시켜 보호할 수

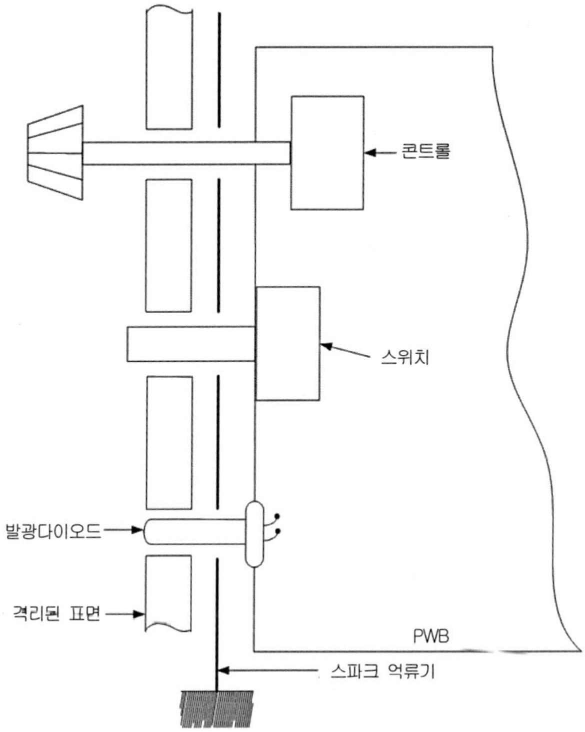

그림 5.119 스파크 억류기를 사용한 시스템

있다. MOS 소자의 부가적 보호는 직렬 저항을 입력단에 첨가함으로써 얻을 수 있다. 대부분의 CMOS 게이트는 1,000 Ω 또는 그 이상의 직렬 입력 저항에서 견딜 수 있어야 한다.

CMOS 소자는 ESD의 손상에 민감할 뿐만 아니라 랫치엎(latch-up)의 부가적 문제를 가진다. 랫치업은 기생 pnpn소자의 존재로 인한 것이다. pnpn소자는 실리콘 조절 정류기(SCR)와 같이 동작한다. CMOS 랫치엎에 대한 더 자세한 정보는 RCA 적용책자인 ICAN-625에서 알 수 있다. 기생 SCR은 전원 공급 전압 레벨의 입/출력 과도전압에 의해 바뀔 수 있다. SCR은 전원 공급기의 큰 dV/dt에 의해서도 역시 바뀔 수 있다. 한 번 랫치업이 일어나면 이것은 전원공급기와 접지 사이의 저 임피던스 경로를 생성하여 과열되어 소자의 오동작을 초래한다. 기생 pnpn기기가 켜지면, 그것을 제거하는 오직 한 가지 방법은 전력을 없애는 것이다. PCB에서 모든 루프영역은 과도 ESD 전류에 의해 생성되는 자계에 민감하기 때문에 가능한 한 작게 유지되어야 한다.

이것은 신호와 접지, 전력과 접지 사이에 형성되는 루프 영역도 포함한다. 마더보드(mother-board) 또는 후면에 PWB를 연결하는 것은 ESD 손상의 빈번한 원인이 된다.

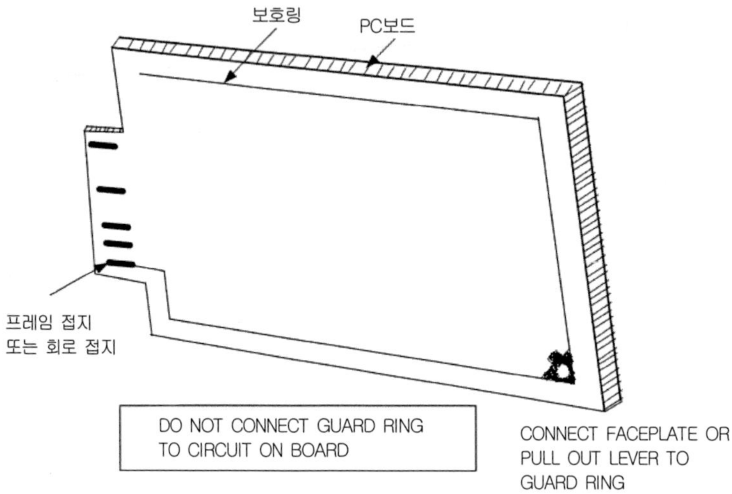

그림 5.120 PCB의 보호링

만약 사람이 보드를 다룰 때 정전 전하를 받았다면 이것이 보드 위의 경로로 전환된다. 그때 커넥터가 접촉되면 방전이 일어난다.

이 문제는 그림 5.120에 나타낸 바와 같이 보드 주위에 가드링을 사용하여 최소화될 수 있다. 만약 보드가 가장자리나 표면에 의해 조심스럽게 다루어지면 가드 링은 손에 가장 가까운 도체이기 때문에 사람의 전하는 가드 링으로 옮겨간다. 커넥터가 접촉될 때 방전은 가드링을 따라 발생하고 보드 위의 회로망을 통해서는 발생하지 않는다. 가드링과 보드 위의 다른 회로망 사이의 공간은 그 인덕턴스를 통해 방전 전류가 흘러가는 것처럼 되어 가드 링은 전위차가 일어날 때 최소한 0.05cm는 되어야 전압항복을 막을 수 있다.

가드 링은 시스템에 전류를 인가한 후에 보드를 보호하는 데도 역시 유용하다. 만약 대전된 사람이나 물체가 보드의 외부면에 가까이 있게 되면 어떠한 방전도 접지된 가드링에 쉽게 일어나고 보드 위의 회로망에는 일어나지 않는다.

(4) 소프트웨어와 ESD 보호

ESD 문제를 최소화하기 위해 적절히 디자인된 소프트웨어 또는 펌웨어(firmware)의 역할을 간과해서는 안 된다. 소프트웨어는 만약 프로그램이 일시적으로 재설정된다면 'lock up'되지 않고 잘 회복될 수 있게 디자인되어야 한다.

잡음 면역 소프트웨어를 디자인함에 있어 두 가지 기본 단계가 있다. 첫째 오류가 검색되어야 하며, 둘째 시스템은 반드시 안정된 상태로 회복되어야 한다. 그렇게 하기 위해서 소프트웨어는 규칙적으로 이상상태를 체크해야 한다. 검색목적은 가능한 빨리 에러를 찾아내어 어떠한 해도 입지 않는 것이다. 소프트웨어 에러 수정 기술은 프로그램 진행상의 에러, 입출력 에러, 데이터 메모리 에러의 세 범주로 이루어진다.

1) 프로그램 진행상의 오류

잡음 내성 소프트웨어의 가장 중요한 면은 프로그램 자체의 정확성을 보증하는 것이다. 프로그램 진행상의 오류는 마이크로프로세서의 내부 등록이나 프로그램 지시의 한 부분인 메모리 비트의 변화에 의해 유발될 수 있다. 결과적으로 문제는 벗어나지 못하는 무한한 루프 안에서 생기고 비상시 메모리에 어드레스 명령을 하거나 그 명령으로서 데이터를 수행할 수 있을 것이다.

프로그램 진행상의 에러를 검색하기 위해 두 가지 조건으로 프로그램을 체크할 수 있다. 프로그램에 많은 시간이 소요되는가? 또는 유효한 메모리의 범위에서 동작할 수 있는가? 이러한 조건을 체크하는 것은 어렵지 않으며, 단지 프로그램 내에서 몇몇 특별 코드라인이 요구될 뿐일 것이다. 검사의 기술 중 몇몇은 하드웨어 타이머, 소프트웨어 체크 포인트, 에러 트랩, no-op 코드, 그리고 사용되지 않는 방해의 트래핑을 포함한다.

무한한 루프에 대한 가장 효율적인 보호책은 외부 하드웨어 타이머이다. 시스템 클럭에 연결된 외부 하드웨어 카운터는 지정된 수를 계수하기 위해 배치되어, 마이크로프로세서를 고쳐(지워) 놓으며, 마이크로프로세서에 재설정된다. 소프트웨어는 주기적으로 규칙적인 펄스를 보냄으로써 타이머를 재설정되도록 설계되어 있고, 그 펄스는 만약 시스템이 무한한 루프 안에 잠겨 있지 않으면 그것의 마지막 카운트에 도달하는 것을 방지한다. 종종 정상 펄스 코드는 오직 몇 외부 명령의 주프로그램에 의해 사용되는데, 존재하는 서브루틴에 더할 수 있다.

재발생 멀티 바이브레이터도 역시 정상 타이머로 사용될 수 있다. 첫 번째 멀티 바이브레이터의 타이밍(R_{x1}과 C_{x1})은 마이크로프로세서로부터 정상 펄스 사이의 시간보다 훨씬 길어지도록 맞추어져 있다. 정상적인 동작 중 이 멀티 바이브레이터는 시간이 끝나기 전에 정상 펄스에 의해 재발생된다. 높고 낮은 상태에서 정상신호 감금(lock up)이 가능해야 하기 때문에 높은 상태나 낮은 상태 중 하나에 이 입력은 반드시 엣지 트리거 되어야 하고, 레벨 트리거되지 않는다.

만약 정상 펄스가 시간 내에 수신되지 않으면 첫 번째 멀티 바이브레이터는 시간이 끝나고, 두 번째 멀티 바이브레이터가 발생한다. 두 번째 멀티 바이브레이터(R_{x2}와

C_{x2})는 출력 펄스가 마이크로프로세서의 재설정을 보장하기 위해 충분히 긴 지속시간의 출력펄스와 같은 방법으로 시간 조절된다.

또 다른 비효율적인 기술은 소프트웨어 체크 포인트를 사용하는 것이다. 여기서 분리된 프로그램은 주기적으로 동작을 가로막고 어떠한 체크 포인트를 보기 위한 검사를 방해한다. 만약 체크 포인트가 정확하지 않으면 조절은 에러를 다루는 프로그램으로 변한다.

만약 프로그램이 메모리의 어떤 범위에 제한되면 ROM 안의 프로그램과 같이 트랩은 프로그램 메모리의 유효범위 밖의 명령을 접속하기 위해 시도하는 것을 방지하도록 소프트웨어에 쓰여질 수 있다. 사용되지 않는 프로그램 메모리 위치는 에러 취급 루틴에 대한 점프를 가진 'no-op' 명령으로 채워져 있어야 한다. 만약 사용되지 않거나 존재하지 않는 메모리에 대한 부주의한 점프가 발생하면 에러를 다루는 루틴을 호출할 것이다.

사용되지 않는 마이크로프로세서 인터럽트는 종종 프로그램 진행에러의 주요인이 된다. 만약 고도잡음이 사용되지 않는 인터럽트에서 나타난다면 이것은 벡터 위치방해에 점프를 하게 할 것이다. 만약 이 위치가 프로그램의 중간에 위치하면 예상하지 못한 결과가 나타날 것이다. 이 문제의 해결책은 점프를 모든 사용되지 않는 벡터 위치 내의 에러 취급 루틴에 놔두는 것이다.

프로그램 진행상의 에러를 방지하기 위해서 가능한 작은 손상을 가진 안정된 상태로 시스템을 복구하는 것이 필요하게 된다. 이것은 에러 핸들링 루틴에 조절을 전환시킴으로써 이루어진다. 이 가장 간편한 루틴은 시스템 재설정이다. 그러나 몇 가지 경우에 이런 강점이 없는 힘의 접근은 받아들여지지 않는다.

에러의 복구는 손상을 예방하고 필요에 따라 프로그램을 고치는 것이다.

어떻게 이것이 행해지느냐는 문제의 지정된 시스템에 의존하며 일반적으로 논의될 수는 없다.

2) 입출력의 에러 검출

입력 또는 출력의 일시 에러는 시스템의 안이나 밖으로 통신에 있어 부정확한 정보를 유발한다. 출력 에러는 출력의 에코나 보내진 데이터를 비교함으로써 검출될 수 있다.

입력 에러는 소프트웨어의 입력 데이터 필터링에 의해서나 적절하게 데이터를 검사함으로써 조절될 수 있다. 매우 간단한 소프트웨어 필터링 기술은 계속해서 몇 차례 입력 데이터를 약간의 지연을 가지고 읽는 것이다. 이 유효한 입력은 잡음 스파이크와 구별될 수 있다. ESD 보호에 있어 판독치들 사이에 몇백 ns의 지연은 충분하다. 그림 5.121은 데이터를 받아들이기 전에 계속되는 N개의 데이터를 읽어들이는 입력의 서브루틴 플로우 다이어그램을 나타낸 것이다. 이와 같은 경로는 정상 펄스를 생성한다. 짧은 과도잡음을 무시함으로써 프로그램은 데이터 입력을 위한 저역통과 필터로 동작한다.

부가적 입력 데이터 보호는 데이터를 받아들이기 전에 형식과 범위 체크에 의한 데이터의 논리성을 검사함으로써 제공될 수 있다. 이렇게 해서 입력 에러는 자주 그것들이 시스템에 들어가고 그것을 통해 전파하기 전에 검출되고 검사될 수 있다.

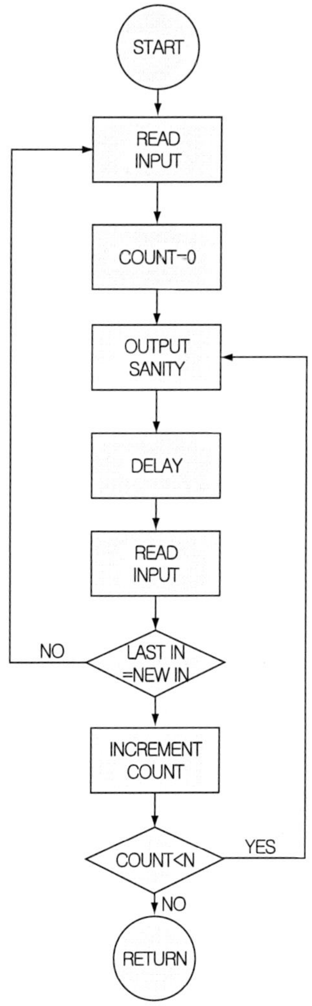

그림 5.121 입력 데이터 필터링과 정상 펄스 출력을 위한 소프트웨어 서브루틴

3) 데이터 메모리의 에러 검출

유도된 과도잡음으로부터 나오는 데이터 메모리의 변화는 거의 직접적인 효과를 가지지 않는다. 그런데 검출되지 않은 채 내버려 두면 이러한 에러는 나중에 시스템에 영향을 미칠 수 있다. 이런 유형의 에러를 검출하기 위해 메모리로부터의 모든 데이터는 그 데이터가 사용되기 전에 확인되어야 한다.

많은 유용한 기술은 데이터의 유효성을 체크하기 위해 존재한다. 이런 것들 중 몇몇은 패리티 비트, 합계, 주기적 검색, 에러 수정 코드의 사용이다. 이런 기술의 대부분은 에러의 존재를 검출할 수는 있으나 그것을 수정할 수는 없다. 예를 들면, 데이터 단어당 한 패리티 비트를 더함으로써 모든 홀수 비트에러는 방지될 수 있다. 시스템은 이 정보를 이용하여 데이터를 검색하고 그것들의 유효성에 의문을 제시한다.

그러나, 에러 수정 코드는 어떤 형태의 에러를 검출하고 수정할 수 있다. 이것은 각 메모리 단어에 부가 데이터 비트를 더함으로써 이루어진다. 예를 들면, 16비트 워드, 단일, 복수 비트 에러당 6개의 부가 데이터 비트를 더함으로써 검출되고, 단일 비트 에러는 수정될 수 있다. 요구되는 데이터 메모리 보호의 척도는 시스템의 환경의 한 부분으로 결정되는 것이다.

(5) ESD대 EMC

ESD는 EMC 조절의 전체적인 주제의 특별한 경우이다. ESD와 보통의 EMC 조절 사이의 주요 차이는 ESD가 훨씬 많은 전류와 전압이 포함된다는 것이다. 그러나 둘 다 같은 기술에 의해 조절될 수 있다. ESD 보호에 쓰였던 방법과 I/O 케이블로부터의 공통모드 방사 조절 방법의 유사성에 주목하라.

① 모든 I/O케이블은 한 영역 안에 있어야 한다.
② 분리된 I/O접지가 사용되어야 한다.
③ I/O접지는 지면에 저임피던스 접속이 되어야 한다.
④ 케이블은 이 분리된 I/O접지로 바이패스되어야 한다.
⑤ 모든 루프영역은 가능한 한 작게 유지되어야 한다.

시스템은 ESD 조절을 위해 보통 EMC 감응성에 관계하여 잘 수행하여야 하며, 더욱이 ESD 테스트는 제품의 EMC 디자인에서 결점을 찾는 데에 종종 사용될 수 있다.

참고문헌

1. 김동일, 나정웅, 박동철, 전파공학, 청문각, 2002.
2. 김기채, 김동일, 명노훈, 박동철, 이영훈, 전자파환경공학, 대영사, 2001.
3. Tim Williams 저, 이건용 역, 전자 방해의 원인과 대책, 기전연구사, 2006.
4. Clayton R. Paul, Introduction to Electromagnetic Compatibility, JOHN WILEY & SONS, 1992.
5. V. Prasad Kodali, Engineering Electromagnetic Compatibility (Principle, Measurements and Technologies), IEEE PRESS, 1996
6. David Morgan, A handbook for EMC testing and measurement, IEE, 1994.
7. Frederick M. Tesche, EMC ANALYSIS METHODS AND COMPUTATIONAL MODELS, JOHN WILEY & SONS, 1997.
8. Belden Engineering Staff, Electronics Cable Handbook, Howard W. Sams & Co., New York, 1996.
9. Ficchi, R. O., Electrical Interference, Hayden Book Co., New York, 1964.
10. Vance, E. F., Coupling to Shielded Cables, Wiley, New York, 1978
11. Hewlett Packard, Floating Measurements and Grounding, Application note 123, 1970
12. Morrison, R., Grounding and Shielding Techniques in Instrumentation, Wiley, New York, 1977.
13. Joyce, M. V., and Clarke, K. K., Transistor Circuit Analysis, Addison-Wesley, Reading, Mass., 1961.
14. Panter, P. F., Modulation, Noise, and Spectral Analysis, McGraw-Hill, New York, 1965.
15. Weeks, W. L., Electromagnetic Theory for Engineering Applications, Wiley, New York, 1964.
16. Hayt , W. H., Engineering Electromagnetics, McGraw-Hill, New York, 1974.

전파흡수체의 기초

Chapter 06

전파흡수체란 전자파의 반사를 저감시키기 위한 것으로 전자파 에너지를 열에너지로 변환함으로써 EMI 대책을 할 수 있는 원천 기술이기 때문에 최근 관심이 고조되고 있는 소재이다. 본장에서는 전파흡수체의 간단한 역사와 함께 전파흡수체의 개황, 용도 및 종류, 그리고 그 실현방법에 관한 개요를 설명한다.

6.1 전파흡수체의 역사와 개황

우선 전파흡수체의 역사에 관하여 간단히 살펴보기로 한다. 전파흡수체에 관한 연구의 시작은 1930년으로 거슬러 올라간다. 당시 네덜란드 Naamlooze Vennootschap Machinerieen에서 2 GHz대의 전파흡수체에 관한 연구를 수행한 바 있다.

1945년에 군사용 전파흡수체가 개발되었으며, 이것은 그림 6.1에 나타난 바와 같이 잠수함의 잠망경이나 부상시의 환기장치(snorkel)가 레이다에 탐지되는 것을 막기 위하여 사용되었다.

이 흡수체는 합성고무와 카보닐철, 저항피막 및 플라스틱으로 구성되는 Wesch material을 채워 넣은 구조로 이루어졌으며, 이러한 종류의 흡수체는 Jauman 흡수체라 일컫는다.

미국의 MIT 복사연구실(Radiation Lab.)의 O. Halpen에 의하여 조직된 프로젝트에서는 응용형 전파흡수체가 개발되었으며, 이 프로젝트에서 도체판으로부터 1/4 파장 전면에 377Ω의 표면저항을 가지는 저항피막을 배치한 구조를 가지는 공진형 전파흡수체

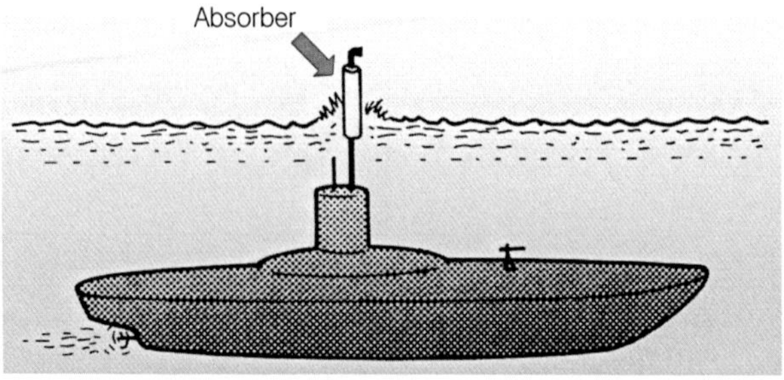

그림 6.1 전파흡수체의 최초 적용

의 일종인 Salisbury 스크린 흡수체가 개발되었다.

1953년에는 L. K. Neher에 의하여 피라미드형 전파흡수체가 개발되었으며, 이것은 오늘날에도 전파무향실 등에 널리 사용되고 있다.

이와 같이 당초에는 적의 레이다에 잠수함이나 비행기가 탐지되지 않도록 하는 등의 군사 장비면에서의 요구나 전파암실을 구축하기 위해 이용하는 것이 주된 사용 목적이었다. 그러나 근래에는 전자렌지(microwave oven)나 컴퓨터 등과 같이 우리의 주변에서 전자파가 많이 발생되고, 이들 전자기기에서 방사되는 불요전파가 다른 전자기기에 악영향을 주고 있다. 이와 같이 전파환경이 악화일로로 가는 상황에서 각종 전파흡수체를 필요로 하는 경우가 증가되고 있다. 특히 전자파가 인체에 미치는 영향에 대한 관점이 주목되고 있으며, 전자파방해 대책용으로서의 전파흡수체의 이용은 점점 활발해지고 있다.

그림 6.2 각종 전파흡수체의 형상

전파흡수체는 이와 같이 각 분야에서 널리 이용되며, 그림 6.2에 보이는 것처럼 여러 가지가 있다. 이러한 전파흡수체는 다음 절에 보이는 것처럼 그 사용 목적에 어울리는 여러 가지 형상이나 구성으로 이루어지지만, 크게 분류하면 특히 야외에 사용하는 박형 전파흡수체, 전파암실 내에 사용하는 피라미드나 웻지(wedge) 형상 등의 다층형 전파흡수체, 또한 간이 용도의 도료형 전파흡수체 등 각양각색의 것이 실용화되어 있다.

6.2 전파흡수체의 종류

6.2.1 용도에 따른 전파흡수체의 종류

표 6.1과 표 6.2는 전파흡수체의 구체적인 용도의 예와 종류에 관하여 분류해 놓은 것이다. 이하, 이 표의 각종 전파흡수체에 관해서 간단히 설명한다.

표 6.1 전파흡수체의 용도와 구체적인 예

응용 범위	전파흡수체의 종류
레이다 허상방지 대책용 전파흡수체	고무-페라이트계 전파흡수체 고무-카본계 전파흡수체 저항섬유계 전파흡수체 금속섬유, 페라이트 다층형 전파흡수체 FRP계 전파흡수체
전파장해 방지 대책용 전파흡수체	페라이트계 전파흡수체 저항섬유계 전파흡수체 저항피막계 밀리미터파 전파흡수체
전파암실용 전파흡수체	페라이트 · 카본계 다층형 전파흡수체 카본계 피라미드형 전파흡수체 페라이트 · 저항필름 다층형 판상재 전파흡수체

(1) 전파장해 방지 대책용 전파흡수체

최근 그림 6.3에 나타내는 바와 같이 고층 건축물에 의한 텔레비젼 고스트(ghost) 문제는 사회적 문제로까지 되고 있다. 그 대책으로써 안테나의 지향성을 개선하거나 TV

◎ 표 6.2 용도에 따른 전파흡수체의 종류

용도	구체적인 예
레이다 허상방지 대책	선박레이다의 허상방지 • 선박마스트, 교량 등 항공관제레이다의 허상방지 • 건축물(격납창고), 교량등
전파장해 방지대책	텔레비젼 고스트 방지대책 • 건축물 등 이동무선 장해대책 • 실내, 열차 등
전파무향실(암실)	EMC측정용 전파암실 마이크로파용 전파흡수체 밀리미터파용 전파흡수체

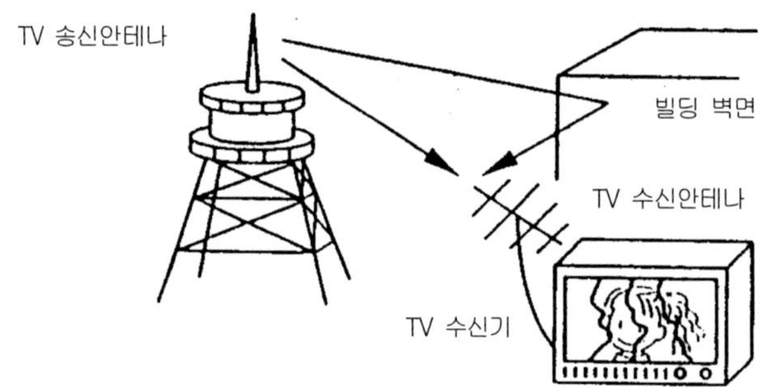

그림 6.3 TV 고스트의 발생 기구

수상기 내에서 소거하는 방법, 또는 SHF대에 의한 재방송 등이 있지만, 결정적인 방법이 없는 것이 현실이다. 이러한 방법 중에서 건축의 벽면에 전파흡수체를 붙여 반사파를 적게 하는 방법은 장해를 일으키고 있는 원인을 직접 없앤다는 의미에서 뛰어난 대책법이며, 이미 각 방면에서 실용화되어 있다.

(2) 레이다 허상방지 대책용 전파흡수체

레이다 허상(false echo)은 여러 가지 원인에 의해 발생할 수 있으나, 특히 선박의 마스트나 가시거리 내의 교량으로부터의 반사에 기인하는 경우를 들 수 있다. 예를 들어 그림 6.4에 보이듯이, 대형교량이 해상에 건설된 경우, 이것에 의한 선박용 X-밴드

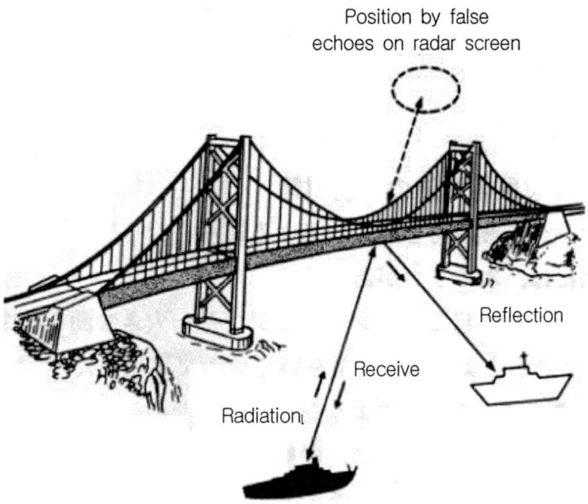

그림 6.4 레이다 허상의 발생기구

레이더(주파수 9.375 GHz)의 전파반사에 기인한 레이더의 허상 문제가 야기되고 있다.

이 현상은 그림 6.4에 나타내는 바와 같이, 교량으로부터의 반사전파 때문에 선박이 없는 위치에 허상이 나타나거나, 위상관계에 따라서는 선박의 상이 잘 보이지 않게 되는 것으로, 경우에 따라서는 사고의 원인이 된다. 일본의 경우, 혼슈-시코꾸(本州四國) 연락교 공단에서는 이 레이다 전파장해 대책을 검토하는 위원회가 발족되어, 그 성과로서 인노시마대교(因島大橋) 양측의 교량부재의 외면 약 560 m에 걸쳐 전파흡수체를 시공하였다.

(3) 전파암실용 전파흡수체

전파암실은 실내의 벽, 천정, 바닥면에 전파흡수체를 붙인 공간으로, 내부에서 발생된 전파는 벽, 천정, 바닥면에서 흡수되어 반사파가 생기지 않으므로 전파적으로 보면 무한공간과 등가가 된다. 따라서 종래로부터 안테나의 지향성 실험 등의 목적을 위해서 건설되어 왔다. 더욱이 최근의 전자파환경 문제를 해결하기 위해, 각종 전자기기로부터의 방사전자파 평가시험을 위한 전파암실이나 밀리미터파대의 연구개발에 맞추어, 밀리미터파대까지 사용 가능한 전파암실이 시공되고 있다.

(4) 밀리미터파대용 전파흡수체

최근 레이더나 통신기 등의 사용 주파수도 밀리미터파대의 높은 영역으로 옮겨가고

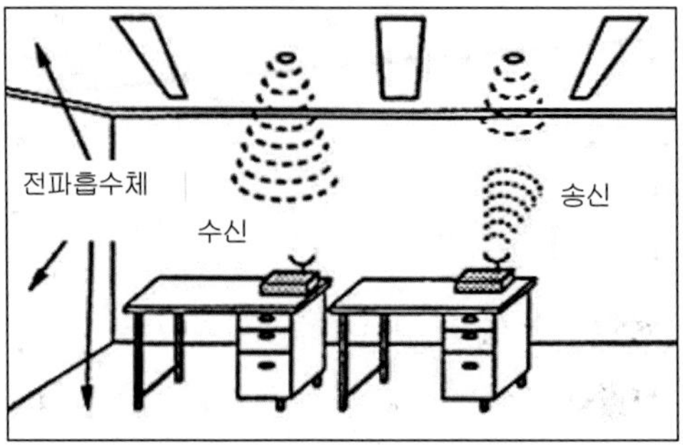

그림 6.5 무선 LAN의 실내 이미지

있으며, 그에 따라 밀리미터파대에 대한 전파흡수체의 필요성도 높아지고 있다. 이러한 배경에서 밀리미터파 전파흡수체의 연구도 활발해져서, 35 GHz대나 60 GHz대, 나아가서 94 GHz 대용 고무시트계 흡수체나 저항피막형 전파흡수체의 연구가 진행되고 있다.

한 예로서 사무실이나 공장 등의 실내에서의 밀리미터파를 이용한 무선 LAN의 실내 이미지를 그림 6.5에 나타낸다. 이 경우 밀리미터파 전파흡수체를 천정이나 바닥의 벽면에 장착하여, 전파가 이들로부터 다중반사하는 것을 막아 정보전달의 오류율(error rate)을 낮게 하고 있다. 나아가서 최근 전자파의 인체에 대한 영향에 관해서 우려하는 목소리가 높아지고 있다. 이러한 배경에서 인체의 전파흡수율(SAR; Specific Absorption Rate)을 규명하는 연구가 이루어지고 있으며, 이러한 분야에 있어서도 전파흡수체의 역할은 중요해졌다.

이상과 같이 전파흡수체는 각 방면에서 사용되고 있지만, 전파흡수체에 요구되는 성능으로서, 현재 진행되어지고 있는 것을 포함하여 열거하면 다음과 같다.

- 박형, 경량
- 광대역, 광각도 성능
- 밀리미터파 대응
- 내환경 성능
- 양편파 대응

6.2.2 구조에 따른 전파흡수체의 종류

전파흡수체는 다양한 구조의 것들이 있지만, 여기서는 대표적인 몇 가지를 그림 6.6에 나타낸다.

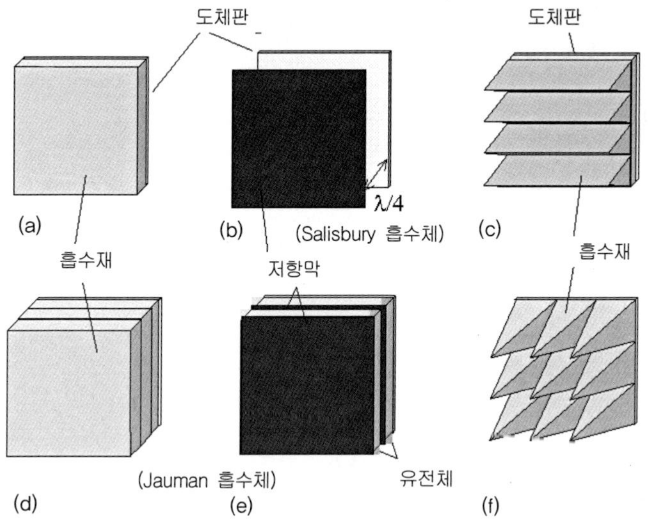

그림 6.6 구조에 따른 전파흡수체의 종류

6.2.3 주파수 특성에 따른 전파흡수체의 종류

전파흡수체를 주파수 특성에 따라 분류하면, 그림 6.7(a)와 같이 특정의 협대역에서만 허용치 이내의 반사를 일으키는 협대역형(narrow band type), 하한 주파수(f_L) 이상의 전파를 흡수할 수 있는 그림 6.7(c)의 초광대역형(ultra-broad band type) 및 (a)와 (c)의 중간에 해당되는 그림 6.7(b)의 광대역형(broad band type)이 있다.

한편, 전파흡수체의 반사계수를 dB 단위, VSWR 및 전파 전력으로 환산하여 비교하면 표 6.3과 같다.

6.2.4 전파흡수 원리에 따른 종류

전파흡수체는 그 흡수원리에 따라 그림 6.8(a)와 같이 금속판 위에 전파흡수체를 밀착하여 부착시킨 밀착형과 그림 6.8(b)와 같이 금속판의 전면으로 $\lambda/4$ 이격시켜서 저항피막 또는 손실재를 장착한 $\lambda/4$ 이격형으로 분류될 수 있다.

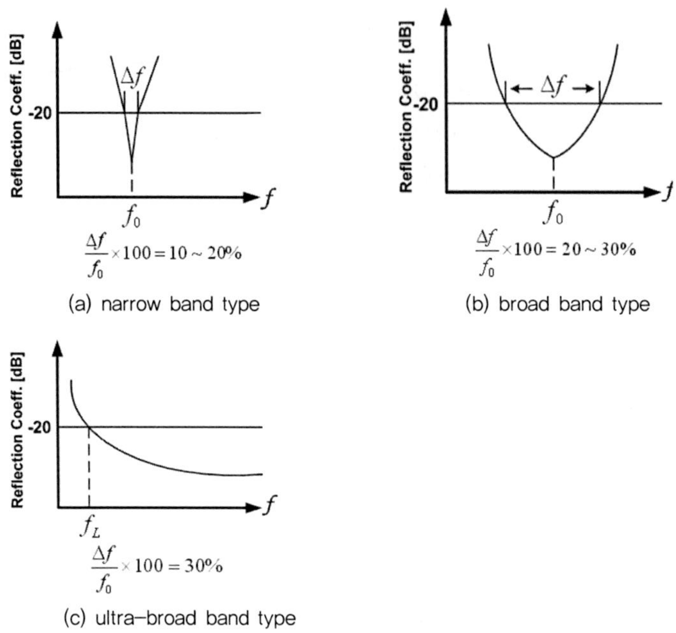

그림 6.7 주파수특성에 따른 전파흡수체의 종류

표 6.3 전파흡수체의 반사계수

반사계수(dB)	전계에 의한 반사계수(S)	VSWR	전파전력에 의한 반사계수(Sp)
−20 dB	0.1	1.2	0.01
−30 dB	0.03	1.06	0.001

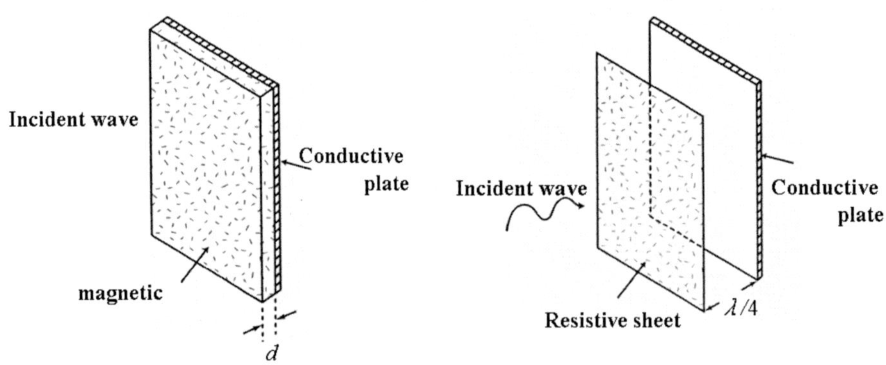

(a) 밀착형　　(b) $\lambda/4$ 이격형

그림 6.8 흡수 원리에 따른 전파흡수체

6.3 평면파와 전송선이론

6.3.1 평면파

(1) 기본적인 평면파

그림 6.9에 나타내는 바와 같이 전자파원으로부터 공간에 방사된 전자파는 공간을 전파함에 따라 위상면이 직선상인 평면파로 된다. 여기서는, z-방향으로 전파하는 평면파에 관해서, 다음의 맥스웰방정식으로부터 그 전자계를 검토해 보자.

$$\nabla \times \boldsymbol{E} = -\mu_0 \frac{\partial \boldsymbol{H}}{\partial t} \tag{6.1}$$

$$\nabla \times \boldsymbol{H} = \varepsilon_0 \frac{\partial \boldsymbol{E}}{\partial t} \tag{6.2}$$

즉, z-방향으로 전파하는 평면파이기 때문에, $\frac{\partial}{\partial t}$ 및 $\frac{\partial}{\partial z}$ 이외는 0(zero)인 것을 고려하면, 식 (6.1)은 다음의 두 개의 스칼라 방정식으로 분해될 수 있다.

$$\frac{\partial E_y}{\partial z} = \mu_0 \frac{\partial H_x}{\partial t} \tag{6.3}$$

$$\frac{\partial E_x}{\partial z} = -\mu_0 \frac{\partial H_y}{\partial t} \tag{6.4}$$

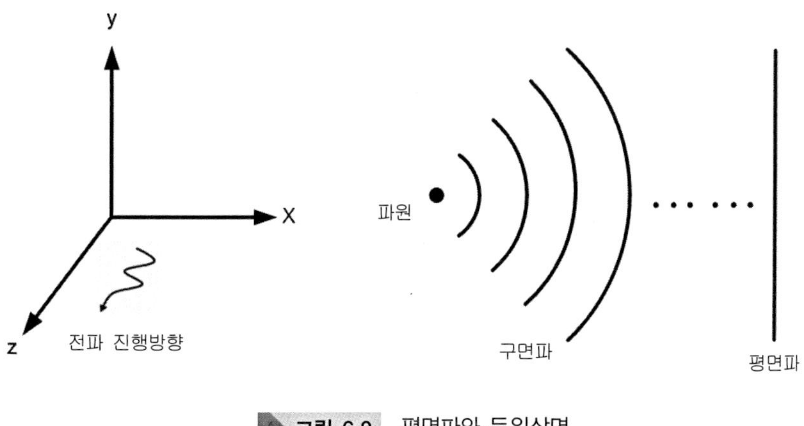

그림 6.9 평면파와 등위상면

같은 방법으로 식 (6.2)에 관해서도 다음의 두 개의 스칼라 방정식이 얻어진다.

$$-\frac{\partial H_y}{\partial z}=\varepsilon_0\frac{\partial E_x}{\partial t} \tag{6.5}$$

$$\frac{\partial H_x}{\partial z}=\varepsilon_0\frac{\partial E_y}{\partial t} \tag{6.6}$$

여기서, ε_0와 μ_0는 각각 자유공간의 유전율과 투자율이다.

이 식 (6.3)과 식 (6.6)으로부터 H_x 및 식 (6.4)와 식 (6.5)로부터 E_x를 각각 소거하고 E_y 및 H_y에 관한 1차원 파동방정식이 얻어진다. 여기서, E_y에 관한 파동방정식을 고려하면 식 (6.7a)와 같이 구해진다.

$$\frac{\partial^2 E_y}{\partial z^2}=\mu_0\frac{\partial}{\partial z}\frac{\partial H_x}{\partial t}=\varepsilon_0\mu_0\frac{\partial^2 E_y}{\partial t^2} \tag{6.7a}$$

가령 E_y에 관한 파동방정식 (6.7a)의 해를 구하면 전계 E_y가 구해진다.

즉, 시간인자를 $e^{j\omega t}$라 하고, 이것을 식 (6.7a)에 대입하면 식 (6.7b)와 같이 E_y에 관한 2계의 선형 미분방정식이 얻어진다.

$$\frac{\partial^2 E_y}{\partial z^2}+\omega^2\varepsilon_0\mu_0 E_y=0 \tag{6.7b}$$

여기서, 전파정수 γ_0를 $\gamma_0=\omega\sqrt{\varepsilon_0\mu_0}$ 라 놓으면, 식 (6.7b)의 해는 다음과 같이 진행파 $E^+e^{-\gamma_0 z}$와 후진파 $E^-e^{\gamma_0 z}$의 선형결합으로서 나타낼 수 있지만, 여기서는 그림 6.10(a)와 같이 +z 방향으로 전파하는 파(수직편파)를 고려하고 있기 때문에, 진행파 $(E^+e^{-\gamma_0 z})$만을 선택한다. 또, $\gamma_0=j\omega\sqrt{\varepsilon_0\mu_0}$ 라 놓으면,

$$E_y=(E^+e^{-\gamma_0 z}+E^-e^{\gamma_0 z})e^{j\omega t} \tag{6.8}$$

이 된다. 이 E_y성분을 식 (6.3)에 대입하면 H_x성분도 다음과 같이 도출될 수 있다.

$$H_x=-\frac{\gamma_0}{j\mu_0\omega}E^+e^{-\gamma_0 z}e^{jwt}=-H^+e^{-\gamma_0 z}e^{jwt} \tag{6.9}$$

더욱이, 이러한 평면파의 전계성분과 자계성분에 관해서, 그 방향도 고려하여 비를

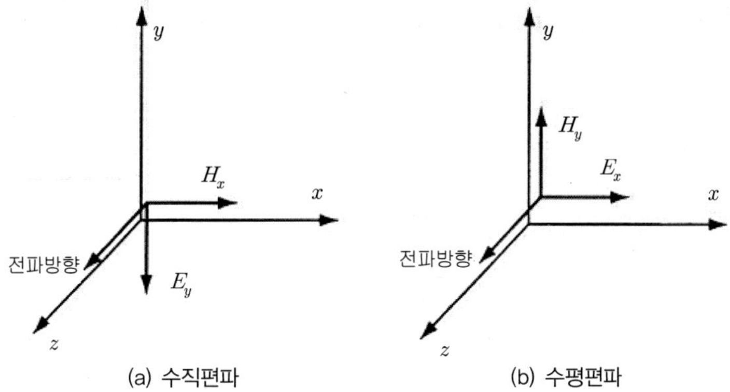

그림 6.10 평면파의 전자계성분

구하면, 식 (6.10)과 같다.

$$Z_0 = \frac{E_y}{H_x} = \frac{j\mu_0\omega}{\gamma_0} = \sqrt{\frac{\mu_0}{\varepsilon_0}} \tag{6.10}$$

자유공간에서 이 값은 약 377 Ω이 되며, 파동임피던스라 한다. 같은 프로세스에 따라 H_y에 관한 1차원의 파동방정식도 해석이 가능하고, 이렇게 하면 그림 6.10(b)에 나타낸 H_y와 E_x 성분을 가지는 평면파(수평편파)에 관해서도 해를 구할 수 있다.

(2) 손실이 있는 일반 매질 내에서의 평면파

전파흡수체와 같이 손실이 있는 매질의 영향을 고려하여 보자. 만일 매질이 도전율 σ를 갖는 도체이면, 식 (6.1)과 식 (6.2)의 맥스웰방정식은 다음과 같이 쓸 수 있다.

$$\nabla \times \boldsymbol{E} = -j\omega\mu\boldsymbol{H} \tag{6.11a}$$

$$\nabla \times \boldsymbol{H} = -j\omega\varepsilon\boldsymbol{E} + \sigma\boldsymbol{E} \tag{6.11b}$$

$\boldsymbol{E}$에 대한 파동방정식은 식 (6.12)와 같다.

$$\nabla^2\boldsymbol{E} + \omega^2\mu\varepsilon\left(1 - j\frac{\sigma}{\omega\varepsilon}\right)\boldsymbol{E} = 0 \tag{6.12}$$

이 때 매질에 대한 복소 전파정수 γ는 다음과 같이 정의된다.

$$\gamma = \alpha + j\beta = j\omega\sqrt{\mu\varepsilon}\sqrt{1 - j\frac{\sigma}{\omega\varepsilon}} \tag{6.13}$$

x 와 y 방향에서 일정하고, $\hat{x}$ 성분만을 갖는 전계를 가정하면 식 (6.12)의 파동방정식은

$$\frac{\partial^2 E_x}{\partial z^2} - \gamma^2 E_x = 0 \tag{6.14}$$

로 표현되며, 이 방정식의 해는

$$E_x(z) = E^+ e^{-\gamma z} + E^- e^{\gamma z} \tag{6.15}$$

따라서 $+z$ 방향으로 전파하는 파가 갖는 전파정수의 형태는

$$e^{-\gamma z} = e^{-\alpha z} e^{-j\beta z} \tag{6.16a}$$

이를 시변계로 나타내면 다음 식과 같다.

$$e^{-\gamma z} = e^{-\alpha z}\cos(\omega t - \beta z) \tag{6.16b}$$

위 식은 위상속도 $v_p = \omega/\beta$, 파장 $\lambda = 2\pi/\beta$와 지수함수적인 감쇠정수 α를 갖고 $+z$방향으로 진행하는 파를 나타냄을 알 수 있다. 진행하는 파는 $-z$ 방향을 따라 진행하면서 감쇠한다. 만일 손실이 없다면, $\sigma = 0$이므로 $\gamma = jk$이며 따라서 $\alpha = 0$, $\beta = k$가 된다.

손실항은 복소유전율을 사용하여 취급하면 편리하므로 $\sigma = 0$, $\varepsilon = \varepsilon' - j\varepsilon''$이라 놓으면

$$\gamma = j\omega\sqrt{\mu\varepsilon} = j\omega\sqrt{\mu\varepsilon'(1 - j\tan\delta)} \tag{6.17}$$

여기서, $\tan\delta = \frac{\varepsilon''}{\varepsilon'}$는 매질의 손실탄젠트(loss tangent)라 한다.

이와 연관된 자계는 다음과 같이 구해진다.

$$H_y = \frac{j}{\omega\mu}\frac{\partial E_x}{\partial z} = \frac{-j\gamma}{\omega\mu}\left(E^+ e^{-\gamma z} - E^- e^{\gamma z}\right) \tag{6.18}$$

무손실의 경우와 같이, 파동임피던스 η는 전계와 자계 사이의 관계로부터 정의될 수 있으며

$$\eta = \frac{j\omega\mu}{\gamma} \tag{6.19}$$

따라서,

$$H_y = \frac{1}{\eta}\left(E^+ e^{-\gamma z} - E^- e^{\gamma z}\right) \tag{6.20}$$

이다.

6.3.2 분포정수선로

그림 6.11은 단위 길이당 저항 R[Ω/m], 인덕턴스 L[H/m], 용량 C[F/m], 컨덕턴스 G[S/m]를 가지는 분포정수선로의 미소구간 dz에 대한 등가회로를 나타내고 있다. 지금 이 회로에 있어서, 전류는 1-1'단에서 2-2'단 방향으로 흐르는 것으로 하고, 1-1'단에서의 전압과 전류를 V 및 I, 또 2-2'단에서의 전압과 전류를 각각 $V+dV$, $I+dI$라 한다. 이 경우, 양단자 간의 소자 값을 써서 전압과 전류는 다음과 같이 나타낼 수 있다.

$$V = (R + j\omega L)dzI + (V + dV)) \tag{6.21}$$

$$I = (G + j\omega C)dz(V + dV) + (I + dI) \tag{6.22}$$

더욱이 dz, dV 및 dI가 극히 작은 것을 고려하면 다음 식이 얻어진다.

$$\frac{dV}{dz} = -(R + j\omega L)I \tag{6.23}$$

$$\frac{dI}{dz} = -(G + j\omega C)V \tag{6.24}$$

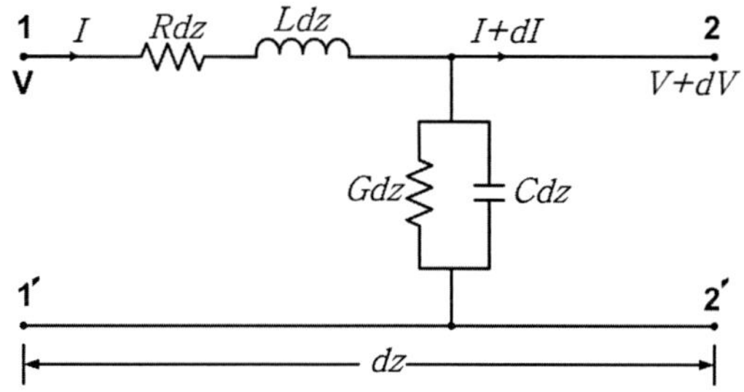

그림 6.11 분포정수선로(미소구간)의 등가회로

이들 식 (6.23) 및 식 (6.24)는 전송선로방정식(transmission line or telegrapher's equation)이라 한다.

나아가서, 이것들의 양변을 z로 미분한 연립방정식에 관해서 전압 또는 전류의 한쪽을 소거하면, 다음의 파동방정식 형태의 V 또는 I에 관한 2계 선형 미분방정식(파동방정식)을 얻을 수 있다.

$$\frac{d^2 V}{dz^2} = (R + j\omega L)(G + j\omega C) V \tag{6.25}$$

$$\frac{d^2 I}{dz^2} = (R + j\omega L)(G + j\omega C) I \tag{6.26}$$

그리고 이 미분방정식을 풀면, 일반적으로 잘 알려진 전압, 전류의 기본 식을 유도할 수 있다.

$$V = V^+ e^{-\dot{\gamma} z} + V^- e^{+\dot{\gamma} z} \tag{6.27}$$

$$I = \frac{V^+}{\dot{Z}_C} e^{-\dot{\gamma} z} - \frac{V^-}{\dot{Z}_C} e^{+\dot{\gamma} z} \tag{6.28}$$

여기서 V^+ 및 V^-는 진폭계수이고, 첨자는 z의 정방향 및 부방향으로 전송되는 파를 나타내고 있다. 또, $\dot{Z}_c$는 이 선로의 특성임피던스이며, 미분방정식을 푸는 과정에서 다음 식과 같이 유도할 수 있다.

$$\dot{Z}_c = \sqrt{\frac{R + j\omega L}{G + j\omega C}} \tag{6.29}$$

더욱이 $\dot{\gamma}$ 는 전파정수이며, 감쇠정수를 α, 위상정수를 β로 놓으면

$$\dot{\gamma} = \alpha + j\beta = \sqrt{(R + j\omega L)(G + j\omega C)} \tag{6.30}$$

으로 나타낼 수 있다.

6.3.3 전송선이론과 평면파의 대응

이상 설명한 분포정수선로의 해와 맥스웰방정식으로부터 도출한 평면파의 해를 대응시켜 보자. 즉, 식 (6.27)~식 (6.30) 및 식 (6.13)~식 (6.14)는 같은 형태이고, 평면

파의 해인 식 (6.15), (6.18), (6.19) 및 (6.17)과 분포정수선로의 해인 식 (6.27)~(6.30)은 같은 형태를 취하고 있다. 따라서 <전압과 전류> 및 <전계와 자계> 사이에는 표 6.4에 나타내는 대응관계가 있고, 평면파를 해석할 때에는 분포정수선로로 치환해서 검토할 수 있음을 알 수 있다.

표 6.4 평면파와 분포정수 선로의 대응

$V \longleftrightarrow E$	$R \longleftrightarrow \omega\mu''$	$L \longleftrightarrow \mu''$
$I \longleftrightarrow H$	$G \longleftrightarrow \sigma + \omega\varepsilon''$	$C \longleftrightarrow \varepsilon'$

나아가서, 이들의 대응관계로부터 평면파의 파동임피던스, 전파정수에 관해서 살펴보면 식 6.19에 의하여 분포정수선로에서의 특성임피던스가 구해지므로, 이것에 대응하도록 표 6.4를 참고하여 매질의 각 전기적인 정수를 대입하면 식 (6.31)과 같다.

$$\begin{aligned}\dot{Z}_c &= \sqrt{\frac{\omega\mu'' + j\omega\mu'}{(\sigma + \omega\varepsilon'') + j\omega\varepsilon'}} \\ &= \sqrt{\frac{j\omega(\mu' - j\mu'')}{j\omega\left\{\varepsilon' - j(\varepsilon'' + \frac{\sigma}{\omega})\right\}}} = \sqrt{\frac{\mu' - j\mu''}{\varepsilon' - j(\varepsilon'' + \frac{\sigma}{\omega})}}\end{aligned} \tag{6.31}$$

더욱이 $\varepsilon'' + \frac{\sigma}{\omega}$를 ε''으로, 즉

$$\varepsilon'' + \frac{\sigma}{\omega} \rightarrow \varepsilon'' \tag{6.32}$$

로 치환하면, $\dot{Z}_c$는 식 (6.33)과 같이 고쳐 쓸 수 있고, 선로의 특성임피던스 $\dot{Z}_c$는 앞에 나타낸 평면파의 파동임피던스가 된다.

$$\dot{Z}_c = \sqrt{\frac{\mu' - j\mu''}{\varepsilon' - j\varepsilon''}} = \sqrt{\frac{\dot{\mu}}{\dot{\varepsilon}}} \tag{6.33}$$

또 선로의 전파정수에 관해서도, ε''에 이미 바꾸어 놓은 식 (6.32)를 사용하면,

$$\begin{aligned}\dot{\gamma} &= \sqrt{(\omega\mu'' + j\omega\mu')(\omega\varepsilon'' + j\omega\varepsilon')} \\ &= \sqrt{(j\omega)^2(\mu' - j\mu'')(\varepsilon' - j\varepsilon'')} = j\omega\sqrt{\dot{\varepsilon}\dot{\mu}}\end{aligned} \tag{6.34}$$

가 되며, 평면파에서의 전파정수와 같게 됨을 알 수 있다.

6.3.4 전송선이론의 응용

공간을 전파하는 평면파에 대응하는 해석이 전송선이론으로 단순화할 수 있다는 사실로부터, 평면파가 복수의 경계를 통과하는 경우에도 그 반사나 투과의 문제를 전송선이론을 응용하여 해석할 수 있게 된다. 이하, 그 경우의 기초가 되는 전송선로상에서의 임피던스에 관해서 검토한다.

(1) 경계가 2개인 경우

전파가 2개의 경계를 통과할 때의 전송선 모델을 그림 6.12(a)에 나타낸다. 이 전송선모델은 특성임피던스가 Z_0 및 $\dot{Z}_L$의 무한장선로 A, C에 끼어 있고, 선로장 d_1의 선로 B_1이 접속되어 있는 모습을 나타내고 있다. 이와 같은 선로에서 선로 C가 무한히 긴 것을 고려하면 그림 6.12(b)처럼 종단에 선로 C의 특성임피던스 $\dot{Z}_L$가 부하로서 접속된 형태로 치환된다. 이때 이 등가회로에서 접속면 1-1′단으로부터 d_1만큼 좌측의 위치의 접속면 0-0'에 있어서, 오른쪽의 종단측을 들여다본 임피던스 $\dot{Z}_1$은 선로 B_1의 특성임피던스 $\dot{Z}_{c1}$ 및 전파정수 $\dot{\gamma}_{c1}$을 사용하여

$$\dot{Z}_1 = \dot{Z}_{c1} \frac{\dot{Z}_L + \dot{Z}_{c1} \tan \mathrm{h} \dot{\gamma}_{c1} d_1}{\dot{Z}_{c1} + \dot{Z}_L \tan \mathrm{h} \dot{\gamma}_{c1} d_1} \tag{6.35}$$

로 나타낼 수 있다. 그리고 이 $\dot{Z}_1$을 사용하여 선로상의 접속면 0-0'에서의 반사나 투과의 문제를 취급할 수 있으며, 이와 같은 사고방식은 후술하는 1층형 전파흡수체의 설계에 응용된다.

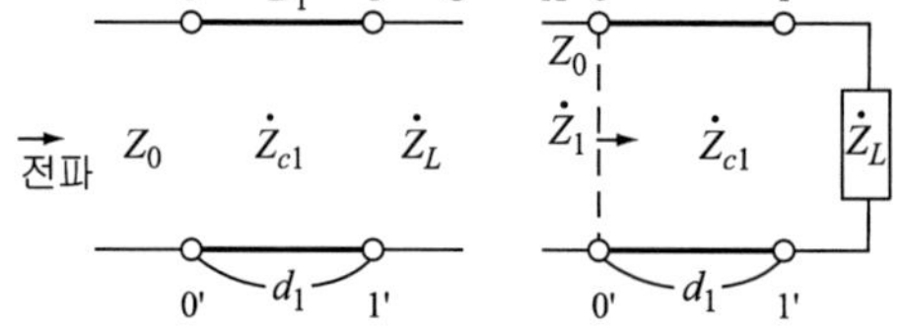

(a) 3종류의 선로의 접속　　(b) 등가회로

그림 6.12 2경계가 존재하는 경우

(2) 경계가 3개 이상인 경우

전송선이론을 응용하면 경계가 3개 이상인 경우에 관해서도 취급이 가능하다. 일례로서 전파가 경계를 통과할 때의 전송선 모델을 그림 6.13(a)에 보인다.

이 모델은 특성임피던스가 왼쪽부터 차례로 Z_0, $\dot{Z}_{c2}$, $\dot{Z}_{c1}$, $\dot{Z}_L$인 4종류의 선로 (A, B_2, B_1, C)가 접속되어 있는 경우로서, A, C의 선로 길이가 무한, 그리고 B_1, B_2의 선로는 d_1, d_2의 유한한 길이를 가진다고 하자. 이때, 그림 6.12의 2-2′단에서 우측(종단측)을 들여다본 임피던스 $\dot{Z}_1$은 식 (6.35)와 같은 방법으로 구할 수 있기 때문에, 이 선로모델은 $\dot{Z}_1$을 부하로 접속한 그림 6.12(b)처럼 등가회로로 간략화할 수 있다. 그리고 이 간략화한 모델을 사용하면, 앞에 나타낸 경계가 2개인 경우와 같기 때문에, 식 (6.35)를 적용해서 접속면 2-2′단으로부터 d_2의 위치에 있는 섭속넌 0-0'로부터 들어다본 임피던스 $\dot{Z}_2$를 계산할 수 있다. 이와 같이, 여기서는 3경계의 경우에 관해서 설명했지만, 다수의 경계가 존재하는 경우에도 이 방법을 반복함으로써 순차적으로 경계의 수를 줄일 수 있고, 임피던스의 계산을 용이하게 할 수 있다. 또 이 사고방식은 후술하는 다층형 전파흡수체의 설계에 응용할 수 있다. 또 선로 중에 임피던스 $\dot{Z}_S$의 소자가 병렬로 접속되어 있는 경우에는 이 부분의 선로길이가 0인 경우로 간주되기 때문에, 1-1′단으로부터 오른쪽의 종단측을 들여다본 임피던스 $\dot{Z}_1$은 $\dot{Z}_S$와 $\dot{Z}_L$의 병렬접속으로 생각할 수 있다. 그리고 선로 B_1의 임의의 장소로부터 들여다본 임피던스를 구하는 선로해석에 있어서는, 다음의 식 (6.36)에 보이는 임피던스 $\dot{Z}_1$이 종단에 부하로서 접속되어져 있다고 생각하면 된다. 또 이 사고방식은 저항피막형 전파흡수체의 설계에 응용된다.

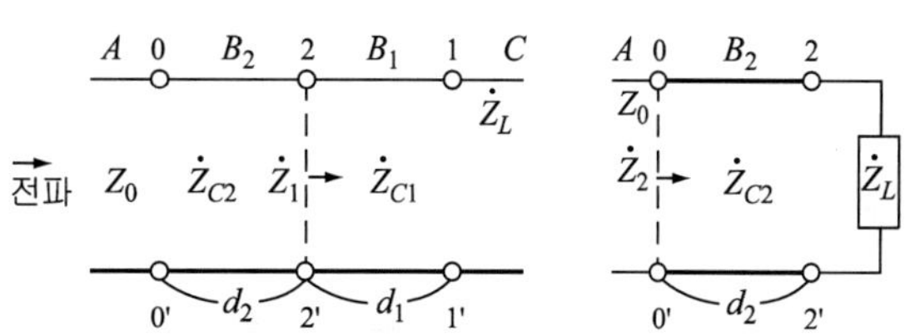

(a) 4종류의 선로의 접속　　(b) 등가회로

그림 6.13 3경계가 존재하는 경우

$$\dot{Z}_1 = \frac{\dot{Z}_S \dot{Z}_L}{\dot{Z}_S + \dot{Z}_L} \tag{6.36}$$

6.3.5 전파에너지의 흡수원리

평면파가 자유공간을 전파하는 경우에는 거의 감쇠하지 않지만, 그림 6.14에서 보듯이 손실유전체나 손실자성체와 같은 매질을 전파하는 경우에는, 그 재료의 전기적 특성에 따라 크게 감쇠한다. 즉, 손실 매질에서는 유전율 및 투자율이 $\dot{\varepsilon} = \varepsilon' - j\varepsilon''$ 및 $\dot{\mu} = \mu' - j\mu''$ 도 복소수가 되고, 또 도전율 σ가 유한한 값을 가지고 있기 때문에, 맥스웰방정식은 식 (6.3) ~ 식 (6.6)에 대응해서 다음과 같은 스칼라방정식으로 분해할 수 있다.

$$\frac{\partial E_y}{\partial z} = \dot{\mu}\frac{\partial H_x}{\partial t} \tag{6.37}$$

$$\frac{\partial E_x}{\partial z} = -\dot{\mu}\frac{\partial H_y}{\partial t} \tag{6.38}$$

$$-\frac{\partial E_y}{\partial z} = \sigma E_x + \dot{\varepsilon}\frac{\partial E_x}{\partial t} \tag{6.39}$$

$$\frac{\partial H_x}{\partial z} = \sigma E_y + \dot{\varepsilon}\frac{\partial E_y}{\partial t} \tag{6.40}$$

일례로서 이 스칼라방정식 (6.38) 및 식 (6.39)로부터 H_y 성분을 소거하고, 이것으로부터 얻어지는 식 (6.5)의 E_x에 관한 파동방정식을 풀이하여 수평편파에 관한 전자

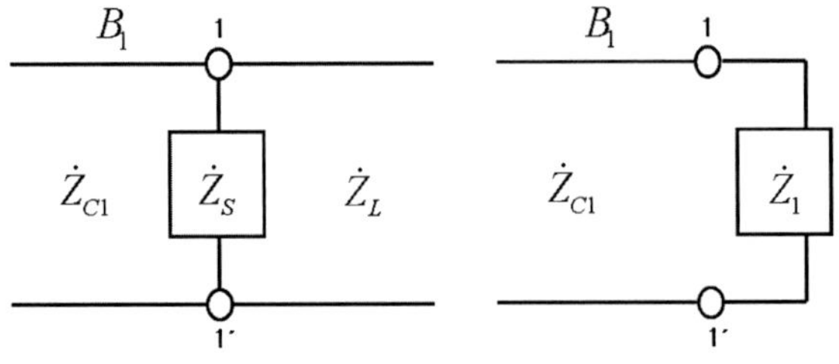

그림 6.14 소자가 병렬 접속된 경우

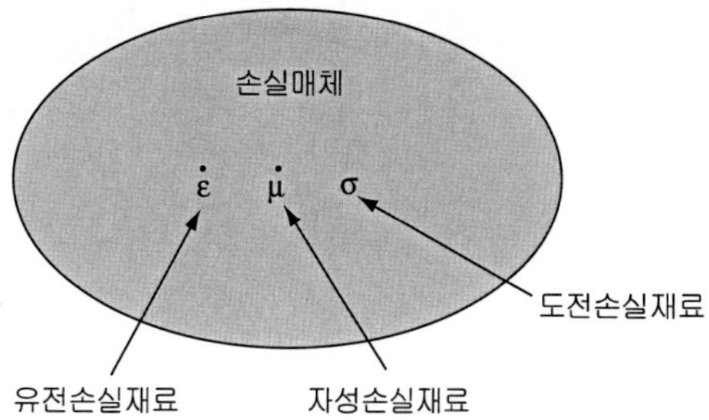

그림 6.15 손실매질

파의 감쇠 상태를 알 수 있다.

$$\frac{\partial^2 E_x}{\partial z^2} = \sigma\dot{\mu}\frac{\partial E_x}{\partial t} + \dot{\varepsilon}\dot{\mu}\frac{\partial^2 E_x}{\partial t^2} \tag{6.41}$$

이를 위하여 다음의 $n^2 = \omega^2\dot{\varepsilon}\dot{\mu} - j\omega\sigma\dot{\mu}\,(=-\gamma^2)$라 두고, 또한 편의상 $n^2 = (\beta - j\alpha)^2$라고 복소수로 정의하면, 이 파동방정식은 다음과 같다.

$$\frac{\partial^2 E_x}{\partial z^2} + n^2 E_x = 0 \tag{6.42}$$

여기서, β 및 α는 각각 위상정수 및 감쇠정수라 불리며, 전자파의 감쇠에는 이 α가 크게 영향을 준다. 일례로서 앞에서 나타낸 바와 같이 $\dot{\varepsilon}$과 $\dot{\mu}$가 모두 실수, σ가 0인 경우에는 α는 0이 되어 전자파는 감쇠하지 않는다. 또 $\dot{\varepsilon} = \varepsilon' - j\varepsilon''$, μ (실수) 및 $\sigma = 0$인 경우에는 n^2은 식 (6.43)이 된다.

$$n^2 = \omega^2\dot{\varepsilon}\mu \tag{6.43}$$

$$n^2 = \omega^2\varepsilon'\mu - j\omega^2\mu\left(\varepsilon'' + \frac{\sigma}{\omega}\right) = \omega^2\varepsilon'\mu - j\omega^2\mu\varepsilon_t \tag{6.44}$$

여기서, $\varepsilon_t = \varepsilon'' + \dfrac{\sigma}{\omega}$이다. 이것을 α에 관해서 풀면, 식 (6.45)로 나타내어지고, ε''이 존재함으로써 α는 유한의 값이 되어 전자파는 감쇠하게 된다.

$$\alpha = \sqrt{\frac{\omega^2\varepsilon'\mu}{2}}\left\{\sqrt{1+\left(\frac{\varepsilon''}{\varepsilon'}\right)^2} - 1\right\}^{\frac{1}{2}} \tag{6.45}$$

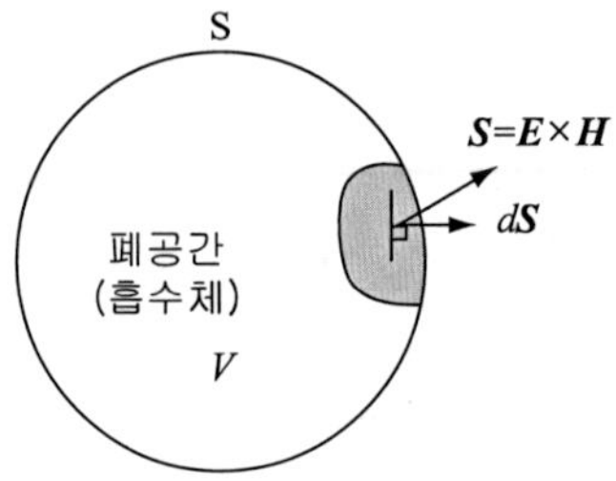

그림 6.16 에너지의 흡수

에너지의 흡수원리를 그림 6.16에 나타내는 폐영역 V에서 생각한다. 즉, 포인팅 벡터의 시간 평균치 <s>를 구하기 위해서, $\boldsymbol{E}$, $\boldsymbol{H}$의 시간항을 $\varepsilon^{j\omega t}$라고 두면,

$$\boldsymbol{E} = Re[\boldsymbol{E}e^{j\omega t}] = \frac{1}{2}\{\boldsymbol{E}e^{j\omega t} + (\boldsymbol{E}e^{j\omega t})^*\} = \frac{1}{2}(\boldsymbol{E}e^{j\omega t} + \boldsymbol{E}^* e^{-j\omega t}) \tag{6.46}$$

$$= \frac{1}{2}(\boldsymbol{E}e^{j\frac{2\pi}{T}t} + \boldsymbol{E}^* e^{-j\frac{2\pi}{T}t})$$

$$\boldsymbol{H} = Re[\boldsymbol{H}e^{j\omega t}] = \frac{1}{2}\{\boldsymbol{H}e^{j\omega t} + (\boldsymbol{H}e^{j\omega t})^*\} = \frac{1}{2}(\boldsymbol{H}e^{j\omega t} + \boldsymbol{H}^* e^{-j\omega t}) \tag{6.47}$$

$$= \frac{1}{2}(\boldsymbol{H}e^{j\frac{2\pi}{T}t} + \boldsymbol{H}^* e^{-j\frac{2\pi}{T}t})$$

로 나타낼 수 있으며, 이것을 이용해서 $\boldsymbol{E} \times H$는 식 (6.48)과 같다.

$$\boldsymbol{E} \times H = \frac{1}{4}(E \times He^{j\frac{4\pi}{T}t} + E^* \times H^* e^{-j\frac{4\pi}{T}t} + E \times H^* + E^* \times H) \tag{6.48}$$

따라서 이 $\boldsymbol{E} \times H$를 이용하면 $< S >$는 다음과 같이 변형 가능하다.

$$< S > = \frac{1}{T}\int_0^T (E \times H)dt$$

$$= \frac{1}{4T}\int_0^T (E \times He^{j\frac{4\pi}{T}t} + E^* \times H^* e^{-j\frac{4\pi}{T}t} + E \times H^* + E^* \times H)dt$$

$$= \frac{1}{4}(E \times H^* + E^* \times H) = \frac{1}{4}\{(E \times H^* + E \times H^*)^*\}$$

$$= \frac{1}{2}Re(E \times H^*) \tag{6.49}$$

여기에서, $E \times H^*$는 포인팅벡터를 복소수로 표시한 것으로, 복소 포인팅벡터라고 불린다. 그리고, 이 복소 포인팅벡터에 면적분을 취하고, 폐영역 V 내에 전파를 흡수하는 물체가 존재한다고 가정하면, 외부에서 내부로 향하는 에너지 W는 부호를 고려해서 다음과 같이 나타낼 수 있다.

$$W = -\frac{1}{2}\iint_S Re[\boldsymbol{E} \times \boldsymbol{H}^*] \cdot d\boldsymbol{s} = -\frac{1}{2} Re \iiint_V \mathrm{div}(\boldsymbol{E} \times \boldsymbol{H}^*) dv$$
$$= \frac{1}{2} Re \iint_V j\omega(-\dot{\varepsilon}^* \boldsymbol{E} \cdot \dot{\mu} \boldsymbol{H} \cdot \boldsymbol{H}^*) dv + \frac{1}{2} Re \iiint_V \sigma \boldsymbol{E} \cdot \boldsymbol{E}^* dv$$
$$= \frac{1}{2} \iint_V (\omega\varepsilon'' \boldsymbol{E} \cdot \boldsymbol{E}^* + \omega\mu'' \boldsymbol{H} \cdot \boldsymbol{H}^* + \sigma \boldsymbol{E} \cdot \boldsymbol{E}^*) dv \tag{6.50}$$

이에 따라, 폐영역이 외부로부터 흡수한 전자파 에너지는 열로서 흡수되며, 그 형태는 다음과 같이 세 종류로 분류할 수 있다.

- 유전손실(dielectric loss) : ε''에 기인하는 것
- 자성손실(magnetic loss) : μ''에 기인하는 것
- 도전손실(conductive loss) : σ에 기인하는 것

이상의 이론으로부터, 전자파는 손실매질에 의해 ε'', μ''과 σ의 효과에 의해 감쇠하는 것을 알 수 있으며, 그 에너지는 열로 변환된다. 그리고 이 관점으로부터 전파흡수체는 전자파의 감쇠(흡수)가 다음에 나타내는 어느 요인에 기인하는가에 따라 세 종류로 분류되며, 또 이때의 단위 면적당의 전파흡수에너지 P$[W/m^2]$는 전계 $\boldsymbol{E}$와 자계 H를 사용하여 다음과 같이 나타낼 수 있다.

- 유전손실 : ε''에 기인하는 것으로서 $P = \frac{1}{2}\omega\varepsilon'' E^2$
- 자성손실 : μ''에 기인하는 것으로서 $P = \frac{1}{2}\omega\mu'' H^2$
- 도전손실 : σ에 기인하는 것으로서 $P = \frac{1}{2}\omega\sigma E^2$

단, 고주파에 있어서는 식 (6.44)에 나타내는 바와 같이 ε''과 σ를 나누어서 설명할 수 없기 때문에, 어느 쪽의 손실이 지배적인지에 따라 도전성 손실재료가 되는지 유전손실재료인지를 분류하고 있다.

6.3.6 전파흡수재료

전파흡수재료로 사용되는 재료는 여러 종류가 있지만, 여기에서는 전술한 전파흡수 기구(원리)에 따라 다음과 같은 세 가지로 분류하여 설명한다.

(1) 도전손실재료

저항체에 전류를 흘리면 흐르는 전류에 의해 열이 발생한다. 이와 마찬가지로 유한한 도전율 σ를 가지는 매질에 전계가 가해지면 도전전류가 흘러서, 전자파 에너지는 열로 변환된다. 이 재료에서는 앞에서 나타낸 식 (6.44)의 관계가 성립하고, 고주파영역에 있어서도 ε''이 극히 작은 유전손실재료라고 표현해도 좋다.

이 재료로서 전파흡수용으로 널리 쓰이고 있는 것은 카본(carbon)이다. 통상은 이 카본분말과 그것을 공간적으로 보지하기 위해 사용되는 보지재와 같이 사용되고 있다. 보지재에는 종이나 테프론시트를 쓰기도 하고, 또는 수지나 도료상의 수지, 카본 페이퍼 등도 있다. 또 어떤 종류의 재료를 가열해서 탄화한 상태로써 사용하는 것도 있다.

이 밖에도 도전성 손실재료에는 도전성섬유를 부직포 형태로 짜서 만든 베나 산화인듐 방울을 증착한 유전체 시트 등이 있다. 이들은 저항피막이라 불리며, 그 전기적 특성은 두께를 무시할 수 있는 정방형상의 저항으로서 면저항치(Ω□)로 표시된다. 여기서 4단자법에 의한 면저항치의 측정법에 관하여 간단히 기술한다.

그림 6.17은 4단자법에 의한 면저항치의 저항율 측정법의 개략도이다. 4단자법은 시료가 전극의 간격에 대해서 충분히 클 때에 시료표면에 4개의 단자를 붙이고, 외측의 2단자 간에 전류 I를 흘리고, 내측의 2단자 간의 전위차(부유 포텐셜) V를 측정함으로써, 시료의 저항율을 구하는 측정법이다. 지금, 각 단자의 간격을 S_1 , S_2, S_3라 하면,

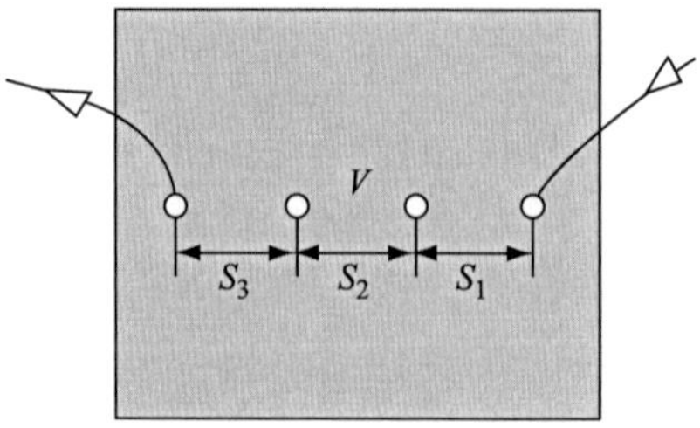

그림 6.17 4단자법에 의한 저항율의 측정

시료의 저항율 $\rho[\Omega m]$는 다음과 같이 나타낼 수 있다.

$$\rho = \frac{V}{I}\left\{\frac{2\pi}{\frac{1}{S_1}+\frac{1}{S_2}-\frac{1}{S_2+S_3}-\frac{1}{S_1+S_2}}\right\} \tag{6.51}$$

더욱이, 단자간격을 전부 같게 $L = S_1 = S_2 = S_3$로 하면, 위의 식은 간단히 되어

$$\rho = 2\pi L\frac{V}{I} \tag{6.52}$$

로 된다. 또 , 이들의 식으로 구한 ρ를 면저항치의 정의에 따라 다음의 식에 대입함으로써, 면적이 S = a × b [m^2]의 시료에 대한 면저항치 R[Ω□] 또는 [Ω/□]를 다음 식으로 구할 수 있다.

$$R = \rho S \tag{6.53}$$

(2) 유전손실재료

모든 유전재료는 유전손 ε''를 가지는 것은 타당하지만, 우리들이 일반적으로 생각하는 전파흡수체로 사용되는 주파수대역에서는 이 값은 반드시 큰 것은 아니다. 마이크로파 대역(4 GHz 정도)에서 ε''가 큰 재료의 대표적인 예는, 직류시에 있어서 유전율이 큰 티탄산바륨($BaTiO_3$)이지만, ε''에 의한 전파흡수체의 특성은 자성손실재에 비교해 뛰어난 점이 없으므로 실용적 재료로서는 의미가 없다고 해도 좋다.

그러나, 고주파영역에서는 매질의 복소유전율의 허수부가 식 (6.44)에 보였던 것처럼 ε''과 σ를 가지고 표현되며, 주파수가 높아질수록 이것들을 따로따로 논하는 것은 불가능하기 때문에 인가한 전계에 의해 생기는 유전분극에 의한 흡수와 도전전류에 의한 흡수를 합해서 표현한다. 그리고 이와 같은 흡수재료로서는 카본입자를 혼입한 고무시트, 그라파이트(흑연) 함유 발포 폴리스티로폼, 카본 함유 발포 우레탄 등이 있다. 특히 그라파이트 함유 발포 폴리스티로폼에 관해서는 그라파이트 함유량이나 주파수의 변화에 대한 복소유전율을 실험식으로 표현하고 있으며, 전파암실용의 광대역 특성을 가지는 다층형 전파흡수체에 사용되고 있다.

(3) 자성손실재료

유전손실재료가 가해진 전계에 의하여 전파를 흡수하는 데에 대해서, 자성손실재료

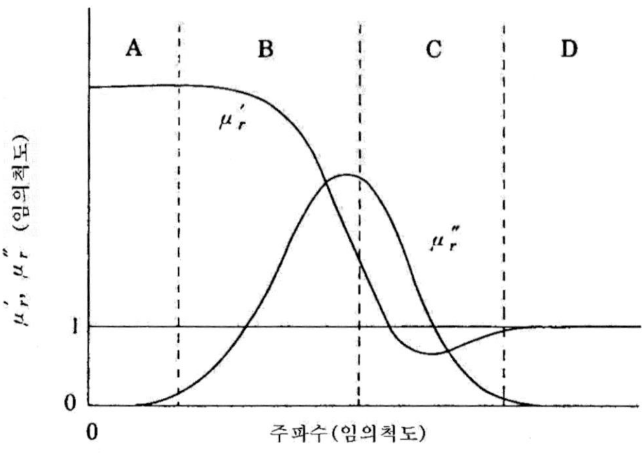

그림 6.18 일반적인 페라이트의 복소투자율

에 있어서는 가해진 자계에 의해 흡수된다. 자성손실재료로서 페라이트는 가장 대표적인 것이다. 즉, 페라이트의 복소 비투자율의 실수부 μ'_r과 허수부 μ''_r의 주파수특성을 관찰하면 그림 6.18과 같이 된다. 여기서 특히 주목할 점은 그림 중의 C 영역으로서 이 영역에서의 허수부는 주파수가 높아짐에 따라서 감소하기 때문에 후술하는 설계이론에 비추어 보면 정합 주파수대가 넓어지는, 소위 광대역성을 가지게 된다는 점이다. 또, 이 주파수대는 수 10 MHz에서 수 100 MHz대에 존재하고 있기 때문에 텔레비전 고스트 대책이나 전파암실용의 흡수재료로서 이용되고 있다. 더욱이 D 영역은 수 GHz에서 수 10 GHz대에 존재하고 있어서 레이다 허상방지용 흡수체로서 박형의 1층형 전파흡수체에 이용되고 있다.

모든 자성재료는 자성손 μ''을 가지고 있다. 자성재료에는 금속자성재료(철, 니켈과 철의 합금 등), 산화물 자성재료(페라이트)가 있으나, 통상의 전파흡수체에 금속자성재료는 사용되지 않고 있다. 일반적으로, 산화물 자성재료의 소결체나 그것을 분말로 한 것을 보지재에 혼합한 것이 쓰여지고 있다. 한편, 전파흡수체로서는, μ''_r의 값이 크고 μ'_r의 값이 작은 주파수 대역에서 쓰여지는데, μ'_r이나 μ''_r이 주파수가 GHz대의 고주파 대역으로 갈수록 급격히 줄어듦을 알 수 있다. 그러나, 고성능 전파흡수체의 제조를 위해서는 고주파 대역에서 μ'_r이 작음과 동시에 μ''_r이 큰 재료의 개발이 요구된다.

이와 같이 마이크로파대에서 사용되고 있는 페라이트에는 페라이트분말을 고무와 같은 비자성재료에 분산시킨 복합페라이트가 있으며, 복합페라이트의 경우에는 그림 6.19에 나타내는 것처럼 완화현상이 마이크로파대에 존재한다. 그러나 상기한 일부의

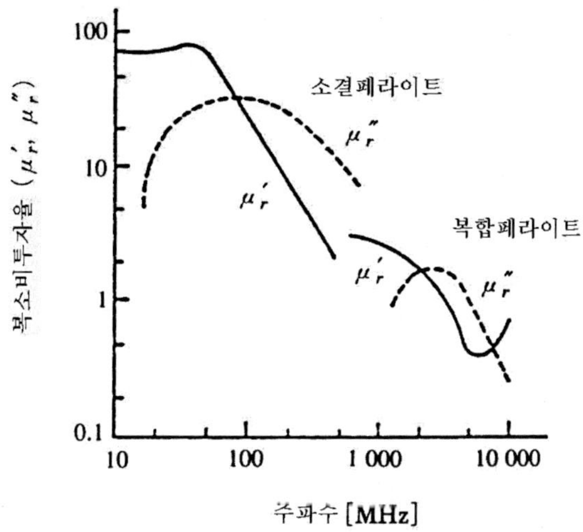

그림 6.19 고주파용 페라이트의 복소 비투자율

재료를 제외하고는, 일반적으로 허수부는 작고 자성손실이 그다지 기대할 수 없는 경우도 있으므로, 특히 고주파영역에 있어서는 유전(도전)손실재료와의 조합에 의하여 그 흡수효과를 증대시키고 있다.

6.3.7 경계에서의 반사와 투과

매질의 경계를 통과하는 평면파를 취급하는 데에는, 그 전자파의 편파의 개념을 알 필요가 있다. 그림 6.20은 편파의 모양을 보여주는 것이다. 여기서, 전자파가 경계에 수직으로 입사하는 경우에는 그림 6.10에 나타낸 바와 같이 전계방향에 따라 수직 편파와 수평편파로 분류하지만, 전파가 비스듬히 경계에 입사하는 경우에는 TE파(transverse electric wave)와 TM파(transverse magnetic wave)로 분류한다. 즉, 입사파와 반사파로 이루어지는 면을 입사면이라 부르며, TE파는 전계가 이 입사면에 수직한 성분만이 존재하는 경우이고 TM파는 자계가 입사면에 수직한 자계성분만이 존재하는 경우로 정의한다.

더욱이 이러한 편파에 대해서, 경계에서의 반사와 투과 문제를 취급하는 경우에는 각각의 영역에서의 파동임피던스와 전파정수가 중요하게 된다. 따라서, 여기에서는 각각의 편파에 관한 파동임피던스와 전파정수를 유도해 둔다.

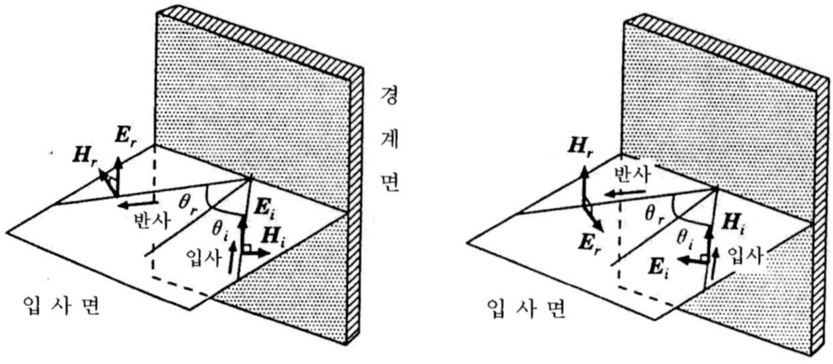

(a) TE파 (b) TM파

그림 6.20 사입사시의 편파의 분류

6.3.8 수직입사의 경우

z축의 정(+)방향으로 진행하는 전파가 자유공간으로부터 매질(복소 비유전율 $\dot{\varepsilon}_r$, 복소 비투자율 $\dot{\mu}_r$)에 수직으로 입사한 경우(수직입사; normal incident)의 모양을 그림 6.21에 보여준다.

이 경우 자유공간에 있어서의 파동임피던스를 Z_0, 매질 내에서의 파동임피던스를 $\dot{Z}_c$라고 두면, 식 (6.10)에 나타낸 것처럼 전계와 자계의 비에 의하여 Z_0와 Z_c는 각각 다음과 같이 표현할 수 있다.

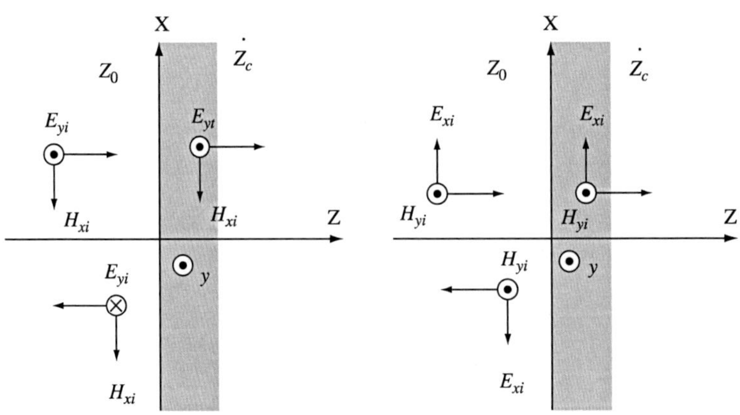

그림 6.21 수직입사시의 반사 및 투과

$$Z_0 = \frac{E_{yi}}{H_{xi}} = \frac{E_{xi}}{H_{yi}} = \sqrt{\frac{\mu_0}{\varepsilon_0}} \tag{6.54}$$

$$\dot{Z}_c = \sqrt{\frac{\dot{\mu}_r}{\dot{\varepsilon}_r}\frac{\mu_0}{\varepsilon_0}} = \sqrt{\frac{\dot{\mu}_r}{\dot{\varepsilon}_r}}\, Z_0 \tag{6.55}$$

또 수직입사의 경우 자유공간 및 매질 중에 있어서의 전파정수 γ_0와 $\dot{\gamma}_c$는 식 (6.7b)의 파동방정식을 푸는 과정에서 보았던 것처럼 아래와 같이 나타낼 수 있다. 단, 자유공간에 있어서 파장을 λ_0라 놓고 있다.

$$\gamma_0 = j\omega\sqrt{\varepsilon_0\mu_0} = j\frac{2\pi}{\lambda_0} \tag{6.56}$$

$$\dot{\gamma}_c = j\omega\sqrt{\dot{\varepsilon}_r\,\varepsilon_0 \cdot \dot{\mu}_r\,\mu_0} = j\frac{2\pi}{\lambda_0}\sqrt{\dot{\varepsilon}_r\,\dot{\mu}_r} \tag{6.57}$$

6.3.9 TE파의 경우

그림 6.22에서 보듯이 $\dot{\varepsilon}_r$, $\dot{\mu}_r$의 매질에 TE파가 z축에 대해 θ_i의 각도로 입사하고, 반사각 θ_r의 반사파 및 굴절각 θ_t의 투과파가 생긴 경우에 관해서 생각하자. TE파에서는 입사파의 전계 E_i는 y-성분뿐이고 입사면(xz-평면)에 수직, 또 자계 H_i는 z-성분 및 x-성분을 가지며 입사면 내에 있다.

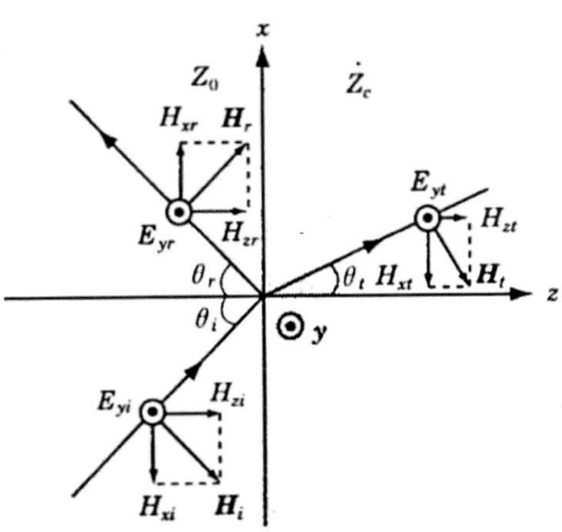

그림 6.22 TE파의 반사 및 투과

이처럼 TE파에 관해서, 경계면에서의 반사나 투과 문제를 생각하는 경우에는 자유공간, 매질 중의 각각의 파동임피던스 Z_0 및 $\dot{Z}_c$의 수직성분(z-방향으로 전파하는 평면파성분에 대한 파동임피던스 성분) Z_{0n} 및 $\dot{Z}_{cn}$을 구할 필요가 있다. 이 경우 전계 E_i 및 자계 H_i성분의 z-방향에 대한 수직성분에 관해서 생각하면 되기 때문에 Z_{0n} 및 $\dot{Z}_{cn}$은 각각 다음 식으로 표현된다.

$$Z_{on} = \frac{E_{yi}}{H_{xi}} = \frac{E_{yi}}{H_i \cos\theta_i} = \sqrt{\frac{\mu_0}{\varepsilon_0}}\frac{1}{\cos\theta_i} = \frac{Z_0}{\cos\theta_i} \tag{6.58}$$

$$\dot{Z}_{cn} = \frac{E_{yt}}{H_{xt}} = \frac{E_{yt}}{H_t \cos\theta_t} = \sqrt{\frac{\dot{\mu}_r}{\dot{\varepsilon}_r}\frac{\mu_0}{\varepsilon_0}}\frac{1}{\cos\theta_t} = \frac{\dot{Z}_c}{\cos\theta_t} \tag{6.59}$$

또 자유공간 및 매질 내부에 있어서의 전파정수의 z-방향에 대한 수직성분 $\dot{\gamma}_{on}$, $\dot{\gamma}_{cn}$은 자유공간 및 매질 내의 입사각 및 굴절각이 각각 θ_i 및 θ_t일 때 아래와 같이 나타낼 수 있다.

$$\dot{\gamma}_{on} = j\frac{2\pi}{\dfrac{\lambda_0}{\cos\theta_i}} = j\frac{2\pi}{\lambda_0}\cos\theta_i \tag{6.60}$$

$$\dot{\gamma}_{cn} = j\frac{2\pi}{\dfrac{\lambda_0}{\cos\theta_t}}\sqrt{\dot{\varepsilon}_r\dot{\mu}_r} = j\frac{2\pi}{\lambda_0}\sqrt{\dot{\varepsilon}_r\dot{\mu}_r}\cos\theta_t \tag{6.61}$$

더욱이, 입사각 θ_i와 굴절각 θ_t의 사이에는 다음 식 (6.62)로 표현되는 굴절에 관한 스넬(Snell)의 법칙이 성립한다.

$$\frac{\sin\theta_i}{\sin\theta_t} = \frac{\sqrt{\dot{\varepsilon}\dot{\mu}}}{\sqrt{\varepsilon_0\mu_0}} = \frac{\sqrt{\dot{\varepsilon}_r\varepsilon_0 \cdot \dot{\mu}_r\mu_0}}{\sqrt{\varepsilon_0\mu_0}} = \sqrt{\dot{\varepsilon}_r\dot{\mu}_r} \tag{6.62}$$

따라서 이 식을 사용하여 상기 식 (6.59) 및 식 (6.61)에서 θ_t를 소거할 수 있다.

6.3.10 TM파의 경우

그림 6.23에 보이는 TM파가 z-축과 θ_i의 각도로 입사하고 반사파 및 투과 파가 생기는 경우에 관해서 생각하자. TM파에서는 입사파의 자계 H_i는 y 성분뿐이고 입사면

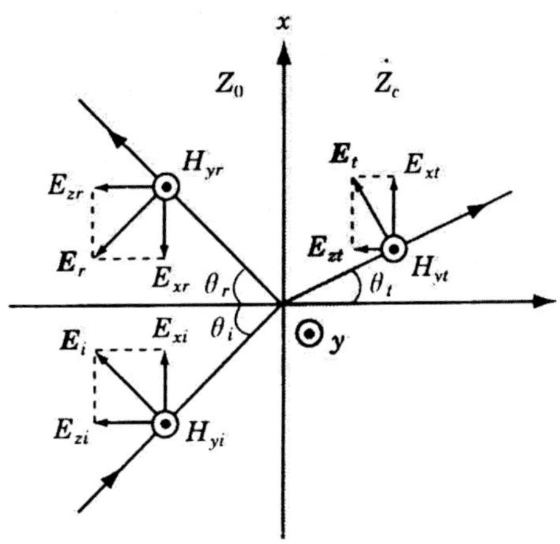

그림 6.23 TM파의 반사 및 투과

(xz-평면)에 수직이며, 또 전계 E_i는 z 성분 및 x 성분을 가지고 입사면 내에 있다.

TM피가 입사하는 경우에는 TE파의 경우와 같이, 자유공간 매질 중의 각각의 파동 임피던스 Z_0 및 $\dot{Z}_{cn}$의 수직성분 $\dot{Z}_{on}$ 및 $\dot{Z}_{cn}$을 구할 필요가 있나. 이들은 TE파의 경우와 마찬가지로 전계 E_i 및 자계 H_i의 각 성분에 있어서 z-방향에 대한 수직성분에 관해서 생각하면 되기 때문에 각각 다음 식으로 나타내어진다.

$$Z_{on} = \frac{E_{xi}}{H_{yi}} = \frac{E_i \cos\,\theta_i}{H_{yi}} = \sqrt{\frac{\mu_0}{\varepsilon_0}}\,\cos\,\theta_i = Z_0 \cos\,\theta_i \tag{6.63}$$

$$\dot{Z}_{cn} = \frac{E_{xt}}{H_{yt}} = \frac{E_t\, cos\,\theta_t}{H_{yt}} = \sqrt{\frac{\dot{\mu}_r}{\dot{\varepsilon}_r}\cdot\frac{\mu_0}{\varepsilon_0}}\,\cos\,\theta_t = \dot{Z}_c \cos\,\theta_t \tag{6.64}$$

또, 전파정수 및 입사각과 굴절각의 관계(굴절에 관한 스넬의 법칙)는 편파에 의존하지 않기 때문에 TE파의 경우와 같이 다음 식으로 나타낼 수 있다.

$$\gamma_{on} = j\frac{2\pi}{\lambda_0/\cos\,\theta_i} = j\frac{2\pi}{\lambda_0}\cos\,\theta_i \tag{6.65}$$

$$\dot{\gamma}_{cn} = j\frac{2\pi}{\lambda_0/\cos\,\theta_t}\sqrt{\dot{\varepsilon}_r\dot{\mu}_r} = j\frac{2\pi}{\lambda_0}\sqrt{\dot{\varepsilon}_r\,\dot{\mu}_r}\,cos\,\theta_t \tag{6.66}$$

여기서,

$$\frac{\sin\theta_i}{\sin\theta_t} = \sqrt{\dot{\varepsilon}_r\,\dot{\mu}_r} \tag{6.67}$$

이다.

6.4 각종 전파흡수체의 실현

전파흡수체는 일반적으로 그림 6.24에 나타내는 바와 같이 크게 4단계의 프로세스를 거쳐 실현된다. 즉, 우선 각종 재료의 전기적 특성(복소유전율, 복소투자율)을 측정하고 사용재료를 선택한다.

다음에 그 재료를 사용하여 전파흡수체가 실현 가능한가 어떤가에 대해서 이론적으로 검토한다. 그리고 만약 그 재료를 사용하여 이론적으로 전파흡수체가 실현이 가능한 경우, 구체적으로 두께 등을 설계하고 그 제원에 기초해서 제조한다.

마지막으로, 제조한 전파흡수체의 흡수특성을 측정하고 이론치와 비교 검토하는 등 특성을 평가한다.

이와 같이 전파흡수체가 실현되기까지에는 각종 측정법이나 계산기를 구사한 시뮬레이션을 수행하지 않으면 안 되며, 여러 종류의 기술과제가 포함되어 있다. 특히, 고손실재료의 고정도 복소유전율이나 복소투자율의 측정에는 여러 가지의 오차가 포함되는 경우가 많고, 이 측정결과에 포함된 오차가 나중에까지 제작한 전파흡수체의 특성에 영향을 준다.

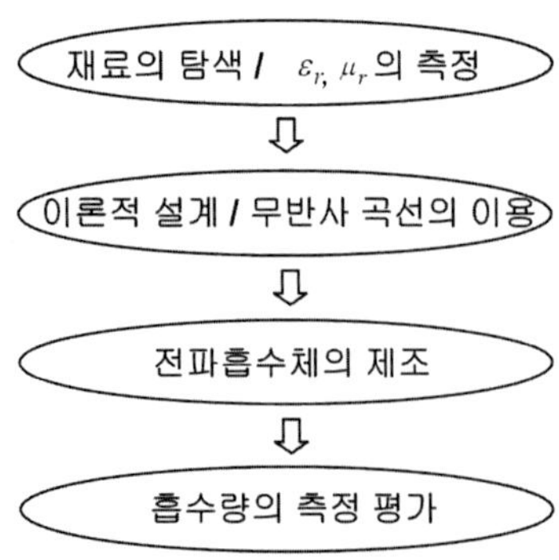

그림 6.24 전파흡수체의 실현 프로세스

또, 이후 전파흡수체의 특성은 흡수량을 사용하여 나타내지만, 이 흡수량은 완전반사체인 금속판으로부터의 반사레벨에 대해서 기하학적으로 같은 면적의 전파흡수체로부터의 반사레벨이 어느 정도 저하하느냐에 의해 정의된다.

그림 6.25는 그 모습을 나타낸 것이다. 또 측정에 있어서 그 측정계에서 어느 정도의 흡수량을 평가할 수 있는가의 기준으로서, 시료가 전혀 존재하지 않을 경우의 시료지지대로부터의 반사 레벨과 금속판과의 레벨차를 사용하며, 이것을 그 측정계의 측정가능 범위라고 부르고 있다.

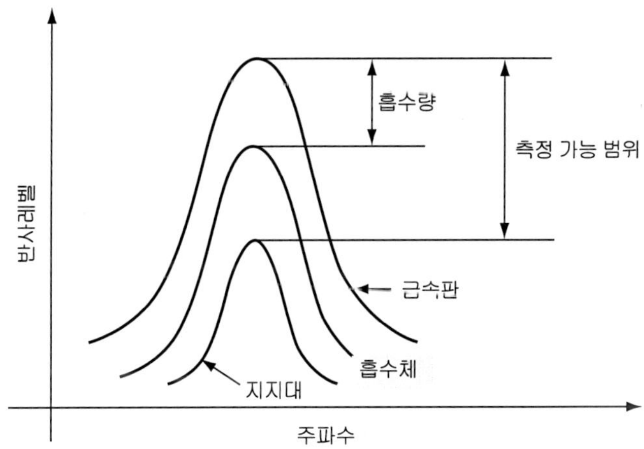

그림 6.25 흡수량과 측정가능 범위

참고문헌

1. 김동일, 나정웅, 박동철, 전파공학, 청문각, 2002.
2. 김기채, 김동일, 명노훈, 박동철, 이영훈, 전자파환경공학, 대영사, 2001.
3. 김동일, 전파흡수체공학, 대영사, 2006.
4. 김동일, 전상엽, "EMI/EMC 대책용 광대역화 전파흡수체의 개발에 관한 연구", 한국항해학회지, 제15권 제4호, pp.13-26, 1991. 12.
5. 김동일, 김민석, "전파반무향실의 특성평가에 관한연구 –수평편파를 중심으로–", 한국항해학회지, 제19권 제1호, pp.9-16, 1995. 2.
6. 김동일, 정세모, 김민석, "전파반무향실의 특성평가에 관한연구 –수직편파를 중심으로–", 한국항해학회지, 제20권 제3호, pp.107-116, 1996. 9.

7. 김동일, 박종구, 원영수, "십자돌기형 페라이트 전파흡수체의 광대역 설계", 한국전자파학회논문지, 제11권 제3호, 2000. 04.
8. 김동일, 박종구, 정세모, 이영구, "원추절단형 페라이트 전파흡수체의 최적설계 및 제작에 관한 연구," 한국해양정보통신학회지, 제4권 제4호, pp.721-726, 2001. 6
9. 김동일, 손준영, "전파무향실을 위한 광대역 페라이트 전파흡수체", 한국전자파학회지 전자파기술, Vol. 14, No. 1, pp.43-50, 2003. 01.
10. S. Roberts and A. VON. Hippel : "A new method for measuring dielectric constant and loss in the range of centimeter waves," J. Appl. Phys., Vol.17, pp.610-616, Apr. 1946.
11. T. W. Dakin and C. N. Works : "Microwave dielectric measurements", J. Appl. Phys., pp.787-796, Sept. 1947.
12. 橋本 修, 原 義弘 : "2層構造炭化ケイ素纖維 FRP の電波吸收特性", 電子情報通信學會論文誌, Vol.J74-B-Ⅱ, No.7, pp.421-423, 1991.
13. 內藤 喜之, 電波吸收体, オーム社, 1987.
14. 淸水 康庚 外, 電磁波の吸収と遮蔽, 日經技術圖書株式會社, 1989.
15. 橋本 修, 電波吸收体入門, 森北出版株式會社, 1997.
16. 淸水 康庚, 杉浦 行, 電磁妨害波の基本と對策, コロナ社, 1995.

전자파장해 규제 규격

Chapter
07

전자파장해를 방지하기 위해서 국제적으로 EMI 규제가 먼저 시작되었다. 그러나 이러한 규제에도 불구하고 전기·전자 장비의 확대, 보급에 의해 전자파환경이 더욱 악화되어 전자파장해 현상이 지속적으로 증가하자 EMS에 대한 규제도 EU (European Union; 유럽연합)를 중심으로 실시하게 되었다.

규제규격은 특성상 전자파규격을 지칭하고 있으며 EMC 규격 중에는 EMI 규격과 EMS 규격이 있다. 예를 들어 미국의 FCC (Federal Communications Commission; 미연방 통신위원회) 규격 등이 대표적인 전자파 규격이다.

안전규격은 화재, 감전, 상해(傷害), 폭발 등으로부터 사람과 동물을 보호하기 위하여 성문화된 규격으로 예를 들면 미국의 UL (Underwriters Laboratories; 미국 보험업자 시험소), 캐나다의 CSA (Canadian Standard Association; 캐나다 규격협회), 영국의 BSI (British Standard Institution; 영국규격협회) 또는 독일의 VDE (Verband Deutscher Elektrotechniker E. V.; 독일 전기기술자협회) 규격 등이 대표적이 안전규격이다.

성능규격은 제품의 기능 및 성능을 위하여 제정된 규격을 말하며, 일반적으로 제조업체의 설계·연구 부문에서 직접 적용하는 규격으로 사내 규격 중에 성능시험규격 등이 이 규격에 포함되기도 한다. 품질규격은 이러한 사내 성능시험규격에 준하여 예를 들어 ISO (International Standardization Organization; 국제표준화기구) 9000 시리즈 규격이 대표적인 품질규격이라 하겠다. 특히 ISO 9000 규격은 국제적 품질규격으로 제 3자 기관으로부터 제조업체 공장의 품질 보증업무를 인증 받고 있는데, EU 통합과 함께 그 중요성이 부각된 규격이기도 하다. 참고로 신규 또는 특수 제품으로 안전규격이나 전자파 규격 등이 없든지 대상기기에 해당되지 않는 경우, 일부 바이어들 ISO 9000 시리즈 규격을 요구하는 경우도 종종 있다.

통신규격은 각 국가의 통신망을 보호하기 위한 목적으로 제정된 규격으로 공고 전화통신망을 가지고 있는 제품, 특히 모뎀이나 전화기 선을 연결한 제품은 모두 통신규격의 규제 대상이 되며 이 통신규격에서 규정한 요구사항을 만족하여야 한다. 통신 관련의 대표적인 국제기관으로 ITU (International TelecommunicationUnion; 국제통신연합), ETSI (European Telecommunication Standards Institute; 유럽통신 표준협회) 및 미국의 FCC 등이 있다. 그리고 환경규격은 환경관련의 규격(대기환경보호법, 소음/진동 규제법 등)이며 대표적인 국제 규격으로 ISO 14000 규격이 있다.

7.1 규제규격 제정기구 및 국제규격

7.1.1 ISO

ISO는 물질과 서비스의 국제교환을 수월하게 하고, 지적, 과학적, 기술적 및 경제활동 분야에 있어서 국제간의 협력을 조장하기 위해 세계적으로 규격의 심의 제정촉진을 꾀하는데, 이는 무역의 확대 · 품질개선 · 생산성 증대 및 원가 절감 등을 지향한 전 세계적인 국제규격에 관한 합의를 목적으로 하고 있다.

7.1.2 IEC

IEC (International Electrotechnical Commission; 국제전기표준위원회)는 1906년 창립되었으며, IEC 목표은 전기에 관한 국제규격의 통일과 협조를 촉진하는 데 있다. 이 목적을 달성하기 위하여 취급되는 전문적인 사항에 대해 국제적으로 일치된 사항을 담은 추천규격(IEC Publication)을 발행한다. 또한 모든 회원국이 국가규격을 제정할 때 이 추천규격에 준하도록 강력하게 권고하고 있다.

IEC는 국제 표준 기구와 밀접하게 협력하여 운영하고 있으며, 1990년 현재 41개국이 회원국으로 가입하고 있다. 이들 각국은 모두 전기 기술에 관심을 가지고 충분히 대표적인 역할을 하는 국가 위원회로 구성되어 있다. 기술 위원회와 특수한 제품부로서 이들의 분과 위원회에서 업무를 수행하는데, 각 기술 위원회의 사무국은 41개 국가

위원회의 하나를 책임지고 있으며, 거의 40가지의 다른 것들을 그들의 적용 범위의 일부로 EMC를 취급하고 있다. 두 개의 전담 위원회는 TC77, 네트워크를 포함하는 장치와 국제 무선장해 특별위원회인 CISPR는 프랑스어로 같은 의미이며, 전자파 장해의 양립성을 담담하고 있다. 많은 위원회가 소속되어 있는 EMC에 대한 IEC 업무의 협력은 EMC의 자문 위원회(ACEC)의 책임 하에 있으며, 이들은 표준 제정에서 혼선을 피하고 있다.

이제 TC77의 주된 업무는 IEC가 발행한 IEC-1000, 전자파 장해양립성의 여러 부분이다. 이 문서는 표 7.1에 제시하는 바와 같이 정리된 계획에 따라서 각 단계별로 출판하고 있다. IEC 555와 IEC 801과 같은 구 표준은 IEC-1000으로 흡수되어 있고, IEC-1000 Pt 3과 4의 상세한 내용은 이 장의 7.2.4절에서 설명한다. 강력한 장해원의 무선 장해 특성에서 그 한계치와 측정 방법을 기술한 CISPR 출판물은 IEC-1000과 함께 계속 출판될 것이다. 더 나가서 중요한 문서는 IEC 출판물 50[128] 161장의 국제전기 기술 용어이다. 이것은 영어, 프랑스어 및 러시아어, 네덜란드어, 독일어, 이탈리

표 7.1 IEC-1000의 내용

IEC 1000-1	1부	총칙(서론, 기본원리)
IEC 1000-2	2부	환경 환경의 정의 환경의 분류 호환수준
IEC 1000-3	3부	한도 이미션 한도 내성 한도 (제품위원회 책임은 없다)
IEC 1000-4	4부	시험과 측정기법 측정기법 시험기법
IEC 1000-5	5부	설치와 완화가이드라인 설치방법 완화방법과 장치
IEC 1000-9	9부	기타

IEC 1000은 상기계획에 따라서 IEC TC77과 분리하여 IEC-1000으로 발행한다.
각 부분은 국제규격이나 기술보고서로서, 각 절은 세부적으로 분류하여 발행한다.

아어 폴란드어, 스페인어 및 스웨덴어 등으로 EMC 용어를 정의하여 설명하고 있다. IEC 표준은 EMC 지령과 함께 그 자체가 법적인 구속력이 있는 것은 아니고, 국가 위원회가 이것들에 동의하지 않으면 적용할 수 없다. 예를 들면 영국의 경우에 IEC 표준의 85%가 영국 표준을 준용한 것이라고 해도 좋다.

IEC 표준의 실제로 중요한 것은, 이것들이 조화된 EN 표준으로 직접 준용화 되어서 자기 증명 절차에 이것들을 사용하거나, 제품의 특별한 표준이나 포괄적인 조화된 표준으로 사용할 수 있는 점이다.

ISO, IEC는 비정부간 기구이지만 국제기구전문기관으로 각 국제기관과 연관을 맺고, 특히 국제연합 경제사회이사회에서의 자문적 지위를 갖는 외에 표준화에 관심을 갖고 있으며, 그 밖에 많은 정부 간의 기관과도 밀접한 관계를 유지하고 있다.

7.1.3 CISPR

CISPR는 전자파장해에 관한 국제협약에 따라 국제 무역진흥을 위하여 다양한 제품 중 전기 · 전자기기 및 정보기기 등에서 방사되는 전자파장해 관련의 측정방법 및 한계치를 검토하는 국제 심의기구이다. CISPR은 IEC의 특별위원회로 그 위치는 다른 특별 위원회와는 다르다고 할 수 있는데, 이는 그 구성원이 전자파장해에 관한 통제(관리)에 관련된 여러 국제기구로 구성되어 있기 때문이다.

CISPR의 규격은 자율규격으로 법적 강제성을 지닌 것은 아니다. 그러나 CISPR의 규격은 모든 참여국가의 협의에 의해 제정되는 국제적 합의사항으로서, CISPR는 이와 같이 제정된 규격에 대한 국제적인 조화를 촉진시키기 위하여 각 국가 IEC 위원회에 해당국가의 정책에 허용하는 한 CISPR 규격을 국가규격으로 채택할 것을 권장하며, 이와 같은 과정을 거쳐서 법적 의미를 지닌 국가 규격으로 승인된다.

7.1.4 CENELEC

CENELEC (European Committee for Electrotechnical Standardization; 유럽 전기기술 표준화위원회)는 유럽 EMC 지령으로 사용하고 있는 EMC 표준을 제정하기 위한 EC의 위원회에서 주관하여 유럽 표준을 만드는 기관이다. 통신 장치에 대한 ETSI (European Telecommunications Standards Institute; 유럽 통신 기기 표준화 회의)는 이것에 필요한 표준을 제정하는 기관이다. ETSI는 교환기에 적용되지 않는 통신용 네트워크 장치와 무전 통신 장치 및 방송용 송신기에 대한 표준을 제정한다.

CENELEC과 ETSI는 IEC/CISPR 결과를 가능하면 표준 제정의 초안 준비용으로 활용하고, EMC 표준을 준비할 책임이 있는 위원회는 TC110이다. 국가 위원회의 대표자는 초안의 기술적인 실현을 검토하기 위하여 1년에 한 번 이상 TC110에서 회의를 한다. TC110은 정보 기기(ITE)의 내성에 관하여 특별히 관련이 있는 소위원회와 포괄적인 표준에 책임을 지고 있는 위원회의 하나인 세 개의 다른 집행 그룹이 있다. CENELEC은 EEA 국가의 각 국가 위원회로 구성되어서 표준의 채택에 대한 18국가 위원회[41], [116]의 투표 결과를 기초로 하여 결정한다. 이들 회원 위원회 중에서 프랑스, 영국, 독일 및 이탈리아는 투표권이 10표, 스페인은 8표이고, 다른 국가들은 3~5표를 가지고 있다. 국제표준과는 다르게, 1개 국가는 투표로써 새로운 CENELEC 표준을 인준한다. 공식적인 국가가 의견을 CENELEC이 230V를 주 전원 단자 전압으로 결정하고, 영국이 특수한 국가 조건으로 240V를 저원으로 계속 사용할 것을 결정한 것과 같은 조건을 개량할 수 있는 표준을 첨부할 수 있다.

영국에서 BSI 위원회 GEL110은 TRC110 문서에 대한 영국의 입장을 제시한다. BSI는 GEL110의 회원에 대하여 EMC에 관련된 모든 기관을 초청하고 그들의 의견을 수렴하여, 실제로 무역 기구의 대표를 통하여 이것을 제시한다. CENELEC은 유럽의 EMC 표준을 제정하여 협의하고 모든 CENELEC 국가는 동일한 국가 표준으로 집행하도록 요구한다. HD(조화된 문서)는 기술적인 내용을 반영하여 재축어로 만들 필요는 없고, EN은 단어 대 단어로 옮긴다. EN의 기준 번호와 동등한 국가 표준은 OJEC에 발행되고, 이것은 지령의 승인을 표시할 목적으로 관련된 표준을 검토한다. 국가 표준에 불만이 있으면 정해진 기간 내에 이의를 제기할 수 있다.

7.1.5 ITU

ITU는 국제연합 산하 전문기구의 하나로 본부는 제네바에 있다. 전기통신의 발전 및 합리적 이용을 위한 국제협력을 목적으로 하고 있으며, 각국의 전기통신 주관청이 중심이 되어 적극적인 활동을 하고 있다.

표준화 작업을 수행하는 조직으로는 전기통신 표준화분야인 ITU-T와 전파통신 분야인 ITU-R이 있다. 특히 전파통신분야를 주로 다루는 ITU-R의 기능은 이동, 위성, 고정통신을 포함한 모든 전파통신 및 방송업무에 있어서 무선주파수 스펙트럼의 합리적이고 공평하고 효율적이며 경제적인 이용을 보장하도록 모든 주파수에 대한 연구를 수행하고, 이를 토대로 전파통신 문제에 대한 권고를 채택하는 것이다.

7.2 지역 규격인 EN 규격

유럽에 있어서 EMC 분야는 EC (European Community; 유럽공동체) 지침[89/336/EEC]의 공포와 함께 CENELEC의 통일된 기준인 EN 규격(European Norm; 유럽규격)으로 강제규제토록 되어 있다. 즉, 현재 유럽으로 향하는 수출제품은 CE 마킹을 해야 하며 이를 위하여 현존의 유럽규격인 EN 규격의 기술기준을 만족해야 한다.

CE는 붙어진 표기인 Comunite European(유럽공동체)의 머리글자로서 안전과 건강 관련의 제품에 대해서는 EC 이사회 지침에 의해 CE 마크 표시가 의무화되었다. EC 이사회 지침 93/68/EEC에서는 종래의 CE 마크를 CE 마킹으로 명칭을 바꾸고, CE 마킹의 형상, 수치, 표시 방법 등을 통일하였으며 다른 마크와 같이 사용하는 것을 인정하였다.

CENELEC은 EC 및 EFTA (European Free Trade Association; 유럽자유무역연합)의 회원국으로 구성되어 있다. 주요업무는 회원국 내에서 판매되는 각종 전기 · 전자기기 및 정보기기 등에 대한 EC의 기술기준을 제정(작성)하며 EC 통합에 관련한 유럽통합 규격을 심의 · 제정한다. CENELEC과 CISPR의 차이점을 보면 CISPR가 작성한 기준은 국가간의 강제력을 가지지 않는 반면에, CENELEC에서 제정된 EN은 모든 회원국 국가위원회에 강제 채용을 전제로 하고 있기 때문에 모든 회원국은 EN 규격의 내용과 동등한 규격으로 국가 기준을 제정해야 한다.

EC 회원국은 벨기에, 덴마크, 프랑스, 룩셈부르크, 독일, 이탈리아, 네덜란드, 포르투갈, 스페인, 스위스, 아이슬랜드의 6개국으로 1994년 1월 1일부터 유럽공동체(EC)의 명칭을 유럽연합(EU)으로 변경하였으며, 1995년 1월 1일을 기하여 EU 회원국은 벨기에, 덴마크, 프랑스, 룩셈부르크, 독일, 이탈리아, 네덜란드, 포르투갈, 스페인, 영국, 아일랜드, 그리스, 아일랜드, 오스트리아, 핀란드, 스웨덴의 16개국이 되었다.

7.2.1 EN 규격의 분류와 정의

EN 규격은 CEN(유럽표준화위원회) 및 CENELEC에서 작성되었다. EN 규격은 국제규격인 ISO, IEC, CISPR 등의 규격에 정합시키는 것을 염두에 두고 작성하고 있지만 국제규격이 존재하지 않는다든지 검토 중인 경우 독자규격도 작성하고 있다.

EN 규격은 기본 규격(Basic Standards), 제품군 규격(Product Family Standards) 또

는 제품 규격(Product Standards), 그리고 공통 규격(Generic Standards)으로 분류된다.

(1) 기본 규격

기본 규격은 제품군의 규격에 의해 인용되는 것을 가정하여 작성되고 있으며 시험 방법 등 기본적인 사항을 기술하고 있다. 기본 규격으로 대표적인 것에는 IEC 61000-4 시리즈가 있으며 이는 시험 방법에 관한 기본 규격이다. 대부분이 전자파내성 시험 방법을 규정하고 있는데 IEC의 TC (Technical Committee; 전문위원회) 77에서 이 업무를 담당하고 있다. 표 7.2는 IEC 61000-4 시리즈 규격을 보여주고 있다.

표 7.2 IEC 61000-4 시리즈 규격

IEC 규격명	주요 내용
IEC 61000-4-1	전자파 내성 시험 개요
IEC 61000-4-2	정전기 방전에 대한 내성
IEC 61000-4-3	복사 전자기장에 대한 내성
IEC 61000-4-4	EFT(Electric Fast Transient)/버스트에 대한 내성
IEC 61000-4-5	서지에 대한 내성
IEC 61000-4-6	고주파 전도잡음에 대한 내성
IEC 61000-4-7	전원의 하모닉/인터하모닉에 대한 내성
IEC 61000-4-8	전원주파수 자기장에 대한 내성
IEC 61000-4-9	펄스 자기장에 대한 내성
IEC 61000-4-10	감쇠 진동 자기장에 대한 내성
IEC 61000-4-11	전원변동(전압강하, 순단)에 대한 내성
IEC 61000-4-12	진동 웨이브에 대한 내성

(2) 제품군 규격

제품군 규격은 규정된 제품의 형태에 따른 판정기준을 언급하고 있으며 ISM(공업, 과학, 의료) 기기류를 대상으로 하는 EN 55011, TV 및 방송수신기를 위한 EN 55013, ITE(정보기술기기)를 위한 EN 55022 등의 규격이 대표적인 제품군 규격이다.

(3) 공통 규격

상업, 주거 및 경공업 환경 사용기기를 대상으로 하는 EMI 규격인 EN 50081-1, EMS 규격인 EN 50082-1이나 공업 환경 사용기기를 대상으로 하는 EMI 규격인 EN 50081-2, EMS 규격인 EN 50082-2 등의 공통 규격은 모든 장치에 대하여 적용 가능한 규격이며, 특히 EN 50082 시리즈의 규격은 국제 규격인 IEC 801 시리즈 규격을 기초 규격으로 채용하고 있다. 이미 제품군은 규격 또는 제품 규격이 존재하는 장치에 대해서 공통 규격이 먼저 적용되고 있다.

CENELEC은 포괄적인 표준의 개발과 전보 기기용 표준의 가장 큰 원천이 되었다. 앞에서 기술한 바와 같이 앞으로 수년 내에 전반적인 제품을 통한 표준이 제정될 것으로 기대되고 있다 CENELEC이 이것들을 채용하면 이들 제품의 특별한 표준은 포괄적인 표준으로 선행하여 택하게 될 것이다. EN 55 011, 55 014 및 55 022 등이 특별히 제품 표준으로 제정된 것이며, 이것들은 광범위하게 적용할 수 있는 시험 방법을 제시하고 있으며, 기본 표준으로 채택되어 있다.

7.2.2 기본 및 포괄적인 표준 – 이미션

■ EN 50 081–1부

제목 공통 이미션 규격 1부 : 주택, 상업 및 경공업 지역

적용범위 기존의 제품별이나 이미션 규격이 아닌 주택, 상업 및 경공업 지역에 사용하는 모든 기기, 주택, 상업 및 경공업 지역에 설치한 장치는 일반 전원이나 개별 직류 전원에 직접 접속하여 사용하는 장치 등이다.

시험

○ EN 55 022 B급에 따라 30 ~ 100 MHz에서 방사되는 이미션; 9 kHz 이상의 주파수에서 동작하는 처리 장치를 포함하는 기기에 한하여 적용할 수 있다.

○ 교류 주 전원 단자 : EN 55 022 B급에 따라 150 kHz ~ 30 MHz에서 발생하는 전도 이미션

○ 관련이 있는 EN 55 014에 따라 일부 주파수에서 측정한 교류 주전원단자에서 발생하는 불연속적인 장해

○ EN 60 555-2부에 따른 주 전원의 고조파 이미션 측성(EN 60 555-2의 직용 범위를 제한한다)

○ 관련된 기준 규격으로 발행된 규격으로 포함된 정보의 부수적인 기준 시험. 이것은 신호 제어 및 전류 전원 단자에서 시험이 포함되었다 : EN 55 022의 초안 개정에 따라 150 kHz ~ 30 MHz에서 전도되는 전류

■ EN 50 081-2부

제목 공통 이미션 규격 2부 : 산업지역

적용범위 개별 제품이나 제품군의 기존 내성 규격이 아닌 사업 지역에서 사용하는 기기로, 여기서 무전 송신기는 제외된다.
산업지역에 설지된 장치로 일반용 전원에 접속하지 않고 개별 배전 변압기로 산업용 전력 배전 네트워크에 접속하여 사용할 수 있는 것.

시험
○ 케이스 : EN 55 011에 따라 30 ~ 1000 MHz에서 발생하는 방사 이미션 교류 주전원 단자 : EN 55 011에 따라 150 kHz ~ 30 MHz에서 발생하는 전도 잡음; 분당 5배 이상의 펄스 잡음을 포함한다.
○ 교류 1000 V_{rms} 이하에서 동작하는 기기에만 적용한다. 관련된 기준 규격이 발행되어, 규격에 포함되어 있는 정보 기기의 부속 시험으로 신호, 제어 및 직류 전력단자의 시험을 포함하며, EN 55 022의 초안 개정에 따라 150 kHz ~ 30 MHz에서 전도 잡음과 주전원의 고조파 이미션 허용 한도를 포함한다.

■ EN 55 011

제목 산업, 과학 및 의료(ISM)용 무선 주파수 장치의 무선 장해 특성의 허용치와 측정 방법

동등한 범위 CISPR 11

적용범위 산업, 과학, 및 의료(ISM)용을 목적으로 하는 RF 에너지를 발생하는 장치로 방전 가공을 포함하나, 다른 CISPR로 발행된 것에 포함되어 있거나 통신 및 IT에는 적용되지 않는다. A급장치는 가정보다는 다른 곳에 설치하여 사용하며, B급장치는 가정용으로 설치하여 사용한다. 그룹 1장치는 그의 내부 기능에 필요한 RF 에너지를 발생시키는 것이고, 그룹 2장치는 재료 처리와 방전 가공용으로 RF에너지를 발생시키는 것이다.

시험 ○ 50 Ω/50 μH CISPR의 주전원 네트워크를 사용하여 시험 장소에서 150 kHz ~ 30 MHz에서 측정한 주 전원 다단의 잡음단자 전압 : 그룹 2 A급 장치는 주로 허용 하한치를 사용한다.

○ 시험 장소(A 또는 B급)나 (A급에 의하여)의 30 ~ 1000 MHz에서 발생하는 방사 이미션 : 그룹 2 A급장치는 0.15 ~ 1000 MHz에서 측정하며 상한치 이하에서는 루프 안테나를 사용하여 측정한다. 0.15 ~ 30 MHz에서 그룹 1과 2 장치에 대한 허용 한도치는 검토 중에 있다.

■ EN 55 014

제목 가정용 및 이것과 유사한 목정의 전동 공구와 전기 기기용으로, 전동기로 구동하는 것과 전열 기기의 무선 장해 특성의 한도와 측정·방법 동등한 규격 CISPR 14

적용 범위 주된 기능이 전동기와 스위칭이나 제어 장치로 동작하는 기기, 다른 CISPR 규격에 포함된 것은 제외하고, 위상당 25A 이상의 반도체로 제어하는 단독전원 장치. 측정 방법은 검토 중에 있다.

시험 ○ 50 Ω/50 μH의 주 전원 네트워크를 사용하여 148.5 kHz ~ 30 MHz에서 측정한 주 전원 단자 잡음 전압, 준피크 및 평균 검출 전압으로 전동 공구와 제어 조정하는 부하 단자용의 하한치 이하. 불연속 장해(클릭)는 스위칭으로 동작하여 장해가 발생하는 기기의 부분 주파수에서 측정한다.

○ 주전원 다단에 접속하여 사용할 수 없는 배터리로 동작하는 기기, 클램프로 흡수하는 방법으로 측정하는 주 전원 단자, 준피크 및 평균치로 검출되는 30 ~ 300 MHz에서의 장해 전력으로, 반도체 장치로 구동하는 제어 조정되는 것, 정류기, 배터리 충전기와 컨버터는 제외된다.

■ EN 55 022

제목 정보기기 장치에서 무선 장해 특성의 한도와 측정 방법

동등한 규격 CISPR 22 -2판

적용범위 기본 기능으로 데이터의 입력, 저장, 표시, 정정, 전송, 처리, 스위칭이나 제어를 하고, 저오 전송용으로 동작하는 대표적인 하나 이상의 단

말과 600 V를 초과하지 않는 정격 공급 전압으로 구동한 장치에 적용한다.

A급장치는 B급 지역 이상에서 사용한다. B급장치는 가정용으로 설치하여 사용하는 것이 적당하다.

시험
- ○ 50 Ω / 50 μH의 주 전원 네트워크를 사용하여 150 kHz ~ 1000 MHz에서 측정한 주 전원 단자 잡음 전압, 준피크와 평균 검출 전압.
- ○ 개방 시험 장소에서 10 m법으로 30 ~ 1000 MHz에서 측정하여 검출한, 준피크를 사용한 방사 장해 필드의 세기
- ○ 통신 신호 단자, 150 kHz ~ 30 MHz에서 전도 전류의 측정을 요구하는 사항이 초안을 개정하여 검토 중에 있다. 동작 조건, 시험 장치 구성, 물리적인 대형 시스템의 장소에서 감쇠 및 시험하는 여러 가지 다른 개정 사항을 검토 중에 있다. EN 55 022의 개정과 함께 CISPR 22의 3판은 1996 중에 제안되었다.

7.2.3 공통 규격 – 내성(이뮤니티)

■ EN 50 082–1부

제목 공통 내성 규격-1부 : 주택, 상업, 및 경공업 지역

적용범위 기존의 개별 제품이나 제품군의 내성 규격이 아닌 것으로, 주택, 상업 및 경공업 지역에 사용하는 모든 기기

시험
- ○ 8 kV에서 IEC 801-2부에 따라서 케이스에 대한 정전기의 방전(공기 중에서 방전)
- ○ IEC 801-3부에 따라서 3 V/m, 27 ~ 500 MHz에서 방사 RF필드
- ○ IEC 801-4부에 따라서 전기의 고속과도 현상 5/50 ns의 공통 모드는, 단자 형식과 결합 방법에 따라 0.5나 1 kV를 제외한 모든 I/O와 전력 단자에 적용한다.
- ○ 관련된 기준 규격이 발행된 표준을 포함하여 제안한 정보 부속 기준 시험으로, 이것은 다음을 포함하고 있다.
  - 3 A/m에서 50 Hz, 자계
  - 80 ~ 1000 MHz AM에 대한 RF 방사 필드의 연장
  - 3 V/m에서 1.89 GHz, 펄스 RF 필드

- 4 kV에서 접촉 방전 ESD를 포함
- 초안 IEC 801-6부에 따라서 3 V에서 150 kHz ~ 100 MHz, 모든 I/O와 전력 단자에서 전도 RF 공통 모드 전압
- 신호와 제어 라인에서 10 V의 교류 전력 단자, 1 kV 차동모드, 2 kV 공통된 모드에서 서지 이상의 시험의 많은 부분의 적용은 문제가 되는 단자에 접속하여 사용 가능한 라인의 길이에서 따라서 달라진다.

  판별시험 결과에 대하여 세 가지 성능사의 판별을 제안한다.
- 제조 회사에서 제시한 성능 수준 이하로 저하하지 않고 의도한 동작을 계속하는 기기

■ EN 50 082-2부

제목 공통 내성 규격 2부 : 산업지역

적용범위 기존의 개별 제품이나 제품군의 내성 규격이 아닌 산업 지역에서 사용하는 기기에서 무선 송신기는 제외한다.

산업 지역에 설치한 장치는 일반용 전원 네트워크에 접속할 수 없으므로, 개별 배전 변압기를 통한 산업용 전력 배전 네트워크에 접속하여 사용한다. 이런 지역에 사용하는 배터리 파워로 동작하는 장치를 포함한다.

시험

○ 8 kV(공기 중 방전)나 4 kV(접촉 방전)에 EN 61000-4-2에 따라서 케이스의 정전기 방전 측정

○ 방송 대역, 87 ~ 108 MHz, 174 ~ 230 MHz, 470 ~ 790 MHz를 제외한 10 V/m에서 ENV 50140(IEC 100-4-3 참조)에 따라 80 ~ 1000 MHz에서 방사 RF 필드로, 여기서 시험용 디지털 전화의 내서용인 ENV 50204에 따라 900 MHz의 부분 주파수에서 펄스 변조로 필드의 세기는 3 V/m이다. EN 61000-4-8에 따라서 젖기의 신속한 과도현상 5 / 50 ns 공통모드를 단자 형식과 결합 방법에 따라 진폭 1 또는 2 kV로 모든 I/O와 전력 단자에 적용한다.

○ 방송 밴드 47 ~ 68 MHz를 제외하고, 여기서 ENV 50 141에 따라 진폭 크기는 3 V_{rms}로서 공통 모드로 무선 주파수는 150 kHz ~ 80 MHz에서 진폭 10 V_{rms}로 든 I/O와 전력 단자 및 접지 단자에 적용한다.

관련된 기준 규격이 발행되어 있을 때, 이 규격을 포함하여 제의한 정보 부속기준 시험으로 다음을 포함한다.

- 신호와 제어 라인에서 단자의 형식에 따라 10 V나 20 V_{rms}의 교류 50 Hz 공통 모드 전압
- 전원단자에서 저주파 고조파와 전원 전압의 편차, 장해와 변동
- EN 61000-4-5에 딸서 단자의 형식에 준한 진폭, 공통 모드와 차동 모드, 측정과 제어 단자, 전력 단자와 공저에서 서지 이상의 많은 시험을 적용하여 문제가 되는 단자에 접속하여 허용 가능한 라인의 길이를 정한다.

판별 시험 결과에 대하여 세 가지 싱능상의 판별 기준을 적용한다.

○ 제조 회사에서 제시한 수준 이하의 성능으로 저하되지 않고 동작을 연속적으로 하는 기기

○ 시험 후에도 의도에 따라서 동작을 연속적으로 하는 기기로, 시험 중에 성능저하를 일시적으로 허용한다.

○ 자기 동작으로 회복할 수 있으면 일시적인 기능의 손실을 허용한다.

7.2.4 기본 규격 - IEC 1000

IEC 1000은 여러 부분으로 구성되어 있다(표 2.1 참조). 이 절에서는 시험 장치에 직접 관련된 부분만을 설명한다. 2부(EM 환경)는 EMC의 여러 환경 측면을 이해하는데 유용할 것이며 시험에 대해서는 설명하지 않는다. 5부(설치와 완화 가이드 라인)는 시스템 설치의 기본 목적이며, 기록으로 표시할 수 있다. IEC의 어떤 표준도 이것과 동등한 유럽 표준 번호로 IEC-XXXX 대신에 EN 6XXXX로 표시하여 얻을 수 있다. 규격은 기술적으로 동등하나 유럽 버전은 증명 목적으로 적용하는 표준의 방법을 추가하고 있다.

■ IEC 1000-3

제목 전자 장해의 양립성-3부 : 허용 한도치

동등한 규격 EN 61000-3-X ; IEC 555-X(EN 60555-X)는 가전 기기용의 요구사항을 정의한 전 규격이었으나, 폐기되었다. 적용 일시는 발행한 EN을 참조.

적용범위 (2와 3절) 위상당 16 A를 포함하고 입력 전류까지 고려한 전기와 전

자 장치와 일반 저전압 배전 시스템에 접속한 것(정격 전압 220 V 또는 그 이상).

■ **2절 : 고조파 전류 이미션의 한도**

시험 파형 분석기와 병렬 전류나 변압기를 사용하여 50 Hz 고조파 전류를 2 kHz까지 측정

한도
- ○ A급(등가 평형 3상 장치와 모든 외부 B, C 및 D급) : 40차 우수와 기수 고조파의 절대 한도치
- ○ B급(휴대 공구) : A급이나 1.5배 이상 C급(등 기구) : 39차 고조파까지의 기수 고조파만의 입력 전류를 퍼센트로 표시한 상대적인 한도
- ○ D급(그림 4.20을 참조하고 75와 600W 사이의 액티브 입력 파워; 대부분의 전자식 전원 장치는 이런 종류에 속한다) : 39차 고조파까지의 기수 고조파에 한하여 와트당 mA로 표시한 한도치

■ **3절 : 저전압 전원 시스템에서 전압 흔들림과 플리커의 한도**

시험 IEC 868 플리커 미터나 분석 방법을 사용하여 전압 흔들림 측정

한도 한도는 분(Pst)당 또는 초당 전압 변동수에 대한 최대 허용 퍼센트 전압 변동의 크기에 적용한다.

■ **4절 : 16 이상의 정격 전류로 장치에 대한 전류 고조파의 이미션 한도 기록 시간을 발행하지 않음**

■ **5절 : 정격전류가 16 A 이상인 장치에 대하여 LV전원 시스템에 전압 흔들림과 플리커의 한도**

■ IEC 1000-4

적용범위 전기와 전자 장치의 내성에 대한 시험과 측정 : 기본 EMC 규격

판별 시험 결과는 다음과 같이 분류한다.
- ○ 규격 한도 내에서 정상적인 성능
- ○ 자기 회복이 되는 기능이나 성능의 일시적인 저하나 손실의 발생
- ○ 동작이 중지 되거나 시스템의 재세트를 요하는 기능이나 성능의 일

시적인 저하나 손실의 발생

○ 하드웨어나 소프트웨어 손상 또는 데이터의 손실로 인해 회복이 안 되는 기능 저하나 손실 발생

○ IEC 1000-4-X의 낮은 초기 부분은 공정의 측정 제어 장치에 적용하기 위하여 원칙적으로 서면화 되어 있으며, IEC 801의 일부로서 발행되어 있다.

- **1절 : 내성 시험의 전체**

시험 규격 자체가 아니고, 이것의 취지는 EMC 내성 규격과 시험에서 전기와 전자 장치의 사용자나 제조회사, IEC나 다른 기관의 기술 위원회에 대한 일반적이고 이해하는 기준을 제시하며, 이들 시험의 선택과 응용에서 일반적인 가이던스를 제시하고 있다.

- **2절 : 정전기의 방전**

동등한 규격 EN 61000-4-2 ; 전 규격 IEC 801-2

시험 가장 민감한 극성에서 정상적으로 사용하면, 취급자가 접근하기 쉬운 사전에 선택한 포인트에 대하여 적어도 10개의 단일 방전을 한다. 사용하는 공기 중에서 방전의 경우에 사용 가능한 방법을 접촉한다. EUT에서 결합 평면 공간 0.1 m에 적용하여 10개의 단일 방전을 한다.

검사수준 설치와 지역 조건에 따라서 2 ~ 15 kV(8 kV 접촉 방전)를 엄격하게 수준을 정한다.

- **3절 : 방사 무선 주파수의 필드**

동등한 규격 ENV 50 140 ; 1993 ENV 50 204 ; EN 61000-4-3의 개정 ; 구 버전 IEC 801-3

시험

○ 대입법(사전 교정한 필드)을 사용하여 차폐된 전파 암시에 설치한 안테나에서 발생하는 방사 RF 필드로, 80 ~ 1000 MHz에서 기본파의 1% 이내의 스텝 크기로 1.5×10^{-3} decade/s의 빠르기 EUT에서 응답하도록 충분한 시간을 허용한다.

○ EUT의 4면에 각각 안테나를 분극시켜서 8종(11종)의 시험을 한다. 추가한 한 가지 시험은 900 MHz에서 변조시켜서 200 MHz 펄스로 만든다.

○ EUT의 정면, 1.5×1.5 m의 정사각형 내에서 16포인트 중 12포인트 −0/+6 dB 내에 균등한 필드가 암실에서 요구된다. 스트립라인이나 TEM 셀과 같은 대체 방법을 사용할 수도 있으며, 이것은 요구하는 필드는 균등한 요구 조건을 만족시키고 EUT와 도선은 지정한 것을 준비하면 된다.

수준 예상되는 EMR 지역에 따라서 1, 3 또는 10 V/m의 변조되지 않은 엄격한 수준의 필드로, 시제 적용 신호는 1 kHz의 정현파를 80 변조한 신호이다.

- **4절 : 전기적이 신속한 과도현상**

동등한 규격 EN 61000-4-4 ; 구 IEC 801-4

시험 15 ms 동안에 300 ms의 주기로 5 kHz의 반복 속도에서 5 ns / 50 ns의 버스트를 전원 단자와 기준 접지면의 양쪽 극에 가하거나 I/O 회로와 통신 라이에 용량성 결합 클램프를 통하여 가한다.

수준 전원 라인에 0.5, 1, 2, 4 kV의 엄격한 수준과 예상되는 환경과 설치 조건에 따라서 신호, 데이터 및 제어 라인에 이 값의 절반을 사용한다. IEC 1000-4-4의 개정은 의견을 수렴하기 위하여 회람한다. 이것은 100 kHz의 펄스 반복 속도를 추가하고, 버스트 제너레이터를 보다 세심하게 정의하며, 시험 설미를 위하여 개정도 한다.

- **5절 : 서지**

동등한 규격 ENV 50 142 : EN61000-4-5

시험 분당 1 이하로 빠르게 반복되는 속도에서 2 Ω 출력 임피던스의 서지 제너이레이션에서 1.2/50 μs 전압이나 8/20 μs 전류 파형의 서지가 적어도 5 포지티브와 5 네거티브 서지를 교류 / 직류 파워 라인에서 접지 대 라인 ; 42 Ω 출력 임피던스, 용량성 결합이나 라인 대 가스 봉입 피뢰기 라인과 I/O 라인에서 접지 대 라인을 경유한다.

수준 설치 조건과 라인 형식에 딸서 선택한 0.5, 1, 2 및 4 kV의 엄격한 수준 모두보다 낮은 수준의 전압을 가해야 한다.

- **6절 : 무선 주파수 필드로 유도되는 전도 잡음**

동등한 규격 EN 50 141 : EN 61000-4-6 ; IEC801-6 구 규격을 참조

시험 RF 전압은 1.5×10-3 decade/s의 속도나 기본파의 1% 이하의 스템 크기로 소인하여 150 kHz ~ 80 MHz 가능하면 230 MHz) 범위의 주파수에서 EUT가 응답하도록 충분한 시간으로 EUT의 케이블 단자에 결합/디커플링 네트워크를 통하여 가한다. CDN이 적당하지 않거나 가능하지 않으면 EM-클램프나 전류 주입 프로브의 대체 방법을 사용할 수도 있다(전원라인은 제외).

IEC 1000-4-3과 주파수 범위 80 ~ 230 MHz에서 시험을 하면, EUT의 크기에 따라서 문서상으로 지정한 시험 대신에 사용할 수 있다.

수준 최종 설치한 EMR 환경 따라서 변조되지 않은 1, 3 또는 10 V 엄격한 수준 ; 실제 적용한 신호는 1 kHz 정현파로 80% 변조한 신호이다.

- **8절 : 전력 주파수의 자계**

동등한 규격 EN 61000-4-8

시험 전력 주파수 자계를 연속적으로 짧게 3차원 위치에 EUT를 놓고, 적당한 크기의 유도 코일을 경유하여 가한다.

수준 연속적으로 1, 3, 10, 30 또는 100 A/m ; 짧게 지속(1 ~ 3 s) ; 보다 엄격한 수준에서만 300 또는 1000 A/m

- **9절 : 펄스 자계**

동등한 규격 EN 61000-4-9

시험 전기 공장에 설치한 전자 장치에 주로 적용한다. 적어도 5포지티브나 5네거티브 6.4/16 μs 펄스를 10s 이하의 반복 주기, 3차원 위치에 있는 EUT 주변에 적당한 유도 코일을 설치하여 이것을 경유하여 가한다.

수준 100, 300, 1000 A/m

- **10절 : 감쇠 진동하는 자계**

동등한 규격 EN 61000-4-10

시험 전기 공장에 설치한 전자 장치에 주로 적용한다. 초당 40 또는 400의 반복되는 속도로 3 ~ 6 사이클 후에 피크의 50%로 재동한 0.1이나 1 MHz의 발진 파형을, 1초에 3차원 위치에 있는 EUT의 주면에 적당한 크기의 유도 코일을 설치하고 이것을 경유하여 가한다.

수준 10, 30, 100 A/m

- **11절 : 전압 딥, 순단 및 전압 변동**

동등한 규격 EN 61000-4-11

적용범위 ○ 전기 전자 장치를 저전압 전원 장치 네크워크에 접속하여 위상당 16 A를 초과하지 않는 입력 전류가 흐르나, 직류 네트워크나 400 Hz 교류 네트워크에 장치를 접속하지 않는다.

○ 딥과 순단은 0.5에서 50주기 동안 정격 전압의 0%, 40%, 70%의 수준에 대하여 입력 저압의 임의 위상에서 시작한다. 정격 전압의 40%와 0%의 수준에 대한 단기간 변화는 시험 수준에 도달하기 위하여 2.0초를, 이것에서 회복하여 시험 수준에서 1초를 택한다.

- **12절 : 진동파**

동등한 규격 EN 61000-4-12

시험 ○ 링 웨이브 : 초기 전압의 상승 시간이 0.5 μs로 피크의 60%~100 kHz로 감쇠되는 신호를 전원, 신호와 제어 단자에 대하여 커플링-디커플링 네트워크를 경유하여, 공통이나 차동 모드에서 12, 30 또는 200 Ω의 출력 임피던스로 제너레이터에서 분당 1 ~ 6 과동 현상의 속도로 가한다.

○ 감쇠 진동파 : IEC 1000-4-10의 감쇠 필드로서 동일한 특성을 링 웨이브에 대하여 CDN을 경유하여 200 Ω의 출력 임피던스로 제너레이터에서 2초 이내에 적용한다.

수준 ○ 링 웨이브 : 공통 모드엣 0.5, 1, 2, 및 4 kV, 차동모드에서 이들 값의 절반을 적용한다.

7.2.5 제품 규격

- EN 55 013

제목 방송수신기와 관련된 장치에서 무선장해 특성의 측정 방법과 한도

동등한 규격 CISPR 13, BS90501부, VDE 0872-13부

적용 범위 방송 음향 및 텔레비전 수상기와 관련된 장치를 직접 접속하거나, 오디

오나 비주얼 정보, 예를 들면 음향 장치, 비디오 카세트 레코더, 콤팩트 디스크 플로피 레이어, 전자 오르간 등에 적용하여 발생하거나 재생하는 것. EN 55 022로 정의되는 정보처리 장치는 제외된다. EN 55 013 : 1990은 EN 55 014의 적용 범위에서 오디오 장치가 제외된다.

시험
○ 50 Ω / 50 μH CISPR 주네트워크를 사용하여 150 kHz ~ 30 MHz에서 측정한 주단자 장해 전압
○ 자동차 라디오의 상한선에서 국부 발진기와 다른 원천으로 인하여 30 ~ 1000 MHz 범위에서 안테나 단자 잡음 전압
○ 3 m법으로 개장된 장소에서, 80 ~ 1000 MHz 범위 주파수에서 측정한 국부 발진기와 고조파의 방사 장해 필드의 세기
○ 흡수 클램프 방법으로 측정한 30 ~ 300 MHz에서 모든 리드선의 길이가 25 cm 이상인 것으로 접속하여, 비디오 레코드 이외에 관련된 장치의 장해 전력

한도
주 단자 장해 전압과 장해 전력의 한도는 EN 55 014에서 정한 한도치와 같다. 국부 발진기와 고조파용의 방사 필드의 다른 제품에 동등한 B급 이미션보다 높은 12 ~ 20 dB이다.

■ EN 55 015

제목 전기 조명과 유사한 장치의 장해 특성의 측정 방법과 한도

동등한 규격 CISPR 15

적용 범위 조명을 목정으로 하는 빛의 발생과 분포의 기본 기능을 갖는 모든 조명 장치에서 무선 주파 장해의 전도와 방사는, 등기구로 사용하고 있는 것을 제외한 독립된 보조 장치 및 다기능 조명 장치의 점등부분을 포함한다. 그러나 다른 IEC/CISPR 규격에 포함되어 있는 명확한 장치는 제외하며, 예를 들면 다른 장치에 내장된 조명 디바이스, 광학식 복사기나 슬라이드 프로젝트 등이다.

시험
○ 형광등용 조명에서 삽입 손실은 더미 램프의 단자와 등기구의 주단자간에 150~1605 kHz에서 측정한 것이다.
○ 등기구의 모든 다른 형식과 내장된 안정기식 형광등은 9 kHz ~ 30 MHz에서 주단자 잡음 전압의 준피크와 평균 한도에 있어야 한다.
○ 추가로 100Hz를 초과하는 주파수로 점등하는 등기구는 9 kHz ~

30 MHz에서 밴빈 루프로 측정하여, 방사 자계는 준피크 한도 이내에 있어야 한다.

○ 백열전구는 시험 없이 모든 요구 조건을 만족한다.

○ 일반 조명을 목정으로 하는 등기구의 이뮤니티 요구 조건은 초안 규격(IEC34의 33을 참조)에 있다.

■ EN 55 020

제목 방송 수신기와 관련된 장치의 무선 장해에 대한 내성

동등한 규격 CISPR 20, BS 905-2부, VDE 0872-20부

적용 범위
○ 방송 음향 및 텔레비전 수상기와 관련된 장치를 직접 접속하거나, 예를 들면 오디오 장치, 비디오 카세트 레코더, 콤팩트 디스크 플레이어, 전자 오르간 등에 적용하여 오디오나 비주얼 정보를 발생하거나 재생하는 장치, EN 55 022로 정의되는 정보처리 장치는 제외된다.

○ 외부 안테나와 접속 없이 배터리로 동작하는 음향 수신기와 TV 수상기에는 내성 요구 조건을 적용하지 않는다.

시험
○ 불필요한 신호에 대한 내성은 안테나 단자에서 나타난다.

○ 밴드 내와 밴드 밖에서 시험한 VHF 밴드 II 수상기는 85 dBμV까지의 신호로 한다. 변조된 인근 채널에서 시험한 TV 수상기는 80 BμV까지로 한다.

○ 150 kHz ~ 150 MHz에서 다기능 장치와 수신기의 출력 단자와 주 입력, 오디오 입력에서 전도성 잡음 단자 전압의 내성 ; 오디오 입력 및 출력 단자는 메인, 스피커 및 헤드폰 단자보다 낮은 주파수 수준에서 시험하고, 동조 채널과 IF채널 주파수는 제외된다.

○ 26 ~ 30 MHz에서 수신기와 다기능 장치의 전도 전류에 대한 내성은 안테나 단자에 가한다.

○ IF와 인 밴드 주파수를 제외하고, 125 dBμV/m에서 개방된 스트립 라인 시험장치에서 시험하여 수신기와 다기능 장치의 150 kHz ~ 150 MHz에서 방사되는 필드 내성.

○ 모든 경우에서 관련된 장치의 내성 한도는 검토 중에 있다.

판별 원하거나 원하지 않는 ≥40 dB의 오디오 신호비 또는 표준 그림에서

허용 가능한 성능의 저하

■ EN 55 104

제목 전기 자기의 양립성-가정용 기기, 공구 및 유사한 기기-제품군의 규격

적용 범위 가정용 기기와 유사한 목적의 것과, 전기식 완구와 공구에 대한 장치 및 유사한 기기의 전자파 내성. 이 표준은 EN 55 014에 대한 내성의 카운터 파트로서 동등한 CISPR 표준(CISPR14-2)에 계류 중인 생산품을 측정하기 위하여 EN55 104로 발행하였다.

시험
○ 기기는 다음의 4가지로 분류한다.
- 종류 I : 전자 제어회로를 포함하지 않는 기기
- 종류 II : 내부 주파수가 15 MHz 이하인 전자 제어 회로를 포함하는 주 전력기기
- 종류 III : 내부 주파수가 15 MHz 이하인 전자 제어 회로를 포함하는 배터리로 동작하는 기기
- 종류 IV : 이 적용 범위에 있는 모든 다른 기기

○ ESD, 전기적인 신속한 과도 현사, 전도성 RF, 방사성 RF, 서지 및 전압 딥과 순단에 대한 등급은 기본 표준에 따른 시험 방법으로 정의하고 있으며, 허용 성능 판별 기준도 정의하고 있다. 각각의 종류에 대하여 적용하는 시험과 판별을 지정하고 있다. 종류 I 기기는 시험 없이 요구 조건을 만족하고 있다.

■ EN 50 065-1

제목 3 ~ 148.5 kHz 주파수의 저전압 전기 설비에서 신호-1부 : 일반 요구사항, 주파수 대역 및 전자파 장해

적용범위 주 신호 장치에 대한 주파수 대역, 단자 출력 전압과 전도 및 방사 이미션

시험 EN 55 022의 B급에 따른 전도 및 방사 이미션(방사 이미션에 대한 대체로서 흡수 클램프를 사용한 잡음 전력)

■ EN 60 601-1-2

제목 의료용 전기 장치-1부 : 안전성에 대한 일반적인 요구사항-1 부수적인

	규격 : 전자파 양립성-요구상항과 시험
적용범위	의료용 전기 장치와 시스템, 의료용 전기 분야에 사용하는 정보기기 이 규격은 이 장치에 대한 일반적인 EMC 요구사항과 시험을 정의한다. 장치의 특수한 등급에서 요구하는 사항은 이 규격의 2부에서 특별히 요구하는 사항을 포함하고 있고, 안전성 규격의 기본이 된다. EMC 지령과 의료용 디바이스의 지령에 대한 조화된 표준으로서 공표되어 있다.
시험	다소 변경한 CISPR 11(EN 55011)에 따른 RF 이미션. A급 장치는 전문 건강 보조 장치로 사용하는 가정에 설치할 수 있다. ○ ESD : IEC 801-2에서 3 kV 접촉, 8 kV 공기 중 방전 방사 ○ RF : IEC 801-3 2판에 딸서 26 MHz ~ 1 GHz에서 변조된 3 V/m 진폭. 이 부분은 IEC 801-3의 2판에는 없으므로 다소의 문제 발생의 원인이 된다. IEC 1000-4-3의 규격에 따르면 시험 주파수는 80 MHz ~ 1 GHz로 지정되어 있다. 생명을 지탱해 주는 장치로서 다른 것에 대한 RF 내성은 ISM 주파수에서 시험을 해야 한다. • 신속한 전기과도 현상 : 플러그로 접속하는 주 단자용은 1 kV, 영구적으로 설치한 장치에 대하여 2 kV, IEC 801-4에 따른 내부 접속 도선이 3 m 이상일 때 0.5 kV ○ 서지 : IEC 801-5(지금은 IEC 1000-4-5)에 따라서 주 단자에서 1 kV 차동 모드, 2 kV 공통모드 ○ 이 규격은 어려 가지 이유 때문에 다소 시기상조로 생각하고 있으며 앞으로 개정될 것이다.

■ EN 60 945

제목	선박용 항법 장치 : 일반 요구사항-시험 방법과 요구하는 시험결과
적용범위	○ 선박을 운행하는 데 요구되는 전자식 항법 보조와 다른 항법 보조로, 여기서 EMC를 포함한 적당한 여러 가지 시험 ○ 이상의 범위는 항법 보조에 한도가 있으나, 이 규격(IEC80/106/CDV)의 변경 초안은 선박에 설치한 모든 전기 밑 전자 장치에 연장하여 적용한다.
시험	○ LISN, 전류 프로브나 전압 장소로 30 ~ 300 MHz에서 RF 방사 이

미션, 주파수대역 156 ~ 165 MHz에서 특별히 엄격한 한도

○ 전원과 접지 리드선에서 전도성 오디오 주파수 50 Hz ~ 10 kHz에 대한 내성, 전원 라인에서 전도성 무선 주파수 10 kHz ~ 50 MHz와 0.1/10 μs 과도현상에 대한 내성 ; 주파수와 장치의 설치 위치에 따라서 1 V/m. 10 V/m 또는 30 V/m의 필드의 세기로 0.4 ~ 300 Hz의 방사 잡음에 대한 내성

○ IEC80/106/CDV의 초기 개정안은 기본 규격에 기술한 바와 같이 라인에서 이 시험들을 한다.

■ ETS 300 127

제목 장치공학(EE) ; 물리적으로 대형인 통신 시스템의 방상 이미션 시험

적용범위 시험장소를 지정하여 설치하고 문서상으로 요구하는 일반용 통신 네트워크로 사용하는 물리적인 대형 시스템용 방사 RF 이미션 측정절차에 대한 기술적인 요구사항

시험 이 규격은 최소로 대표적인 모듈러 시스템에서 방출하는 수준에 대한 판별과 새로운 기능 모듈의 평가에 접근하는 법을 정의하고, EUT 케이블의 배치, 측정 방법과 시험장소의 요구 조건도 정의하고 있다. 한도에 대하여 EN 55 022를 참조할 것.

■ pr ETS 300 339

제목 무선 장치와 시스템 : 무선 장치용 일반적인 EMC

적용범위 ○ 9 kHz ~ 3 THz에서 동작하는 무선 장치와 주택, 상용 경공업 및 승차환경에서 동작하는 관련된 보조 장치나 방송 수신기는 제외된다. 여기서 관련 제품이나 제품군 ETS가 있으면 ETS를 우선으로 한다.

○ 시험 EN 55 022 B급에 따라서 RF 전도성과 방사성, 서지, 전원 전압 변동, 딥과 순단, 공급 과도현상, 전도와 방사 RF. 장치의 세 가지 등급은 고정식, 이동식과 휴대로 사용할 수 있도록 설치한다. 여러 가지 시험은 적당히 선택한다. 규격은 최소의 성능 판별에 적용하여 RF 내성 시험에서 입・출력 송수신기 시험 신호와 제외되는 밴드에 대하여 지정된 것에 대비한다. 안테나 단자 EMC 시험에서

특별히 제외된다. 불필요한 이미션과 응답 같은 주파수 스펙트럼에서 파라미터는 제외된다.

7.2.6 자동차용 규격

자동차 EMC 지령은 이것 자체의 기술 요구 조건이 포함되어 있으나, 자동차 환경의 어떤 EMC 측면에 대하여 준비되어 있는 여러 가지 규격이 있다. 이것들은 TCF를 경유한 EMC 지령에 대하여 자동차 제품의 증명용으로 사용할 수 있고, 다음과 같은 사항이 포함된다.

- pr EN 55 025/초안 CISPR 25

제목 수신기를 보호하기 위한 무선 장해 특성의 측정 방법과 한도

- ISO 7637-1, 2, 3부

제목 노상의 자동차-전도와 결합으로 인한 전기 장해
12 V 전력선(1부), 24 V 전력선(2부)과 신호 라인(3부)에 대한 과도결합 방법과 파형을 정의한다.

- ISO/DIS 11451, IOS/DIS 11452

제목 노상의 자동차-협대역 방사 전자 에너지로 이한 전기 장해 ; 자동차 시험 방법(11451-1, -2, -3, -4)과 부품 시험 방법(11452-1, -2, -3, -4, -5, -7) 흡수 라인 챔버, TEM 셀 벌크 전류 주입, 스트립라인과 직접 RF 전력 주입으로 시험방법을 정의한다.

7.2.7 개발한 다른 제품의 규격

이 부분적인 리스트는 시간 기록으로, 초안 형식으로 알려진 제품의 EMC 규격에 대하여 상세하게 기술한다.

표 7.3 제품의 EMC 규격

표준	적용제품
pr EN 55024	정보기기 - 내성
pr EN 55103-1, -2	오디오, 비디오, 조명기기
pr EN 55105	통신기 단말 장치 - 내성
ETS 300386-1	공용통신 네트워크 장치
pr EN 50121-3	철도용
pr EN 50121-4	철도 신호장치와 통신
pr EN 50121-5	철도용 고정전원 설비 장치
EN 50083-2	케이블 TV 분배 시스템
EN 50091-2	무정전 장치
pr ENV 55102	ISDN 단말기
pr EN 50199	아크 용접 장치
pr EN 55130-4	소방설비 경보장치
IEC 1131-2/EN 61131-2	프로그램 제어기
Draft IEC 1326-1	측정, 조정, 시험용 장치
Draft IEC 118-XX	보청기-RF 내성
pr EN 12015-12016	엘리베이터 승객용 컨베이어
EN 61543	잔류 전류 동작 보호 장치(RCDs)

7.3 각국의 규격 관리

7.3.1 미국

FCC는 제정된 통신법에 의거, 설립된 미국의 정부기관으로 민간부문의 통신을 관할하고 있으며 전기·전자제품으로부터 방사되는 불필요한 전자파가 공중 통신에 방해되지 않도록 규제하는 권한을 가지고 있다. 제품에 대한 인증업무는 FCC 내의 기술국(OET; Office of Engineering and Technology)에서 대부분 수행하고 있다. 또한 FCC 기술국 산하에는 자체 시험소가 운영되고 있으며, 사후관리 및 인증시험 업무를 관장하고 있다.

FCC 인증제도는 모든 대상기기에 대해 획일적으로 적용되는 것이 아니고 아래와 같은 네 가지의 인증제도를 갖고 있다. 예를 들어 특정주파수 대역에서 전파 에너지를 발송하는 송신기 및 일부 수시긴 등은 통신체계에 중대한 영향을 미칠 수 있기 때문에 FCC 등록 시험소에서 시험을 받은 후 FCC로부터 별도의 확인을 받도록 요구하는 증명(Certification) 인증제도가 있다.

또한 인증절차가 간소화 및 규제완화 차원에서 개인용 컴퓨터 및 주변기기 등 디지털 장비에 대하여 NIST (National Institute of Standards and Technology) 또는 NVLAP (National Voluntary Laboratory Accreditation Program)에 의하여 인정된 시험소 (Accreditation Laboratory)에서 FCC 규정에 따른 적합성 시험을 한 후, 이 시험소에서 발행한 성적서에 의하여 별도의 인허가 절차 없이 제품에 관련 마킹을 부착하여 직접 출하할 수 있는 DoC (Declaration of Conformity) 인증제도가 있다. 이는 EU의 CE 마킹 인증제도의 모듈 A와 유사한 인증제도이다.

그리고 불요 전자파를 발생시키는 제품이라도 전반적으로 제품의 잡음레벨이 안정되어 있고 통신수단이나 다른 제품의 동작에 큰 영향을 미치지 않는다고 판단하는 기기는 제조자가 직접 그 제품에 대한 성능을 점검하여 기술기준을 만족할 경우는 별도의 인허가 절차를 생략하고 직접 출하할 수 있도록 매우 완화된 절차를 적용하는 입증(Verification) 인증제도가 있다.

마지막으로 통지(Notification) 인증제도는 제품이 해당 기술기준에 만족함을 신청자가 측정하여 확인하고 이러한 측정의 실시와 만족여부를 FCC에 통지하여 인증서를 받는 절차를 말한다.

제품의 사후관리는 인증받는 제품들이 FCC 기술기준에 부합되게 생산 · 판매되는지를 확인할 목적으로 제품을 수거하여 시험하고, FCC 규정에 위반된 제품의 수입 · 판매 여부를 확인할 목적으로 대리점 검사, 무역 전시회 또는 광고물 조사 등을 통해 하고 있다.

7.3.2 일본

일본의 전자파장해에 관한 규제는 우정성의 전기통신기술심의회가 고주파 이용설비를 포함한 각종기기에서 발생하는 방해파의 측정이나 규제치 등을 검토하고, 전파법이나 전기용품 취체법 관계법령에 추가하면서 규제하여 왔다. 또한 CISPR Publication 22가 발행됨으로써 전기통신기술심의회는 이 권고를 수용해야 한다는 입장을 세웠다.

이에 따라 정보기술장치(ITE)의 전자파장해의 규제에 대해서 일본전자공업진흥협회, 일본사무기계공업회, 일본전자기계공업회 및 통신기계공업회의 4개 단체에 의한 정보기술장치 등 전파장해 자율규제협의회(VCCI; Voluntary Control Council for Interference by Information Technology Equipment)가 결성되었으며, VCCI는 컴퓨터나 팩시밀리 등의 ITE로부터 발생하는 방해파의 자주규제조치의 운용을 정해서 자율규제를 시작하였다.

VCCI는 정보기술장치 및 사무기기의 전자파장해의 자율규제에 대한 기본정책을 결정하고 회원상호간은 물론 정부 및 관련기관의 조정역할을 수행한다. 또한 자율규제에 대한 적합성 보고서(Conformance Report) 접수 및 인증서(Cetification of Acceptance)를 발부하고, 제 3의 시험기관에 의뢰 및 샘플 수거 후 검사를 실시한다. 그리고 기술규격에 대한 연구, 사용자 및 관련업체에 정보제공, 기타 자율규제에 대한 필요조치를 강구한다. 또 VCCI는 사후 관리차원으로 일반 판매상에서 회원사의 샘플을 구입하여 측정하고 있으며, 회원사를 대상으로 매년 1회씩 실시하고 비용은 회원사가 부담한다.

7.3.3 한국

우리나라에서는 정보통신부에서 EMI에 대한 전자파장해 검정규칙을 제정하여 시행해 오다가 선진국의 추세에 따라 그 동안 기준을 국제기준인 CISPR 기준으로 상향조정하고 아울러 EMS에 대한 기준 및 시험방법도 제정하였다.

현행 검정제도를 적합등록제도로 전환하여 국가 중심의 규제 제도를 민간의 자주규제로 변환시켰다. 적합등록제도란 국가에서 정한 규격과 규제 수준에 적합 여부를 자발적으로 시험 평가하여 그 결과를 일정 서식에 의거하여 관계 기관에 제출하여 승인을 얻는 방법으로 일종의 자기 인증제도이다.

7.4 EMC 규정

장해의 문제와 장비 설계자들의 의무에 관한 문제에 있어서 몇 가지 더해진 식견은 더 중요한 정부와 군의 EMC 규정과 설계 명시 사항을 재검토해 봄으로써 알 수 있다.

7.4.1 FCC 규정

미국에서는 미연방 통신 위원회(Federal Communications Commission, FCC)에서 무선통신과 유선 통신에 관한 목적을 규정하고 있다. 통신 위원회의 책임의 일부분은 장해의 통제와 관련된다. FCC규약과 규정의 세 부분에서는 허가받지 않은 전자 장비에 해당하는 필수요건을 내용으로 하고 있다.

part 15는 무선주파수 기기에 관해서, part 18은 산업용, 과학용, 의료용 장비에 관해서, part 68은 전화망에 관련된 장비에 관해서이다.

FCC 규약과 규정의 Part 15는 무선주파수 장치에 관한 기술 기준과 동작 요건에 관한 설명이다. 무선주파수 장치란 기기가 동작할 때 계획적이든 그렇지 않든 간에 복사나 전도 또는 다른 어떤 수단에 의해서 무선 주파수 에너지를 방사하는 모든 장치를 포함한다. 무선주파수에너지는 FCC에 의해서 10 kHz ~ 3 GHz 주파수 범위에 있는 모든 전자기적 에너지로 정의된다. 이 기준에는 두 가지의 목적이 있다. 무선국 허가 없이 저전력으로 동작시키는 것을 제공하는 것이고, 허가받은 무선통신 서비스라도 장비를 동작시킬 때 부산물로 잡음 또는 무선주파수 에너지를 방사하는 장비에 의해 공인화된 무선통신 서비스에 장해가 일어나는 것을 통제하는 것이다. 디지털 장비가 마지막 범주에 속한다.

FCC 규약과 규정의 Part 18은 산업, 과학, 의료용 장비(ISM)에 관한 운용 조건과 기술 기준을 설명하고 있다. ISM 장비는 산업용, 과학용, 의료용 또는 어떤 다른 목적(무선에 의한 에너지의 전송을 포함하는)의 무선파를 사용하는 기기로 정의한다. 즉, 무선통신에 사용하려고 하는 것이나 사용되고 있는 것은 아닌 모든 장비이다. 여기에는 의료용 디아테르미 장비, 산업용 난방 장비, RF 용접기, RF 점화 장비, 물체가 물리적으로 변화하는 데 사용되는 장비 그리고 다른 비통신용에 관련된 장비들이 있다.

FCC 규약과 규정의 Part68은 단말장치 (PBX 시스템을 포함한)와 배선의 접속에 의해 발생하는 장해로부터 전화망을 보호하기 위해 그리고 보청기를 한 사람이 전화망에 합리적으로 접속하는 것을 확실히 하기 위해서 보청기와 전화의 일치에 관한 똑같은 기준을 규정하고 있다. 전화망에 있어서의 장해는 전화국 노동자의 전기적인 위험, 전화국 장비의 손해, 전화국 요금 작성 장비의 기능 부진, 그리고 전화상의 통화자, 즉 단말장치의 사용자 외의 사람들에 있어서의 서비스의 절하를 포함한다.

7.4.2 FCC Part 15, Subpart J

FCC 규약의 일반적인 관심사는 Part 15의 Subpart J이다. 그것은 거의 모든 디지털 전자기기에 적용되기 때문이다. FCC는 디지털 전자기기의 장해 가능성을 통제하기 위한 규정을 채택했다. '계산용 기기(computing equipment)에 관한 기술 기준'(Docket 20780)인 이들 규정은 제한된 복사 장치에 관한 FCC 규약의 Part 15를 변경하였고 이들 규정은 지금은 Part 15 즉 연방 규정 code 47의 Subpart J에 수록되어 있다. 이하 이들 규약에서 제한치는 30에서 1000 MHz의 주파수 범위에서 최대 허용 가능 방사 잡음을 그리고 0.450에서 30 MHz의 주파수 범위에서 ac전원선에 최대 허용가능 전도 잡음을 규정한다. 이들 규정은 디지털 전자 장비를 장해원으로 인정하는 FCC에 대해 라디오와 TV 수신기에 불편이 증가함에 따른 것이다. 이에 대해 FCC에서는 다음과 같이 언급하고 있다.

컴퓨터는 거의 모든 무선 시설 특히 경찰, 항공, 방송국 시설을 포함한 200 MHz이하의 이러한 시설들에 장해를 일으키는 원인으로 보고 되어져 왔다. 이러한 데 기여한 몇 가지 요인들은 다음과 같다. ① 디지털 장비는 우리 사회 구석구석 까지 널리 퍼졌고 지금도 가정용으로 팔리고 있다. ② 기술은 컴퓨터 설계자들이 15년 전에는 논쟁할 필요가 없었던 무선주파수와 전자파장해(EMI) 문제에 관해 지금 작업하고 있다는 점에서 컴퓨터의 속도를 증가시켰다. ③ 현대의 생산 경제는 차폐나 방사를 줄이는 강철 캐비넷을 방사 유출이 거의 없는 플라스틱으로 대치시키고 있다.

FCC는 계산용 기기(Computing Device)를 다음과 같이 정의한다.

디지털 기술을 사용하고 초당 10,000 개의 펄스를 초과하는 비율로 타이밍 펄스를 사용하거나 발생시키는 모든 전자 기기 또는 시스템; 전기적인 계산, 운영, 변환, 기록, filing, 분류, 저장, 복구 또는 전송과 같은 데이터 처리 함수 실행이라는 목적을 위해 무선 주파수 에너지를 발생시키고 사용하는 시스템 또는 디지털 기술 또는 모든 장비를 이용하는 전화 장비를 포함한다. 이러한 정의는 가능한한 많은 제품들을 포함시키도록 일부러 폭넓게 만들어졌다. 게다가 제품이 디지털 회로를 사용하고, 10 kHz보다 더 큰 클럭 주파수를 가진다면 그것은 FCC가 정의한 계산용 기기이다. 이러한 정의는 오늘날 제조된 대부분의 디지털 전자 제품들을 포함한다. 이러한 정의에 포함된 계산용 기기는 두부류로 나누어진다.

- **A급** : 상업, 공업, 사무 환경에서 사용하기 위해 거래되는 계산용 기기
- **B급** : 상업, 공업, 사무 환경에서는 물론이고 주거 환경에서의 사용을 위해 판매

되는 계산용 기기

B급에 속하는 기기는 라디오와 TV수신기에 더 밀접하게 관련되기 쉽기 때문에 이들 기기의 방사 제한치는 A급기기의 방사 제한치보다 약 10 dB 더 제한한다. 기술적인 기준을 따르는 것이 제조자와 상품 수입자의 의무이다. 허가를 인증하기 위해서 FCC는 물건이 미국에서 유통되기 전에 제조업자가 제품을 테스트하도록 요구한다. FCC는 선적탁송, 판매, 매출, 수입 기타 등등에 관한 유통을 정의한다. 그러므로 제품이 규칙에 맞을 때까지 그 제품은 매물로 간주되어 합법적으로 공고할 수가 없다. 허가에 앞서서 물건을 합법적으로 광고하기 위해서 광고는 기기가 FCC 규약을 따르고 배달에 앞서 규약에 동의하는 성명을 포함해야 한다.

개인 컴퓨터와 주변장치(B급의 범주)에 관해서는 제조업자는 제품을 유통하기 전에 FCC에 테스트 데이터를 제출해야 하고 FCC로부터 증명서를 얻어야 한다. 위탁 업체를 희망한다면 테스트할 견본품을 청탁할 수도 있다.

모든 다른 제품(A급과 B급-개인 컴퓨터와 주변기기 이외)에 관해서는 제조업자는 그것을 유통시키기 전에 제품 테스트에 의해서 허가를 입증해야 한다. 입증은 특별한 경우가 아닌 한 아무것도 FCC에 제출하지 않고 자체 증명서로 수리된다. 허가는 FCC가 제품을 임의로 샘플링하여 내어준다.

허가를 받기 위해 테스트에 필요한 시간(제품에 하자가 있으면 그전 단계로 가야하고)과 위탁 업체로부터 증명서를 얻기 위해서 필요한 시간(필요하다면)은 제품 개발 예정표에 예정되어야 한다.

테스트는 개별 제품을 대표해서 샘플로 행해져야 한다. 이것은 일반적으로 제품 또는 견본 모델을 포함시킨다. 그러므로 허가 테스트는 개발 예정표에 마지막 항목 중의 하나이어야 한다. 갑자기 예상치 못한 일이 생길 수도 있다. 제품이 불량하다면 이 단계에서 변경은 어렵고 값도 비싸다. 그러므로 제품이 통과될 것이라는 굳은 확신을 가지고 최종 허가 테스트를 시도하는 것이 바람직하다. 이것은 적절한 EMC설계 원리가 철저하게 설계에 사용되었고, 예비 방사 테스트를 한 결과가 일찍 생산된 제품과 반조립 제품들에 이상이 없으면 통과할 수 있다.

이러한 규약은 제품이 안전해야 한다는 기술적인 기준뿐만 아니라 뒤따라야 하는 행정상의 절차 그리고 허가를 결정하기 위해 사용되어지는 측정 방법을 상술하고 있다. 기술 기준과 측정 절차를 서로 관련시키는 것에 주목해야 한다. 얻어진 기술 기준은 상술된 측정 절차에 기초한다.

테스트는 방사를 극대로 하기 쉽게 합리적인 방법으로 모든 케이블을 연결하고 배치한 완벽한 시스템으로 이루어져야 한다. 방사 잡음 측정 절차에 관해서는 동조시킨 다이폴 안테나 (또는 다른 상관물, 선형적인 극성을 가진)로 평평한 대지 위에서 하는 자유공간 전자기장 측정(open field TEST)법을 설명한다. 이 방법을 그림 7.1에 나타낸다.

표 7.4는 A급 제품의 30 m의 거리에서 측정할 때의 방사 잡음 제한치를 그리고 표 7.5는 B급 제품의 3 m거리에서 측정될 때의 방사 잡음 제한치를 나타낸 표이다.

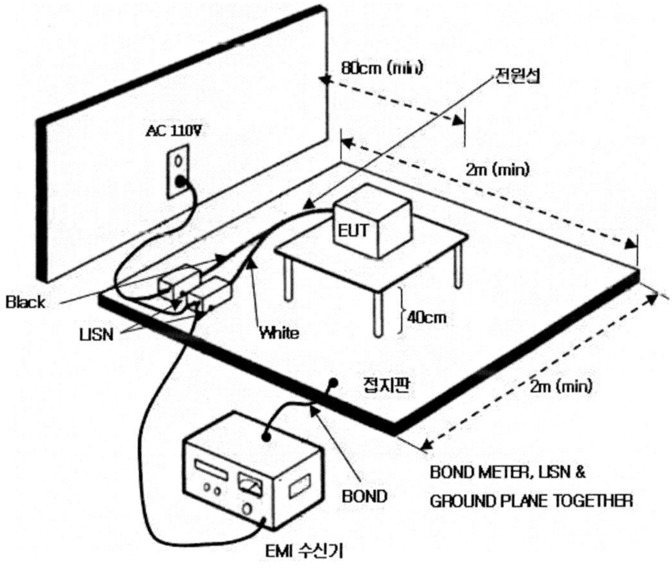

그림 7.1 방사 잡음 테스트를 위한 FCC의 야외시험장(Open area test site)

표 7.4 FCC Class A Radiated Emission Limits

Frequency (MHz)	Measuring Distance (m)	Field Strength (μV/m)
30 - 88	30	30
88 - 216	30	50
216 - 1000	30	70

표 7.5 FCC Class B Radiated Emission Limits

Frequyency (MHz)	Measuring Distance (m)	Field Strength (μV/m)
30 - 88	3	100
88 - 216	3	150
216 - 1000	3	200

전도 방사 한계는 FCC가 30 MHz 이하의 주파수에서 통신장해 주요 원인이 ac 전원 라인에 RF 에너지를 전도하고 방사함으로써 생기는 것이라고 믿으므로 규약에서 명확히 서술된다.

표 7.6은 A급과 B급의 전도 잡음 제한치 값이 나타내었다. 이들 전압치는 측정 절차에서 상술된 것처럼 50 Ω/50 Ω μH 선로 임피던스 안정화 회로망(line impedance stabilization)을 사용하는 ac전원선으로 common-mode(hot ground, neutral에서 ground)로 측정된다. 그림 7.1은 전형적인 FCC전도 잡음 실험 설비를 보여준다.

기기는 기술 기준 허가를 위해 테스트해야 할뿐만 아니라 불평으로도 분류되어서 정보는 사용자에게 장해의 가능성으로써 제공되어져야 한다.

일찍이 언급된 기술적 세부 사항 외에도, 규약은 또한 기기를 사용함으로써 악영향

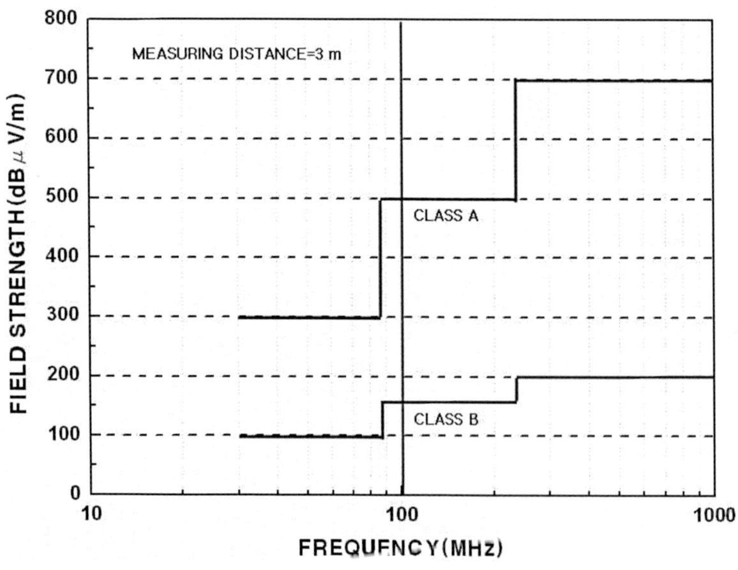

그림 7.2 FCC Part 15, Subpart 3m에서 측정한 방사 잡음 한계

표 7.6 FCC Conducted Emission Limits

Frequency (MHz)	Class A (μV)	Class B (μV)
0.45 - 1.6	1000	250
1.6 - 30	3000	250

을 미친다면 사용자가 기기의 동작을 중지하도록 할 수 있는 것에 대해 설명하는 비간섭 요구 조건을 담고 있다. 기술 내역과 비간섭 요구 조건 사이에 책임 면에서의 차이에 주목하라.

기술 내역이 제품의 제조업자 또는 수입업사의 책임인 반면에 비간섭 요구조건은 제품 사용자의 책임이다.

처음에 제품의 증명 또는 입증에 대하여 규약은 또한 제조업자는 부가적으로 제조된 장비에 잇따른 허가에 책임을 져야 함을 상술한다. 만약 어떤 문제가 제품에 있다면 제조업자 또는 수입업자는 변경이 물긴의 허가에 영향을 미칠지 어떨지를 결정할 책임이 있다. FCC는 제조업자에게 다음을 주지하라고 경고한다. 많은 변경이 표면상 사소한 것처럼 보이지만 실제로 매우 중요하다. 게다가 회로 보드의 설계상 변경, 추가, 제거, 심지어 배선의 변경, 논리조작의 변경은 거의 확실히 잡음 특성을 변경시킬 것이다. 이러한 특성 변경이 제품 허가에서 불합격되기에 충분하더라도 재실험에 의해 가장 잘 결정할 수 있다.

FCC는 디지털 기기의 기술 기준 요구 조건을 만족하는 디지털 기기의 5개 부항목을 임시적으로 제외해 왔다. 그것은 다음과 같다.

- 자동차, 비행기, 배와 같은 수송 차량에 탑제된 디지털 전자 기기
- 공업용 기계 장치 공장 또는 공공 이용에 사용된 공업용 제어 시스템
- 공업, 상업, 의료용 테스트 장비.
- 식기세척기, 세탁 건조기 또는 전력 도구와 같은 기기를 제어하는 마이크로 프로세서
- 일반적으로 허가 받은 보건 의사의 감독 또는 지시 아래 사용된 특수한 의료용 기기들

이들 기기 각각은 비간섭 요구 조건의 규약을 따라야 한다. 언급된 예외들은 임시 변통적이기 때문에 FCC에 의해서 만들어진 새로운 규칙 제정 절차 안에서 재조정될

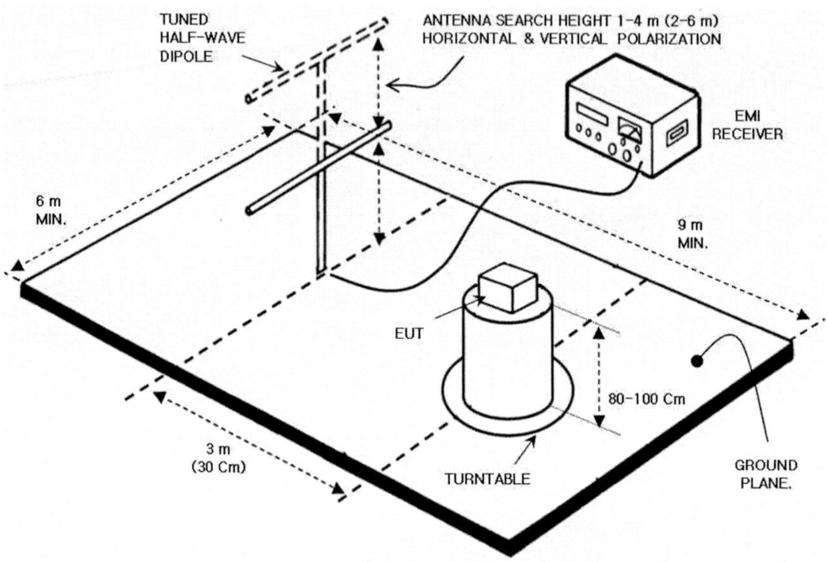

그림 7.3 FCC의 전도성 잡음을 측정하는 테스트 장치 International Harmonization

수 있다. 이것은 발의된 규약 제정의 인지라는 출판 형식을 취해야 하고 산업면에서의 의견을 요구하며, 의견이 재검토된 후에 규약이 공포된다. 만약 실제로 이러한 제외된 어떤 제품에서 장해가 발생하기만 하면 새로운 규약이 만들어질 것이다. 그러므로 제조업자들은 모은 장비를 규약의 기술 요건에 맞도록 설계하기 위해서 신중을 기한다. 이들 규약의 일반적인 개요는 FCC/OST 고시62에 담겨져 있다.

FCC는 많은 형태의 디지털 전자 기기를 포함한 전자 제품의 범위를 가지기 때문에 설계와 개발 조직은 완전해야 하고 그들이 제조하는 제품 형태에 적합한 FCC 규칙의 수신기 전류를 가져야 한다. 허가 증명이 요구되어진다면 이들 규약들은 추가로 당황하는 일이 없도록 설계시에 언급되어야 한다.

전자 제품으로부터 잡음 허용치에 관해 많은 다른 국내 기준 대신에 하나의 국제적인 기준을 가지는 것이 바람직하다. 그때 제조업자들은 세계적으로 적용할 수 있는 하나의 EMC 기준에 따라 제품을 설계 테스트해야 한다. FCC의 전도성 잡음을 측정하는 테스트장치는 그림 7.5에 나타내었다.

이러한 목적을 수행하기 위한 보편적인 기구가 국제 무선장해 특별위원회(CISPR)이다. CISPR는 측정방법을 결정하기 위해서 형성되었고 국제 무역을 원활히 하기 위해서 무선 주파수 장해에 관해 제한을 한다. CISPR은 규정 권한은 없지만, 그것의 기

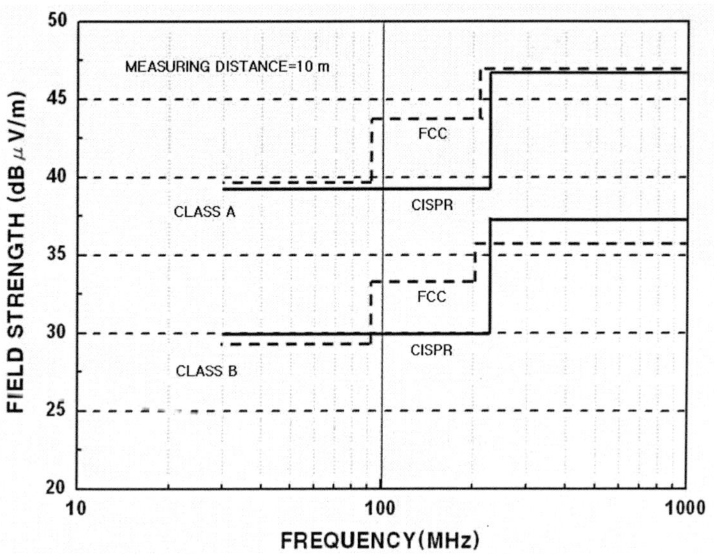

그림 7.4 FCC Part 15, Subpart J와 CISPR, Publication 22, 10m에서 측정된 방사 잡음 한계

준이 정부에 의해서 채택되었을 때 국내 기준이 된다. CISPR에서는 정보기기(디지발 전자기기)에 관한 수신기 잡음 기준(Publicition 22)을 채택했다. 유럽 국가의 대다수는 이들 요구조건을 그들의 국가적 기준으로 채택해 오고 있고 더 나아가 장차 더 많은 나라들이 채택할 것으로 기대된다. CISPR의 구성원인 미국은 새 기준을 승인했다. 이것은 FCC에 똑같은 기준을 채택하도록 상당한 압력을 가한다. 그러므로 CISPR Publication22의 제한치는 국제적인 EMC기준이 되기 쉽다.

그림 7.4는 새로운 CISPR방사 잡음 기준을 현재 FCC 기준과 비교한다. FCC 제한치는 이 비교에 있어서 10 m 측정거리로 유지된다. 보여지는 것처럼 CISPR 제한치는 88~230 MHz 주파수 범위에서는 더 엄격하다. 88 ~ 216 MHz 주파수 범위에서 CISPR A급 제한치는 3.5 dB 더 엄격하고 216 ~ 230 MHz 범위에서는 현재 FCC 요구 조건보다 6.5 dB 더 엄격하다.

그림 7.5는 새로운 CISPR 협대역 전도 잡음 기준을 현재 FCC 기준과 비교한다. 주요한 차이는 CISPR은 현재 FCC 제한하지 않는 150 ~ 450 kHz의 주파수의 범위에서 제한치를 부여한다는 것이다. A급 제품에 관해서는 CISPR의 기준은 1.6 ~ 30 MHz까지 9.5 dB 더 엄격하다. B급 제품에 관해서는 CISPR의 기준은 0.5 ~ 5 MHz의 범위에서 2 dB 더 엄격하다.

미 의회에서는 가전기기와 시스템의 감응성을 조절하는 권한을 FCC에게 주기 위해

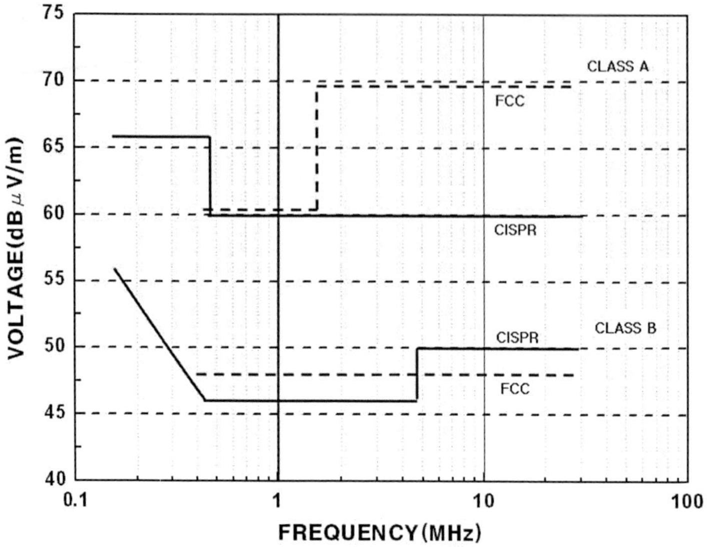

그림 7.5 FCC Part 15, Subpart J와 CISPR, Publication 22, 협대역 전도성 잡음 한계

통신 조례를 개정하였다. 가전 기기의 예들은 라디오, TV수신기, 도난 경보기, 보안 시스템, 자동 주차문, 전자 오르간, 레코드 턴테이블과 스테레오, 하이파이 앰프 시스템들이다. 이 조례는 가전기기와 시스템에 대해 주목적을 두었으나 집 외부에서도 사용되는 기기들에 대해 FCC가 적용기준을 도입하지 못하도록 할 작정은 아니었다. 그러나 현재까지 FCC가 이에 대해 규제는 하지 않고 있다. 전자 장비의 무선 주파수 장해 문제에 관한 조회가 공표 되었음에도 불구하고 FCC는 산업에 관한 한 자기 규약에 따른다. 이에 대해 산업적으로 규정이 느슨하게 된다면 FCC는 권한을 행사할 수도 있다.

전자 환경의 측량은 2 V/m 보다 더 큰 전계 강도가 시간의 약 1%에 일어난다는 것을 보여준다. 상업용 장비에 있어서 법률상의 감응성의 요구 사항은 없기 때문에 합리적인 내성 레벨 목표치는 2 V/m가 되어야 한다. 캐나다 정부에서는 EMC상황보고(EMC AB1)를 발표했는데, 거기에서는 전자 기기의 내성을 세 level 혹은 등급으로 정의하고 내용은 다음과 같다.

- Grade 1(1 V/m)을 충족시키는 제품은 성능 절하가 될 수 있을 것이다.
- Grade 2(3 V/m)을 충족시키는 제품은 성능 절하가 되지 않을 것이다.
- Grade 3(10 V/m)을 충족시키는 제품은 단지 아주 안 좋은 상황에서 성능 절하가 될 수 있다.

7.4.3 군용 규정(Military standards)

EMC 세부사항의 또 다른 중요한 부분은 미 방위 본부에 의해 발표되었다. MIL-STD-461B는 충족시켜야 하는 제한치를 상술하고 MIL-STD-462는 MIL-STD-461B에 담겨진 테스트하는 방법과 절차에 관해서 상술한다. 이 기준은 FCC 규정보다 더 엄격해야 한다. 왜냐하면, 이 기준들은 30 Hz에서 40 GHz까지의 주파수 범위에서 장해뿐만 아니라 감응성도 만족해야 하기 때문이다. MIL-STD-462에서 상술된 테스트 절차는 FCC에 상술된 절차와는 다소 차이가 있어서 이들 요구 조건들의 직접적인 비교는 어렵다. 군용 기준에서 방사 장해는 차폐시킨 방에서 테스트하는 반면, FCC 규약은 open field testing을 요구한다. 군용 기준에서 전도 장해 테스트는 전류를 측정하고, FCC는 전압을 측정한다.

MIL-STD-461B에 상술된 테스트의 범주는 그림 7.6에 블록 다이어그램에서 보여진 것처럼 구성된다. 테스트는 방사 장해와 전도 장해뿐만 아니라 방사 감응성, 전도 감응성 둘 다를 요구한다. 표 7.7은 MIL-STD-461B에 의해 발표된 장해와 감응성의 요구조건에 관한 목록이다. 군 내역은 포괄적인 문서이고, 장해가 없는 비군용장비를 설계하는데 지침서로 사용될 수도 있다.

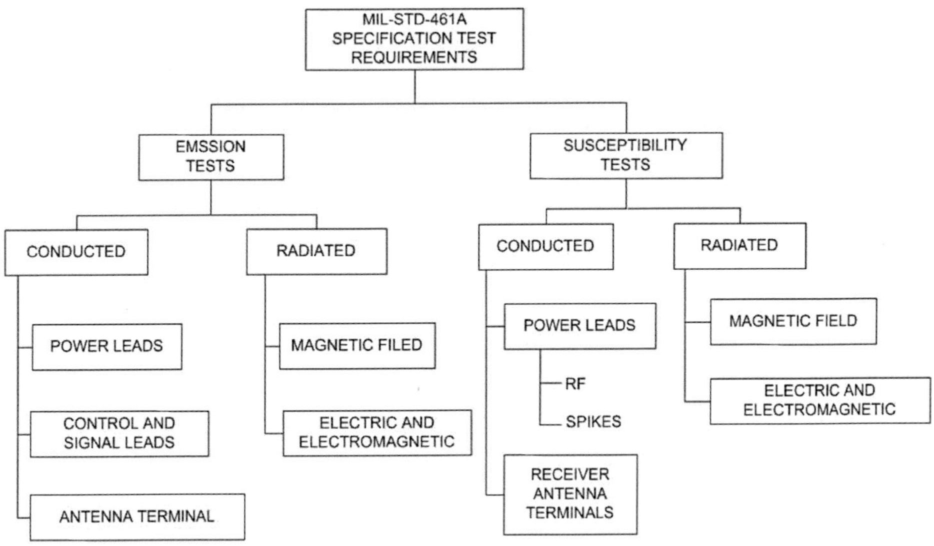

그림 7.6 군용 규정에서 요구하는 테스트

표 7.7 Emission and Susceptibility Requirements of IL-STD-461B

Requirement	Description
CE01	Conducted emissions, power and interconnecting leads, low-frequency (up to 15 kHz)
CE03	Conducted emissions, power and interconnecting leads, 0.015 to 50 MHz
CE06	Conducted emissions, antenna terminals 10 kHz to 26 GHz
CE07	Conducted emissions, power leads, spikes, time domain
CS01	Conducted susceptibility, power leads, 30 Hz to 50 kHz
CS02	Conducted susceptibility, power leads, 0.05 to 400 kHz
CS03	Intermodulation, 15 kHz to 10 GHz
CS04	Rejection of undesired signals, 30 Hz to 20 GHz
CS05	Cross modulation, 30 Hz to 20 GHz
CS06	Conducted susceptibility, spikes, power leads
CS07	Conducted susceptibility, squelch circuits
CS09	Conducted susceptibility, structure (common-mode) current, 60 Hz to 100 kHz
RE01	Radiated emissions, magnetic field, 0.03 to 50 kHz
RE02	Radiated emissions, electric field, 14 kHz to 10 GHz
RE03	Radiated emissions, spurious and harmonics, radiated technique
RS01	Radiated susceptibility, magnetic field, 0.03 to 50 kHz
RS02	Radiated susceptibility, magnetic induction field, spikes and power frequencies
RS03	Radiated susceptibility, electric field. 14 kHz to 40 GHz
UM03	Radiated emissions, Tactical and special purpose vehicles and engine-driven equipment
UM04	Conducted emissions and radiated emissions and susceptibility, energy generators, and associated components, UPS and MEP equipments
UM05	Conducted and radiated emissions, commercial electrical and electromechanical equipments

참고문헌

1. 한국무선국관리사업단, 전자파장해 기술기준 선진화 연구, 1996.
2. 한국전자파학회, 전자파장해 기술강좌, 1997.
3. 한국전자파학회, EMI/EMC 기술 워크샵 및 전시회, 2000.
4. 전파연구소 EMC기준전문위원회, IEC/CISPR-TC77 국제규격 동향, 2000.
5. Henry W, Ott, Noise Reduction Techniques in Electronic Systems, 2nd ed., JOHN WILEY & SONS, 1988.
6. Clayton R. Paul, Introduction to Electromagnetic Compatibility, JOHN WILEY & SONS, 1992.
7. Paul Chatterton, EMC Electromagnetic Theory Practical Design, Wiley, 1992.
8. Y. Shimizu and A. Sugiura, 電磁妨害波の 基本と 對策, コロナ社, 1997.
9. David Morgan, A handbook for EMC testing and measurement, IEE, 1994.
10. Reinaldo Perez, Hnadbook of Electromagnetic Compatibility, Academic Press, 1994.
11. CISPR, Publication 22, "Limits and Methods of Measurement of Radio Interference Characteristics of Information Technology Equipment," 1985.
12. Code of Federal Regulations, Title 47(47CFR), Part 15, subpart J., "Computing Devices".
13. FCC, "Understanding the FCC Regulations Concerning Computing Devices," OST Bulletin 62, 1984.
14. FCC, "FCC Methods of Measurement of radio Noise Emissions from Computing Devices," FCC/OST MP-4, 1983.
15. MIL-STD-461B. "Electromagnetic Interference Characteristic Requirements for Equipment," April 1980.
16. MIL-STD-462, "Electromagnetic Interference Characteristic Measurement of," July 1967.

찾아보기

저자약력

김동일(李在庸)

- 한국해양대학교 졸업(공학사)
- 한국해양대학교 대학원 졸업(공학석사)
- 동경공업대학 전기전자공학과 대학원 졸업(공학박사)
- 산학협동상 대상, 과학기술진흥유공 대통령표창 수상
- 한국전자파학회 학술상 등 다수 수상, 동 학회 제6대 회장 역임
- IEEE EMC Korea Chapter Chairman 역임
- 정보통신부 주파수심의위원회 위원/전파자문위원회 위원장 역임
- 현재 한국해양대학교 전파공학과 교수

정가 21,000원

전자파 장해 대책 및 측정기술

2008년 4월 11일 초판 인쇄
2008년 4월 21일 초판 발행
저　자 : 김동일
발행자 : 우명찬 · 송　준
발행처 : 홍릉과학출판사
주　소 : 서울시 강북구 수유5동 455-60
142-885
등　록 : 1976년 10월 21일 제5-66호
전　화 : (02) 999-2274, 996-8341, 903-7037
팩　스 : (02) 905-6729
e-mail: hongpub@hongpub.co.kr
http://www.hongpub.co.kr